信息技术人才培养系列规划教材

Linux 操作系统实战

Ubuntu | 慕课版

◎ 千锋教育高教产品研发部 编著

人民邮电出版社

北京

图书在版编目（C I P）数据

Linux操作系统实战 : Ubuntu : 慕课版 / 千锋教育高教产品研发部编著. -- 北京 : 人民邮电出版社, 2021.8（2023.4重印）
信息技术人才培养系列规划教材
ISBN 978-7-115-53973-1

Ⅰ. ①L… Ⅱ. ①千… Ⅲ. ①Linux操作系统－教材 Ⅳ. ①TP316.85

中国版本图书馆CIP数据核字(2020)第077772号

内容提要

全书以 Ubuntu 系统作为讲解对象，采用朴实生动的语言对系统中使用的工具以及其他相关内容进行了阐述。

本书共 9 章，包括认识 Linux 操作系统、Linux 操作系统的使用、Linux 用户管理、Linux 软件管理、Linux 编程环境、Linux 网络配置、Shell 编程、正则表达式以及项目实战。本书以实用、高效为标准，合理选取 Linux 操作系统的必备知识，并对选取的内容做了细致的讲解，内容精练易懂，意在帮助读者快速掌握 Linux 操作系统的使用方法。

本书既可作为高等院校计算机、物联网等专业的教材，还可作为学习嵌入式物联网开发技术的辅助工具书。

◆ 编　　著　千锋教育高教产品研发部
　责任编辑　李　召
　责任印制　王　郁　马振武
◆ 人民邮电出版社出版发行　　北京市丰台区成寿寺路 11 号
　邮编　100164　　电子邮件　315@ptpress.com.cn
　网址　https://www.ptpress.com.cn
　天津翔远印刷有限公司印刷
◆ 开本：787×1092　1/16
　印张：16.25　　2021 年 8 月第 1 版
　字数：328 千字　　2023 年 4 月天津第 4 次印刷

定价：59.80 元

读者服务热线：(010) 81055256　印装质量热线：(010) 81055316
反盗版热线：(010) 81055315
广告经营许可证：京东市监广登字 20170147 号

编 委 会

主 编：赵秀涛 王利锋

副主编：安 东 梁 何 徐子惠

编 委：倪水平 晁 浩

前言 FOREWORD

当今世界是知识爆炸的世界，科学技术与信息技术快速发展，新兴技术层出不穷，教科书也要紧随时代的发展，纳入新知识、新内容。目前很多教科书注重算法讲解，但是如果在初学者还不会编写一行代码的情况下，教科书就开始讲解算法，会打击初学者学习的积极性，让其难以入门。

IT 行业需要的不是只有理论知识的人才，而是技术过硬、综合能力强的实用型人才。高校毕业生求职面临的第一道门槛就是技能与经验。学校往往注重学生理论知识的学习，忽略了对学生实践能力的培养，导致学生无法将理论知识应用到实际工作中。

为了更好地培养实用型人才，本书倡导快乐学习、实战就业，在语言描述上力求准确、通俗易懂，在章节编排上循序渐进，在语法阐述中尽量避免术语和公式，从项目开发的实际需求入手，将理论知识与实际应用相结合，目标就是让初学者能够快速成长为初级程序员，积累一定的项目开发经验，从而在职场中拥有一个高起点。

千锋教育

本书特色

Ubuntu 是由南非人马克·沙特尔沃思（Mark Shuttleworth）基于 Debian Linux 开发的操作系统，于 2004 年 10 月公布了第一个版本。Ubuntu 是一个以桌面应用为主的 Linux 操作系统，适用于笔记本电脑、台式计算机和服务器，特别是为桌面用户提供了极佳的使用体验。

Ubuntu 包含了很多常用的应用软件：电子邮件、软件开发工具和 Web 服务等。由于 Ubuntu 是开放源代码的自由软件，因此用户可以登录 Ubuntu 的官方网站免费下载该软件的安装包。作为 Linux 发行版中的后起之秀，Ubuntu 在短短几年时间里便迅速成为从 Linux 初学者到资深开发者都十分青睐的发行版。

本书从嵌入式开发的角度，选取 Ubuntu 作为展示对象，对 Linux 系统开发的常用操作进行了全面的讲解。全书按照实战开发的需求，精选内容，突出重点、难点，将知识点与实例结合，使读者真正实现学以致用。同时，本书也在最后一章通过完整的项目实战帮助读者熟悉理论知识，提升开发能力。

本书主要内容如下。

第 1 章：介绍了 Linux 操作系统以及系统的安装与搭建。

第 2 章：介绍了 Linux 操作系统的终端控制操作。

第 3 章：介绍了 Linux 操作系统的用户管理。

第 4 章：介绍了 Linux 操作系统的软件管理。

第 5 章：介绍了 Linux 操作系统常用的编程环境。

第 6 章：介绍了 Linux 操作系统的网络配置管理。

第 7 章：介绍了基于 Linux 操作系统的 Shell 编程。

第 8 章：介绍了 Shell 命令中涉及的正则表达式。

第 9 章：介绍了完整的项目案例——俄罗斯方块游戏。

针对高校教师的服务

千锋教育基于多年的教育培训经验，精心设计了“教材+授课资源+考试系统+测试题+辅助案例”教学资源包。教师使用教学资源包可节约备课时间，缓解教学压力，显著提高教学质量。

本书配有千锋教育优秀讲师录制的教学视频，按知识结构体系已部署到教学辅助平台“扣丁学堂”，可以作为教学资源使用，也可以作为备课参考资料。本书配套教学视频，可登录“扣丁学堂”官方网站下载。

高校教师如需配套教学资源包，也可扫描下方二维码，关注“扣丁学堂”师资服务微信公众号获取。

扣丁学堂

针对高校学生的服务

学 IT 有疑问，就找“千问千知”，这是一个有问必答的 IT 社区。平台上的专业答疑辅导老师承诺在工作时间 3 小时内答复您学习 IT 时遇到的专业问题。读者也可以通过扫描下方的二维码，关注“千问千知”微信公众号，浏览其他学习者在学习中分享的问题和收获。

学习太枯燥，想了解其他学校的伙伴都是怎样学习的？你可以加入“扣丁俱乐部”。“扣丁俱乐部”是千锋教育联合各大校园发起的公益计划，专门面向对 IT 有兴趣的大学生，提供免费的学习资源和问答服务，已有超过 30 万名学习者获益。

千问千知

资源获取方式

本书配套资源的获取方法：读者可登录人邮教育社区 www.ryjiaoyu.com 进行下载。

致谢

本书由千锋教育物联网教学团队整合多年积累的教学实战案例，通过反复修改最终撰写完成。多名院校老师参与了教材的部分编写与指导工作。除此之外，千锋教育的 500 多名学员参与了教材的试读工作，他们站在初学者的角度对教材提出了许多宝贵的修改意见，在此一并表示衷心的感谢。

意见反馈

虽然我们在本书的编写过程中力求完美，但书中难免有不足之处，欢迎读者给予宝贵意见。

千锋教育高教产品研发部

2021 年 8 月于北京

目录 CONTENTS

01

第 1 章　认识 Linux 操作系统

本章学习目标

- 了解操作系统的基本概念
- 了解嵌入式操作系统
- 了解 Linux 操作系统的发展
- 掌握 Linux 操作系统的安装方法

学习物联网开发与应用，首先需要认识嵌入式操作系统。Linux 是发展最快、应用最为广泛的嵌入式操作系统之一。Linux 操作系统本身的各种特性使其成为嵌入式开发的首选，如今，它已经走过早期的试用阶段，逐渐成为了嵌入式开发的主流。本章将围绕 Linux 操作系统展开讨论，希望读者可以通过本章学习，对 Linux 操作系统有更深的认识。

1.1　操作系统

操作系统

1.1.1　操作系统概述

操作系统（Operating System，OS）通常指的是对计算机硬件与软件进行管理控制的计算机程序。它是可以直接运行在硬件平台上的核心系统软件，其他软件则可以在操作系统的基础上完成运行。通俗地说，操作系统是用户和计算机之间的纽带，也是计算机硬件和其他软件之间的桥梁。操作系统实现了配置内存和控制输入、输出设备等计算机硬件管理，也实现了控制程序运行、为应用软件提供支持、分配数据资源等软件管理。现代操作系统提供了各式各样的用户界面，使用户可以有更好的使用与体验。操作系统与软硬件的关系如图 1.1 所示。

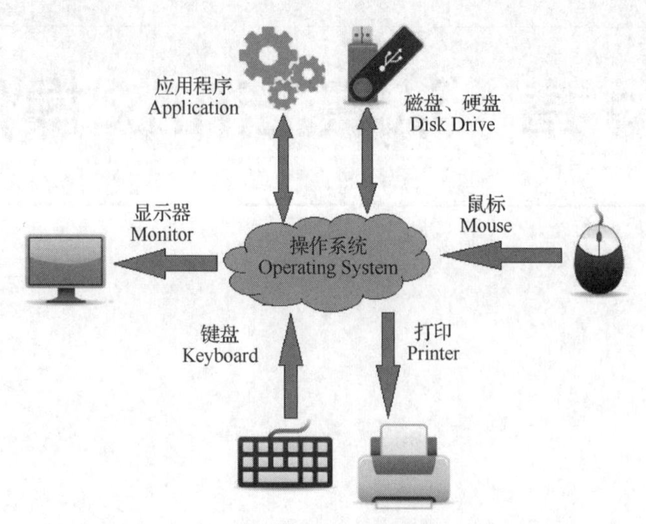

图 1.1 操作系统与软硬件的关系

操作系统根据用户界面的使用环境和功能特征的不同可分为多种类型，其中 3 种基本类型是批处理操作系统、分时操作系统、实时操作系统。

1. **批处理操作系统**

1946 年第一台通用计算机诞生，此时还没有操作系统的概念，采用手工操作计算机，用户将与程序和数据对应的穿孔纸带装进输入机，然后启动输入机把程序和数据输入计算机内存，接着通过控制台启动程序对数据进行处理。计算完毕后，打印输出计算结果，用户可以取走结果，并卸下纸带（或卡片），以便下一个用户继续使用。图 1.2 所示为世界上第一台计算机与打孔纸带。

图 1.2 世界上第一台计算机与打孔纸带

20 世纪 50 年代后期，出现了人机矛盾，即手工操作跟不上计算机的高速度，严重影响了系统资源的利用率。解决的办法就是摆脱手工操作，实现自动化作业，于是就出现了批处理操作系统（Batch Processing）。

批处理操作系统的工作模式是将许多用户的作业组成一批作业。在计算机和输入机之间增加一个存储设备——磁带，通过监督程序的控制，计算机自动将输入机上的成批用户作业读入磁带，然后依次把磁带上的用户作业读入内存并执行，计算结果向输出机输出，如图 1.3 所示。然后监督程序从输入机上读入另一批作业，重复上述步骤。

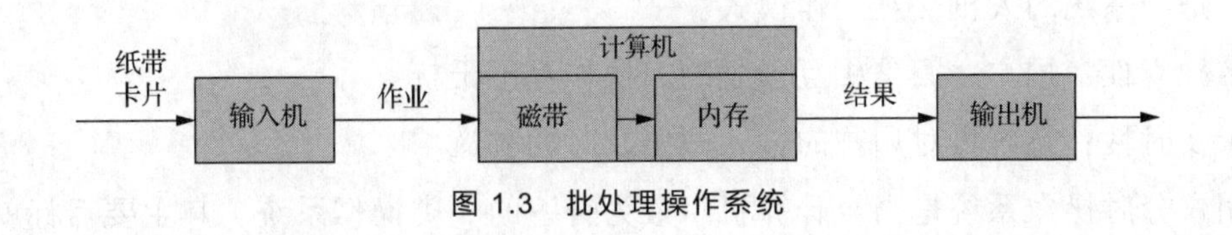

图 1.3 批处理操作系统

监督程序不断地处理作业，实现了作业到作业的自动转接，有效解决了人机矛盾，提高了计算机的利用率。

在作业输入和结果输出时，主机不进行任何工作。由于输入机、输出机完成工作的速度较慢，极容易导致主机处于“忙等”状态。为了避免出现主机速度与输入输出速度不匹配的情况，引入了脱机批处理系统，即输入输出脱离主机控制，如图 1.4 所示。

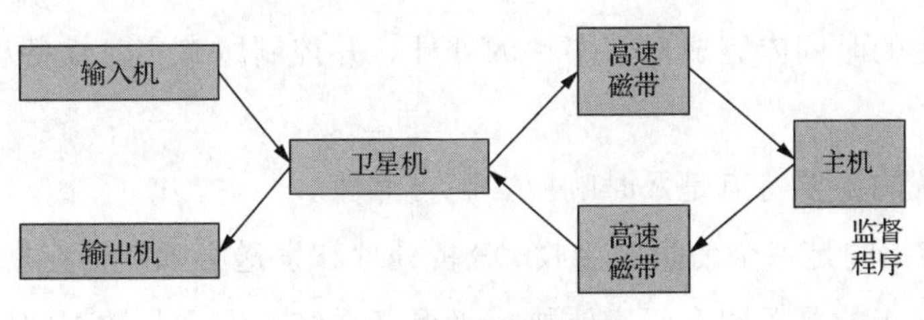

图 1.4 脱机批处理系统

在图 1.4 中可以看到，输入机、输出机与磁带之间接入了卫星机。卫星机既可以从输入机上读取用户作业并放到输入磁带上,又可以从输出磁带上读取执行结果并传给输出机。这样，主机不直接与慢速的输入机、输出机建立联系，而是与速度相对较快的磁带建立连接，有效缓解了主机与设备的矛盾。脱机批处理系统在 20 世纪 60 年代应用十分广泛。

2. 分时操作系统

分时操作系统（Time Sharing）的工作方式是一台主机连接若干个终端，每个用户可以在自己的终端上联机使用主机。

用户交互式地向系统提出请求，系统接收每个用户的命令，将处理机的运行时间分成很短的时间片，按时间片轮流把处理机分配给各用户的联机作业。如果某一个作业在一个时间片内不能完成，则该作业暂时中断，把处理机让给其他作业使用，等待下一轮时再继续使用。操作系统以时间片为单位，轮流供每个终端用户使用。由于计算机处理速度很快，作业轮转也很快，因此每个用户轮流使用一个时间片却不会感觉到有别的用户存在。

分时操作系统有多路性、交互性、独立性、及时性的特征。

（1）多路性：多个用户同时使用一台主机，从微观的角度来看是各用户轮流使用主机，从宏观的角度来看是各用户并行工作使用主机。

（2）交互性：用户可以根据系统对请求的响应结果，进一步向系统提出新的请求，从而实现用户与系统的人机交互工作模式。

（3）独立性：用户之间是相互独立的，操作互不干扰。

（4）及时性：系统可对用户的输入做出及时的响应。

多用户分时操作系统是当今计算机中最为普遍的一类操作系统。其主要目标就是对用户及时响应，避免用户等待的时间过长。

3. 实时操作系统

批处理系统和分时系统虽然能获得较令人满意的资源利用率和系统响应时间，但是不能满足实时控制和实时信息处理的应用需求。实时操作系统的出现，很好地解决了这些问题。

实时操作系统（Real Time Operating System，RTOS）使计算机能及时响应外部事件的请求，在严格规定的时间内完成对该事件的处理，并控制所有实时设备和实时任务协调一致地工作。

实时操作系统的主要特点是及时响应、高可靠性。

（1）及时响应指的是每个信息的接收、分析处理和发送必须严格在规定的时间内完成。

（2）高可靠性指的是采取多级容错措施来保证系统的安全及数据的安全。

到了 20 世纪 80 年代，大规模集成电路工艺技术的快速发展，微处理器的出现，使计算机不仅迎来了个人计算机的时代，而且向计算机网络、分布式处理、智能化的方向发展。

4. 个人计算机操作系统

个人计算机操作系统是一种单用户、多任务的操作系统。其特点是计算机在某一段时间内为单用户服务，用户无须进行专业学习。个人计算机操作系统功能简单，一般会采用图形界面人机交互的工作方式。

5. 网络操作系统

网络操作系统基于计算机网络，是在各种计算机操作系统上按网络体系结构协议标准开发的软件套件，包括网络管理、通信、安全、资源共享等各种网络应用。其目标是相互通信及资源共享。

6. 分布式操作系统

分布式操作系统（Distributed System）通过通信网络将不同地域的数据处理系统或计

算机系统连接起来，使它们实现信息互换和资源共享，协同完成任务。

7. 嵌入式操作系统

嵌入式操作系统（Embedded Operating System，EOS）是运行在嵌入式系统环境中，对整个嵌入式系统以及它所操作的各种部件装置进行统一调度、分配的系统软件。

通过以上描述可知，操作系统位于底层硬件和用户之间，用户可以通过操作系统的用户界面输入命令，操作系统则对命令进行解释，驱动硬件设备，实现人机交互，如图 1.5 所示。

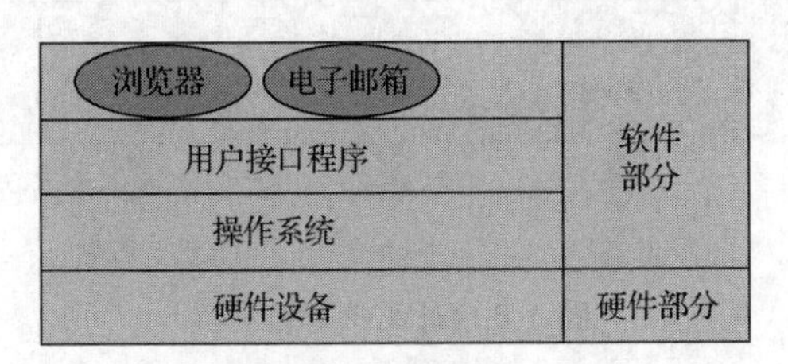

图 1.5 操作系统

1.1.2 嵌入式操作系统

1.1.1 节主要介绍操作系统的发展以及它们各自的特点，最后简单地描述了嵌入式操作系统的概念。嵌入式操作系统的概念比较抽象，因此本节将对其做进一步解释。

认识嵌入式操作系统，首先需要理解的是嵌入式系统。嵌入式操作系统与嵌入式系统是完全不同的两个概念，切勿混为一谈。

嵌入式系统指的是以应用为中心，以计算机技术为基础，软硬件可裁剪，适用于应用系统，对功能、可靠性、成本、体积、功耗等有特殊要求的专用计算机系统。

这里提到的软硬件可裁剪，指的是根据不同的硬件平台的功能需求，对系统软件部分进行定制，以达到系统软件刚好适配硬件平台的状态，因此也可以称之为实现操作系统的最优化定制。例如，生活中有时会遇到对安卓系统的手机进行刷机（类似于 Windows 装系统）的情况。在将安卓系统烧写（移植）到手机之前，需要考虑该系统能否支持手机中的各种硬件模块。假设某款手机中并没有支持蓝牙的硬件模块，不具备蓝牙传送的功能，因此，操作系统就不需要实现蓝牙的功能代码（接口驱动代码、协议代码等）。如果手机需要支持 Wi-Fi 功能，那么操作系统中则必须存在 Wi-Fi 模块的功能代码，以此来实现对硬件的支持与控制。

综上所述，嵌入式系统指的是软硬件结合的整个框架体系，上层应用实现与用户的交互，下层内核实现对硬件设备的控制，最终实现用户与硬件产品的交互。嵌入式系统不断地发展，越来越智能化，从而达到产品改善人类生活体验的目的。图 1.6 所示为嵌入式系统框架。

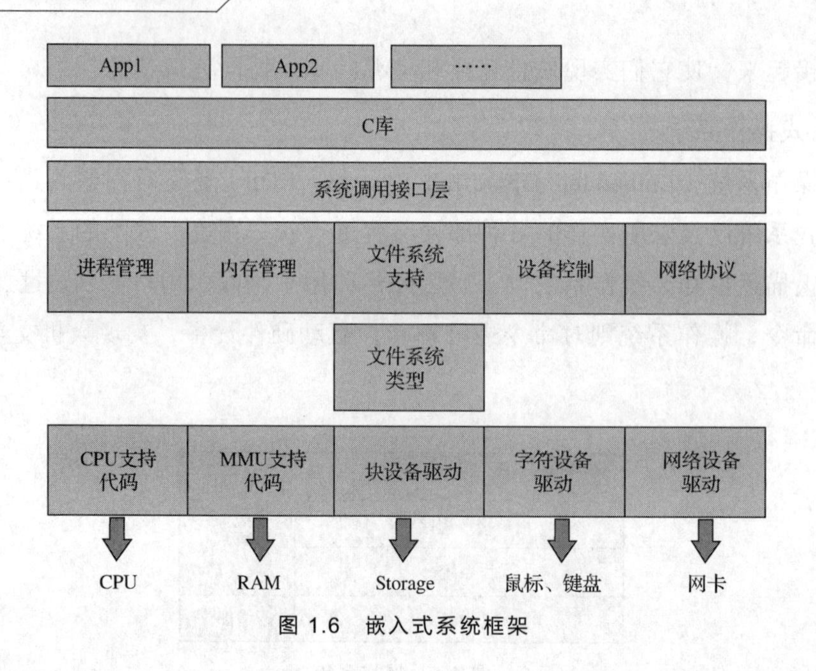

图 1.6　嵌入式系统框架

图 1.6 展示的只是嵌入式系统的一小部分，嵌入式系统还可以容纳更多的外围接口，以及各种传感器，结合无线传输等技术，实现整个网络架构的应用场景覆盖。因此嵌入式系统是一个很庞大的体系。

而嵌入式操作系统是用于嵌入式系统的操作系统，运行在嵌入式硬件平台的系统软件。嵌入式操作系统负责嵌入式系统全部软、硬件的资源分配以及任务调度等活动，是整个嵌入式系统的核心组件。

20 世纪 80 年代开始出现商用嵌入式操作系统，它们大部分是为专有系统而开发的。随着嵌入式领域的发展，各种各样的嵌入式操作系统相继问世，出现了越来越多的商用嵌入式操作系统，包括大量开发源代码的嵌入式操作系统。著名的嵌入式操作系统有 Linux、μC/OS、VxWorks、QNX 等。

1. Linux

Linux 已经成为了全球第二大操作系统。Linux 是一套免费使用和自由传播的类 UNIX 操作系统，基于 POSIX 和 UNIX 的多用户、多任务。Linux 存在着不同的版本，但它们都使用了 Linux 内核。例如：RTLinux 实现了实时的 Linux；μCLinux 去掉了 Linux 的内存管理单元（Memory Management Unit，MMU），可以支持没有 MMU 的处理器。

2. μC/OS

μC/OS 是一种典型的实时操作系统，目前流行的是第二版本，即 μC/OSⅡ。其开发者为美国嵌入式系统领域的专家拉伯罗斯（Jean J.Labrosse）。该系统主要提供任务调度和管理、内存管理、通信、时间管理等功能。其特点是开放源代码、占用空间小、实时性能优良、可扩展性强等。

3. VxWorks

VxWorks 是美国 Wind River 公司的产品，是目前嵌入式系统领域中应用比较广泛的操作系统。VxWorks 实时操作系统由相对独立、短小精悍的目标模块组成，用户可以根据需要选择适当的模块来配置系统；提供了基于优先级的任务调度、通信、中断、定时器、内存管理等功能，并且具有简明易懂的用户接口。该系统主要应用于单板机、交换机、路由器等。

4. QNX

QNX 是加拿大 QNX 软件系统有限公司开发的一款实时操作系统。QNX 的体系结构决定了其具有非常好的伸缩性，用户可以把应用程序代码和内核编译到一起；其次该系统具有很好的移植性，广泛应用于医疗仪器设备、交通运输、安全防卫、POS 机、零售机等关键型应用领域。

嵌入式操作系统的选择是开发过程中比较关键的一步，这将直接影响整个工程的进度以及后期的维护。选择一款操作系统，首先需要考虑其能否支持硬件；其次需要考虑开发调试的工具；最后要考虑的是该系统能否满足应用需求。如果该系统开发的接口太少，则上层应用很难进行二次开发。因此，选择一款既能满足应用需求，性价比又可达到最佳的嵌入式操作系统，是十分重要的。

1.2 Linux 操作系统概述

Linux 操作系统概述

1.2.1 Linux 操作系统的历史

20 世纪 60 年代时，大部分计算机采用的是批处理的方式。直到 1965 年，美国 AT&T 公司贝尔实验室（AT&T Bell Labs）加入通用电器公司（General Eletric）和麻省理工学院（Massachusetts Institute of Technology，MIT）合作的计划，开发出一套多任务、多用户的分时操作系统，即 MULTICS（Multiplexed Information and Computing Service）操作系统。但是由于 MULTICS 项目比较复杂，目标太大，导致进展太慢，最终计划被停。

1969 年，贝尔实验室决定退出这个项目。当时实验室有个工程师叫肯 • 汤普森（Ken Thompson，UNIX 系统之父），他在 MULTICS 上开发了一个名为“星际旅行（Space Traval）”的游戏，运行在 GE-635 计算机上，但是运行速度很慢。于是肯 • 汤普森准备将该游戏移植到一台 PDP-7 计算机上，而这台机器没有操作系统，于是他决定为 PDP-7 开发操作系统。图 1.7 所示为 PDP-7 计算机。

图 1.7　PDP-7 计算机

后来天才工程师丹尼斯·里奇（Dennis Ritchie，C 语言之父）加入了肯·汤普森的开发项目（见图 1.8）。1970 年，PDP-7 只能支持两个使用者，当时布莱恩·柯林汉（Brian Kernighan）开玩笑称他们的系统为“UNiplexed Information and Computing Service”，缩写为“UNICS”，后来大家取其谐音，称其为“UNIX”。

1970 年，肯·汤普森以 BCPL 语言为基础，设计出简单且接近硬件的 B 语言（取 BCPL 的首字母），并且编写了第一个 UNIX 操作系统。因此，1970 年也被称为“UNIX 元年”。截止到目前，计算机中仍使用 1970 年 1 月 1 日作为记录时间的原点。

1972 年，丹尼斯·里奇在 B 语言的基础上设计出一种新的语言，取 BCPL 的第二个字母作为语言的名字，即现在的 C 语言。

1973 年，C 语言的主体完成。此时肯·汤普森和丹尼斯·里奇为了解决汇编语言移植困难的“痛点”，使用 C 语言重写了 UNIX 的第三版内核。至此，UNIX 系统进入了一个新的阶段，为日后 UNIX 的普及发展打下了坚实的基础。

图 1.8　肯·汤普森（左）和丹尼斯·里奇（右）

1974 年，肯·汤普森和丹尼斯·里奇发表了名为“UNIX 分时系统”的文章，使 UNIX 操作系统正式与外界见面，学术界表现出广泛兴趣并希望索取源代码。所以，UNIX 第五版以“仅用于教育目的”之名提供给各大学教学使用。

1978 年，加州大学伯克利分校在 UNIX 进行改进，推出了自己的 UNIX 版本：BSD（Berkeley Softwore Distribution）版本。同时 AT&T 公司成立了 USG（UNIX Support Group，UNIX 支持小组），将 UNIX 变成了商业化的产品。自此产生了 UNIX 的两个版本线，如图 1.9 所示。

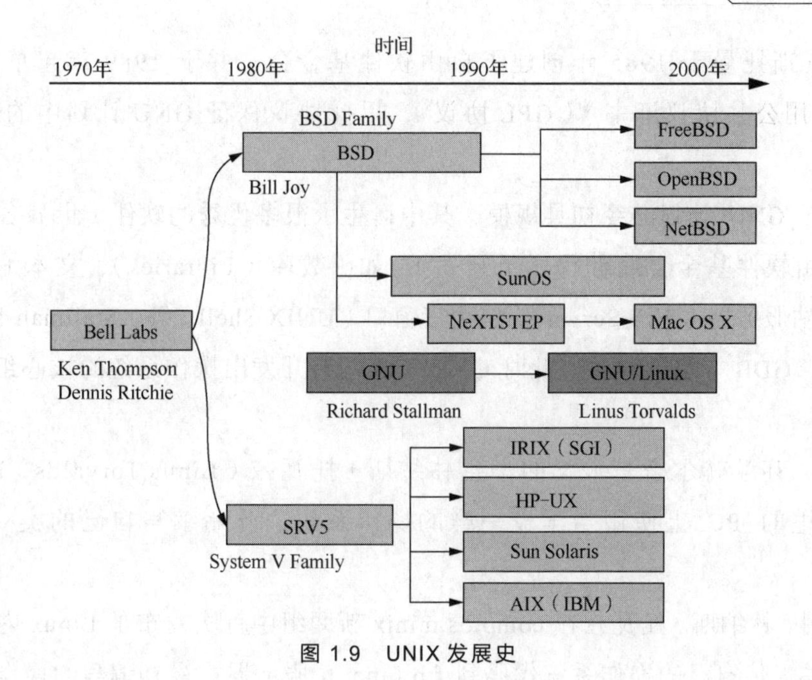

图 1.9　UNIX 发展史

很明显，BSD 的 UNIX 与 AT&T 的 UNIX 竞争引发了 UNIX 之战。软件开发人员可以根据自己的需求对 UNIX 系统的源代码进行裁剪，因此 UNIX 系统出现了各种各样的变种。而此时 AT&T 的商业运作（即私有化软件，不对外公开源代码）令许多 UNIX 的爱好者与开发者感到忧虑，他们认为商业化的种种限制并不利于产品的发展，相反还可能带来诸多问题。

此时一个名为理查德·斯托曼（Richard Stallman）的重要人物出现了，他认为 UNIX 系统应该是一套完全自由开放的操作系统。一个好的操作系统，应该让更多的爱好者与开发者参与进来，贡献自己的所学，才能让操作系统变得更加优异。

1984 年，理查德·斯托曼启动了一个宏伟的计划，即 GNU（GNU is Not UNIX 的递归缩写）计划。这个计划的目的是创造一套自由的类 UNIX 操作系统。这个系统使用与 UNIX 相同的接口，系统本身和其上的软件都是自由开发的，可以被免费获取、修改、传播。每个人都可以获得系统的全部的源代码，并对源代码进行修改完善。图 1.10 所示为理查德·斯托曼和 GNU 计划标志。

图 1.10　理查德·斯托曼和 GNU 计划标志

理查德·斯托曼于 1985 年创建了自由软件基金会，并于 1989 年起草了广为使用的《GNU 通用公共协议证书》（GPL 协议），以此协议保证 GNU 计划中的所有软件的自由性。

1990 年，GNU 计划已经初具规模，其中诞生了很多优秀的软件（世界各地的黑客无偿提供，自由软件基金会雇佣程序员开发），如函数库（Libraries）、文本编辑器（Text Editors）、网站服务器（Web Server）、使用者窗口（UNIX Shell）等。Stallman 也参与其中，开发了 GCC、GDB 等重要软件。此时 GNU 一直没有开发出操作系统的核心组件——内核（Kernel）。

1991 年，芬兰赫尔辛基大学的学生林纳斯·托瓦兹（Linus Torvalds，Linux 之父）为了能在家里的 PC 上使用与学校一样的操作系统，开始编写自己的类 UNIX 操作系统。

同年 8 月，林纳斯·托瓦兹在 comp.os.minix 新闻组中首次发布了 Linux 内核的第一个公共版本，并上传自己的操作系统代码到 ftp.funet.fi 服务器。最初编写的操作系统取名为 Freax，并且只适用于 Intel 386 处理器。该服务器的管理员阿里·莱姆克（Ari Lemke）觉得操作系统既然是 Linus 编写的，又是类 UNIX 操作系统，不如就叫 Linux。

在自由软件之父理查德·斯托曼精神的感召下，林纳斯·托瓦兹很快以 Linux 的名字把这款类 UNIX 操作系统加入自由软件基金会的 GNU 计划，并通过 GPL 的通用性授权，允许用户销售、复制并且改动程序。而参与修改程序的用户也必须免费公开修改后的代码。图 1.11 所示为林纳斯·托瓦兹和 Linux 标志。

图 1.11　林纳斯·托瓦兹和 Linux 标志

狭义地讲，原始的 Linux 只是一个操作系统的内核。如果将 Linux 操作系统比作英雄，那么林纳斯·托瓦兹的 Linux 就是英雄的心脏。然而生活中，人们习惯于以 Linux 指代整个操作系统，即包括内核、上层软件及服务（函数库、编译器、编辑器等）的整体系统，系统关系如图 1.12 所示。因此，在后续章节的描述中，Linux 操作系统的内核则称为 Linux 内核。

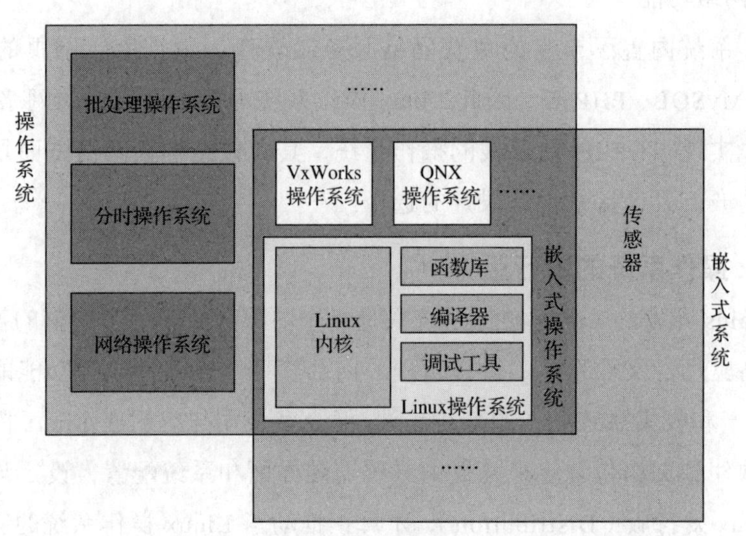

图 1.12　系统关系

1.2.2 Linux 操作系统的优势

1.2.1 节主要介绍了 Linux 操作系统的发展历史。Linux 操作系统是一个开发自由的系统，用户可以通过网络或其他途径免费获得，并可以任意修改其源代码，这是其他嵌入式操作系统做不到的。下面介绍 Linux 操作系统作为嵌入式操作系统的优势。

1. 低成本开发

Linux 操作系统源代码开放，允许任何人获取并修改。通过 Linux 操作系统进行开发的软件同样需要遵守 GPL 协议，公布其源代码。这样做一方面降低了开发的成本，另一方面又可以提高开发产品的效率，并且可以获得社区的支持。

2. 可以应用于多种硬件平台

Linux 操作系统可以支持 X86、PowerPC、ARM、MIPS 等多种体系结构，并且已经被移植到多种硬件平台。Linux 操作系统实现了一个统一的框架对硬件进行管理，从而保证从一个硬件平台到另一个硬件平台的改动与上层的应用无关。

3. 可定制的内核

Linux 内核采用模块定制的方式开发，可以根据嵌入式硬件平台的个性需求进行定制，实时地将模块插入内核或从内核移除。经过裁剪的 Linux 内核最小可达到 150KB 以下。

4. 多用户多任务

Linux 操作系统是真正的多用户多任务的操作系统。多个用户可以共享系统资源。多任务是现代计算机的一个重要特点，由于 Linux 操作系统调度每一个进程都可以平等地访问处理器，因此它能同时执行多个程序，而且各个程序的运行是相互独立的。

5. 良好的网络功能

Linux 操作系统内置了丰富的免费网络服务器软件、数据库、网页的开发工具，如 Apache、SSH、MySQL、PHP 等，因此 Linux 操作系统可担任全方位的网络服务器。Linux 操作系统是首先实现 TCP/IP 协议栈的操作系统，其内核结构在网络方面是非常完整的，对依赖于网络的嵌入式设备来说是很好的选择。

1.2.3 Linux 操作系统的发行版本

Linus Torvalds 开发的 Linux 操作系统只是一个内核，而非一个完整的操作系统。内核是一个集合设备驱动、文件系统、进程管理、内存管理、网络协议等功能的系统软件。虽然 GNU 大量生产和收集系统必备的各种组件，但众多公司与组织在 Linux 内核源代码的基础上，将各种软件和文档包装起来并提供系统安装界面和系统配置，设定与管理工具，进而整合出的 Linux 发行版（Distribution），才真正推动了 Linux 操作系统的应用，从而让更多的人开始关注 Linux 操作系统。

除去非商业组织 Debian 开发的 Debian GNU/Linux 外，美国的 Red Hat 公司发行了 Red Hat Linux，法国的 Mandrake 公司发行了 Mandrake Linux，德国的 SUSE 公司发行了 SUSE Linux。国内众多公司也发行了中文版的 Linux，如红旗 Linux。Linux 目前已经有 200 多个发行版本。其中常见的 UNIX/类 UNIX 版本有 Solaris、IBM AIX、Red Hat、Fedora Core、SUSE、Debian、Ubuntu、FreeBSD、OpenBSD 等。

下面将对 Ubuntu、Red Hat、Debian 这三种具有代表性的 Linux 发行版进行介绍。

1. Debian

Debian GNU/Linux 是一个非常特殊的版本。1993 年，伊恩 · 默多克（Ian Murdock）发起 Debian 计划，它的开发模式和 Linux 操作系统及其他开源操作系统的模式一样，由志愿者通过互联网合作开发。Debian 开发者所创建的操作系统中的绝大部分基础工具来源于 GNU 计划，因此“Debian”常指 Debian GNU/Linux。Debian 带来了超过 51000 个软件包（为了能在用户的计算机上轻松安装，这些软件包都已经被编译包装为一种方便的格式），一个软件包管理器（Advanced Packaging Tool，APT），这些全都是自由软件。图 1.13 所示为 Debian 系统标志。

图 1.13　Debian 系统标志

Debian 系统分为 3 个版本，分别为稳定版（Stable）、测试版（Testing）、不稳定版（Unstable）。发行的版本为稳定版，测试版通过测试后会成为新的稳定版。

2. Ubuntu

Ubuntu（乌班图）是一个以桌面应用为主的 Linux 操作系统。其名称来源于非洲南部祖鲁语或豪萨语的“ubuntu”一词，意思是“人性”“人道待人”，是非洲的一种价值观，类似于儒家的“仁爱”思想。Ubuntu 是基于 Debian GNU/Linux 和 GNOME 桌面环境开发的。从 11.04 版本起，Ubuntu 发行版放弃了 GNOME 桌面环境，改为使用 Unity（基于 GNOME 桌面环境的用户界面，由 Canonical 开发）。Ubuntu 的目标在于为一般用户提供一个最新、稳定且主要由自由软件构建而成的操作系统。2013 年，Ubuntu 正式发布面向智能手机的移动操作系统。图 1.14 所示为 Ubuntu 系统标志。

3. Red Hat

Red Hat（红帽）公司创建于 1993 年，创始人是鲍勃·扬（Bob Young）和马克·尤因（Marc Ewing），是目前世界上最资深的 Linux 厂商。

目前 Red Hat 系统分为两个系列：一个是由 Red Hat 公司提供收费技术支持和更新的 Red Hat Enterprise Linux（RHEL，Red Hat 企业版）和 CentOS（RHEL 的社区克隆版，免费版本）；另一个是由 Red Hat 桌面版发展而成的免费版本 Fedora Core。图 1.15 所示为 Red Hat 系统标志。

图 1.14 Ubuntu 系统标志

图 1.15 Red Hat 系统标志

Linux 操作系统的发行版本很多，读者在进行系统开发学习时，可根据自己的需求选择适合的版本。Linux 操作系统版本选取如表 1.1 所示。

表 1.1 Linux 操作系统版本选取

Linux 发行版	使用需求
CentOS、RHEL	尽量少的 Linux 配置，比较稳定的服务器系统
Ubuntu	使用正版商业软件便宜，无须自行定制
Gentoo	深入了解 Linux 各个方面，灵活定制自己的 Linux 操作系统
FreeBSD	稳定性要求较高
SUSE	使用数据库高级服务、电子邮件网络应用

1.3 Linux 操作系统安装

Linux 操作系统安装

1.3.1 安装虚拟机

在安装使用 Linux 操作系统之前，首先需要考虑为操作系统寻找一个可以使之运行的硬件平台。在这里，不建议初学者将 Linux 操作系统直接安装到计算机的硬盘替代生活中常用的 Windows 操作系统，因为 Linux 操作系统的一些工具的使用方式与 Windows 操作系统不同，对初学者来说不太友好。

基于上述情况，建议在 Windows 操作系统上安装一个虚拟机软件，然后将 Linux 操作系统运行在虚拟机上。

在这里需要说明的是，虚拟机（Virtual Machine，VM）的作用为通过软件模拟实现完整硬件系统的功能。也就是由虚拟机模拟一个硬件平台，然后将 Linux 操作系统运行在这个虚拟的"硬件平台"上。虚拟机如同容器，可将操作系统放置到这个容器中。这样看来，运行 Linux 操作系统并不会影响 Windows 操作系统的使用，学习起来十分方便。

目前流行的虚拟机软件有 VMware（VMware ACE）、VirtualBox、Virtual PC。这里选用虚拟机 VMware Workstation 15 Player 作为安装演示对象，如图 1.16 所示。

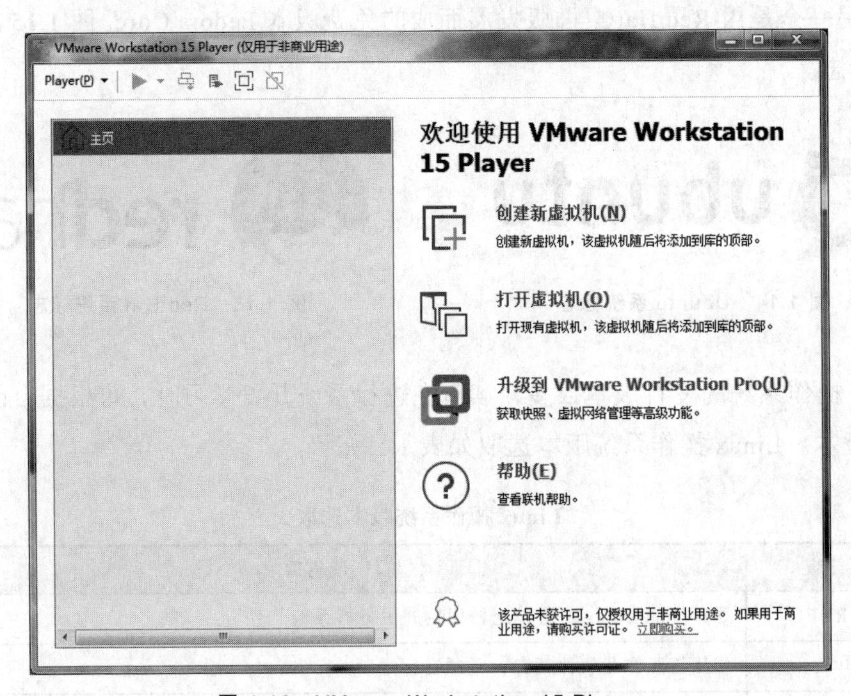

图 1.16 VMware Workstation 15 Player

1. 虚拟机安装

（1）进入 VMware 官方网站，获取虚拟机资源，如图 1.17 所示。

图 1.17　VMware 官方网站

（2）单击图 1.17 中的“下载”选项，进入下载页面，如图 1.18、图 1.19 所示。

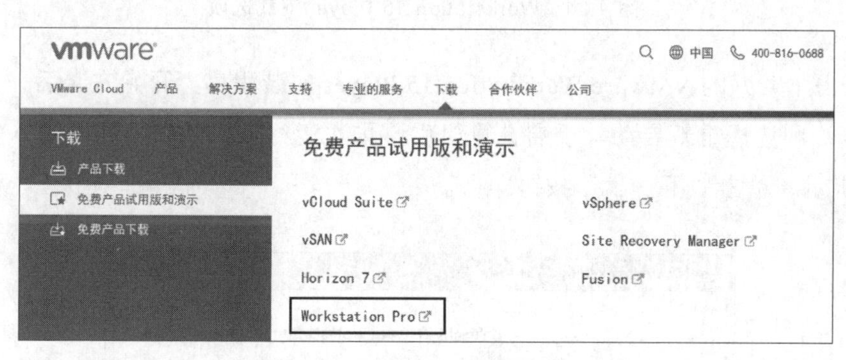

图 1.18　VMware 下载界面一

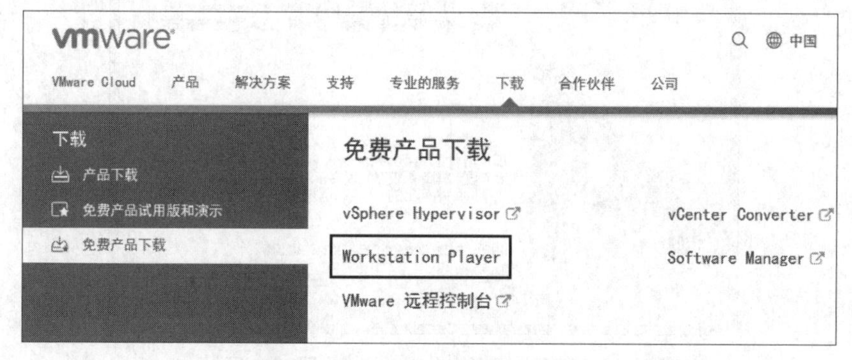

图 1.19　VMware 下载界面二

（3）如图 1.18 所示，可以选择下载“免费产品试用版和演示”中的“Workstation Pro”版本。试用版本身不免费，有使用期限，因此不建议读者使用。如图 1.19 所示，本次选择“免费产品下载”中的“Workstation Player”版本，直接单击即可开始下载。

（4）图 1.20 与图 1.21 所示为 VMware Workstation 15 Player 简介与下载选项，选择 Windows 版本，即在 Windows 环境中安装虚拟机。

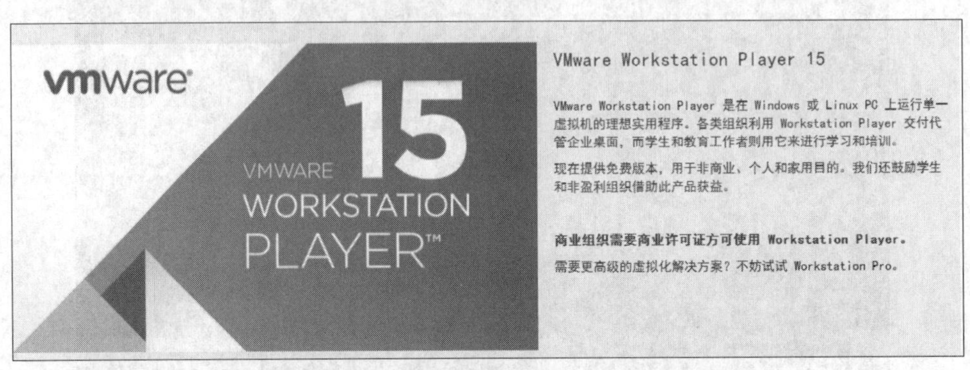

图 1.20　VMware Workstation 15 Player 简介

图 1.21　Workstation 15 Player 下载选项

（5）双击下载好的 VMware Workstation 15 Player 安装程序。开始安装后，如遇到重启计算机提示，则选择重新启动。重启计算机后，再次运行该安装软件即可进入安装界面，如图 1.22 所示，单击“下一步”按钮即可。

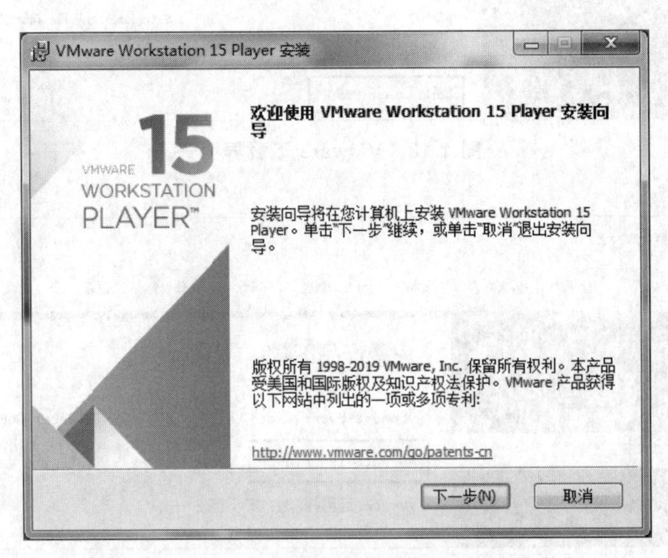

图 1.22　VMware Workstation 15 Player 安装一

（6）选择同意用户许可协议，单击“下一步”按钮，如图 1.23 所示。

（7）安装路径可以选择默认，也可以根据情况选择自定义安装路径，需要说明的是，安装路径中不建议出现中文。安装路径选择完成后，进入用户体验设置界面。界面中的选项可勾选或不选，如图 1.24 所示。

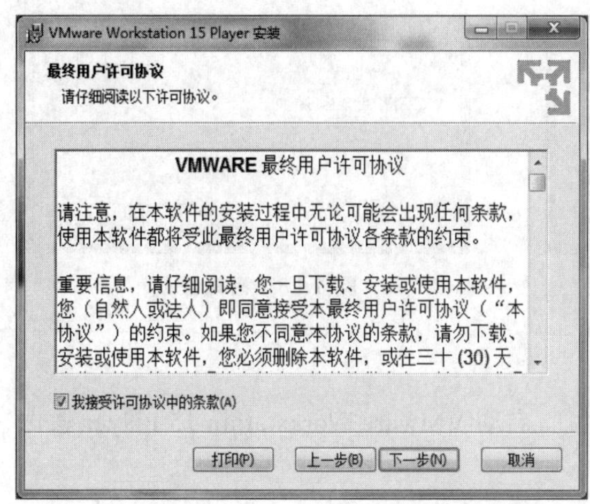

图 1.23　VMware Workstation 15 Player 安装二

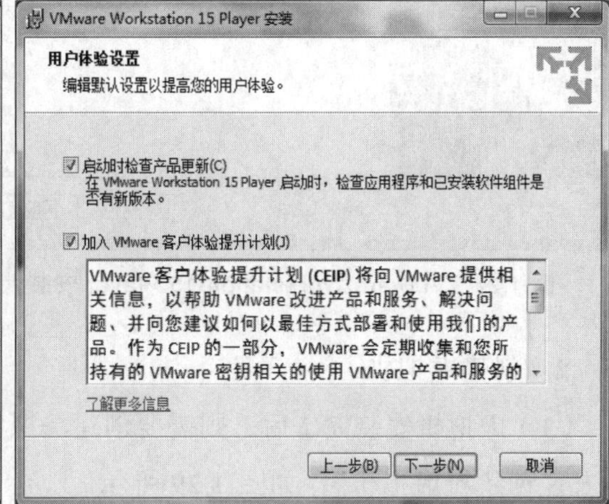

图 1.24　VMware Workstation 15 Player 安装三

（8）选择是否创建快捷方式，然后单击“下一步”按钮，如图 1.25 所示。

（9）自动完成相关组件的安装，此过程无须干预，如图 1.26 所示。

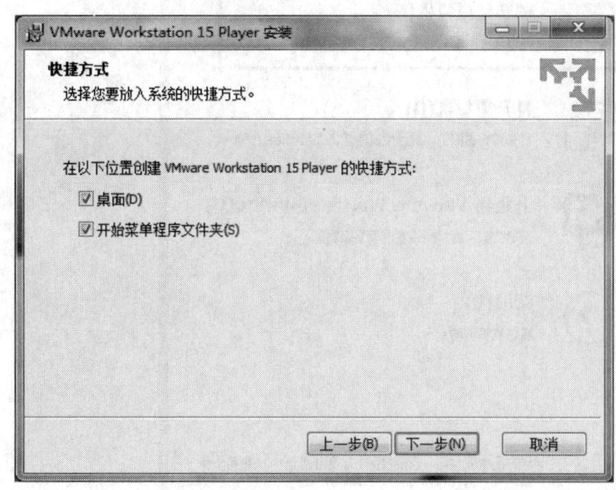

图 1.25　VMware Workstation 15 Player 安装四

图 1.26　VMware Workstation 15 Player 安装五

（10）虚拟机组件安装完成后，出现提示，单击“完成”按钮即可，如图 1.27 所示。

（11）安装完成后，运行虚拟机，进入密钥验证界面，选择“免费将 VMware Workstation 15 Player 用于非商业用途”，单击“继续”按钮即可，如图 1.28 所示。

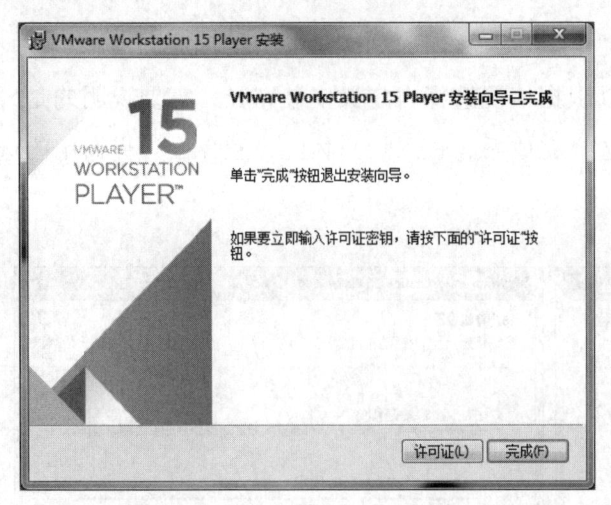

图 1.27　VMware Workstation 15 Player 安装六

图 1.28　密钥验证

2. 创建虚拟机

（1）虚拟机安装完毕后，则需要创建虚拟机。启动 VMware Workstation 15 Player 软件，单击“创建新虚拟机”，如图 1.29 所示。

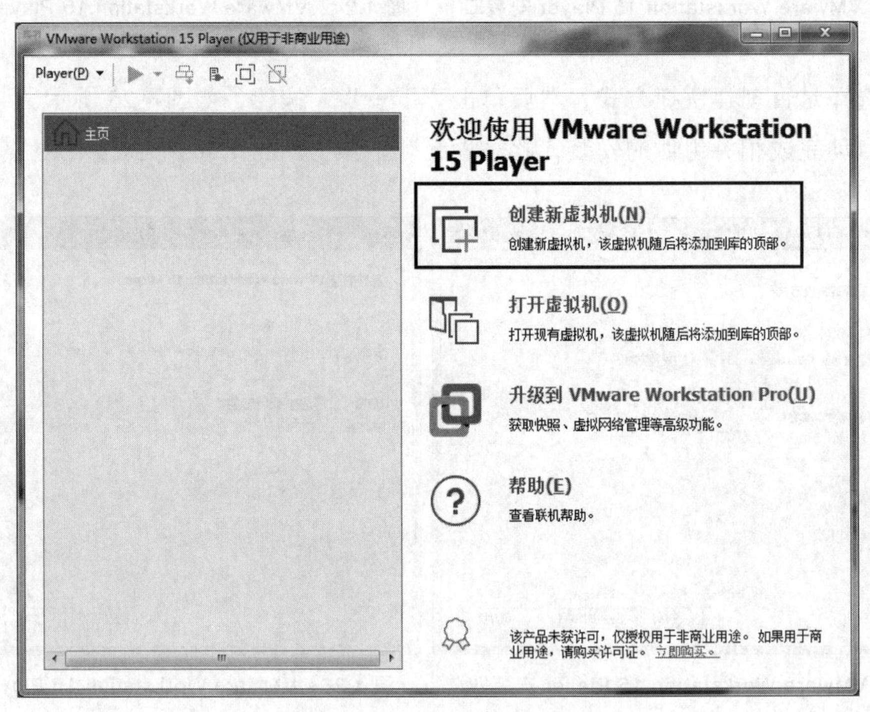

图 1.29　创建新虚拟机

（2）进入新建虚拟机向导界面，选择“稍后安装操作系统”，先创建一个空的虚拟机。通俗地说，即先为 Linux 操作系统创建一个容器，然后再将操作系统装入容器。如图 1.30 所示，完成选择后，单击“下一步”按钮。

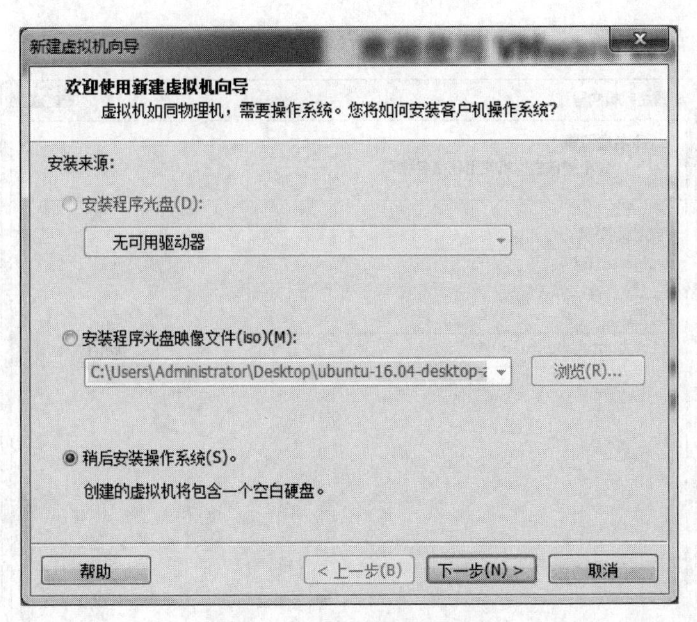

图 1.30 新建虚拟机向导

（3）选择客户机操作系统，即预先设置虚拟机中运行的操作系统类型。客户机操作系统默认选择 Linux，版本为 Ubuntu 64 位，因此可直接单击“下一步”按钮，如图 1.31 所示。

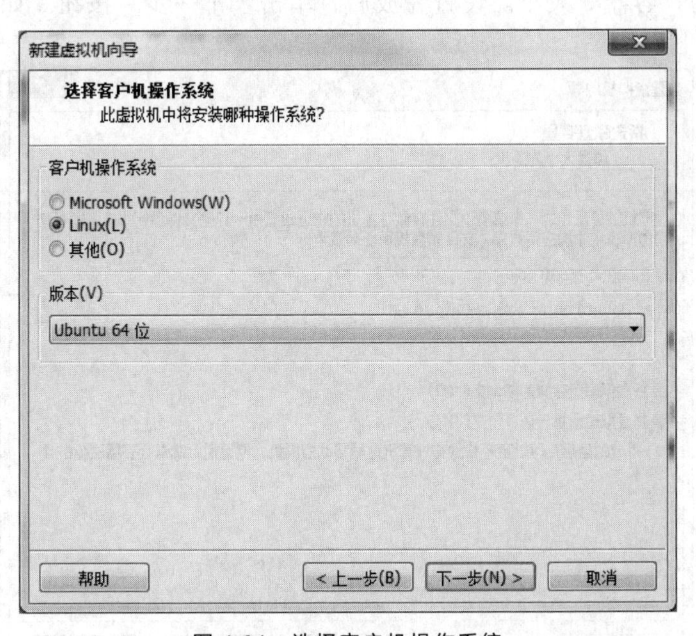

图 1.31 选择客户机操作系统

（4）命名虚拟机，并设置此虚拟机存放的位置。本次将虚拟机命名为“Ubuntu16.04”，位置选择“E:\ubuntu\ubuntu16.04”，需要注意的是此处设置的位置为自定义目录，读者可根据情况自行设定，如图 1.32 所示，单击“下一步”按钮。

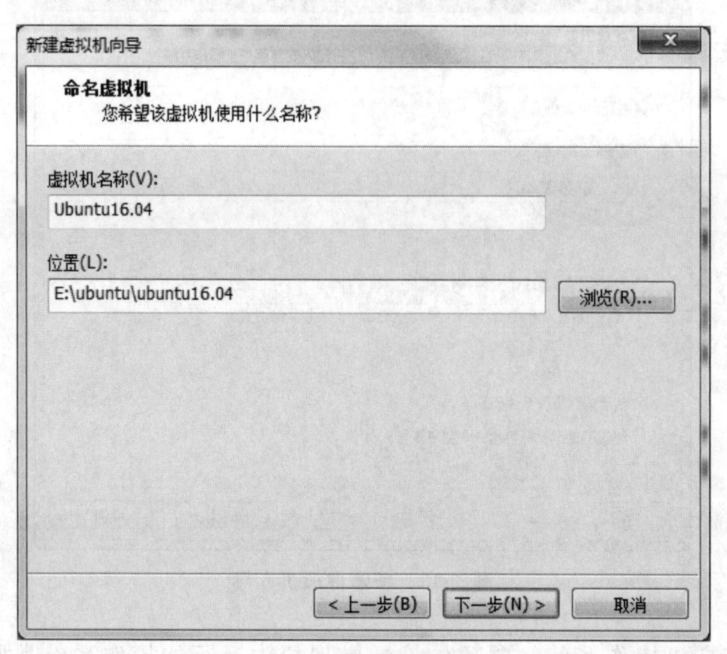

图 1.32　命名虚拟机

（5）指定磁盘容量，即设置 Linux 操作系统使用的硬盘大小。通俗地说，即设置存放 Linux 操作系统的“容器”大小。设置完成后，单击“下一步”按钮。如图 1.33 所示。

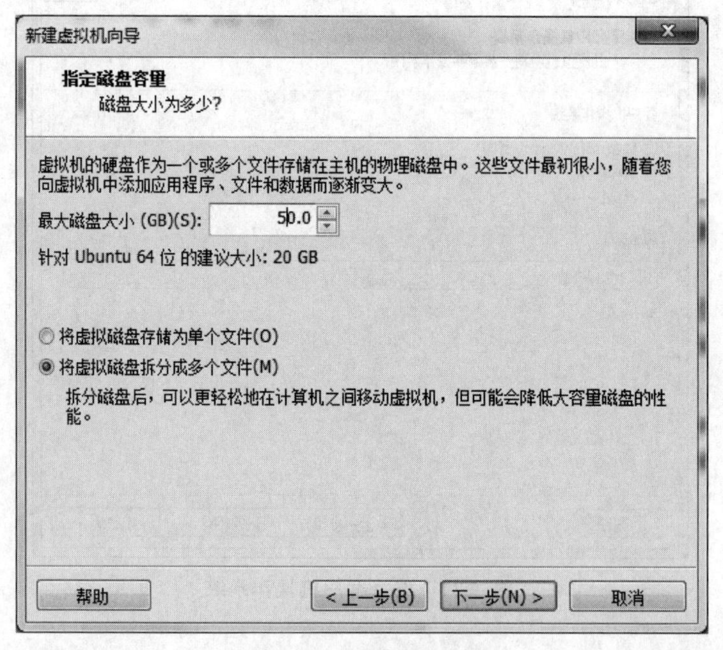

图 1.33　指定磁盘容量

（6）创建完成，显示创建虚拟机的详细信息，如图 1.34 所示，单击“完成”按钮即可。

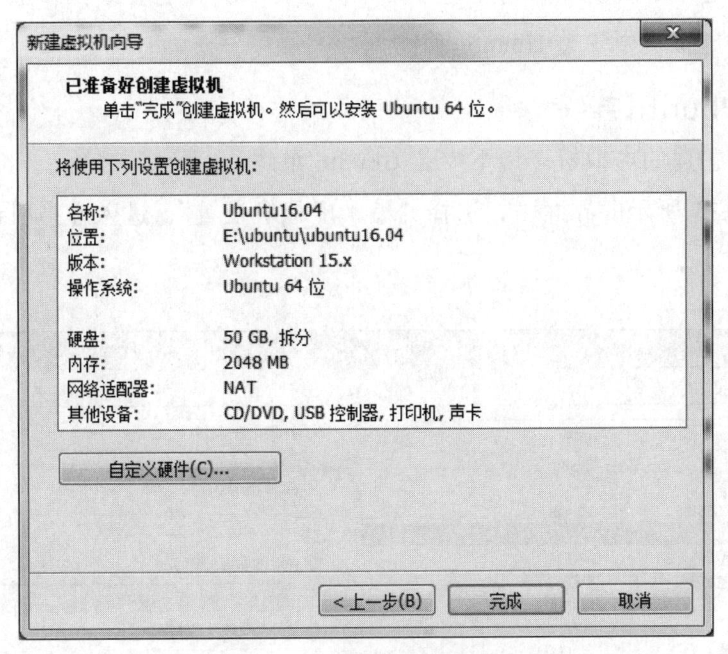

图 1.34　创建虚拟机结束

（7）创建虚拟机成功之后，显示编辑运行界面，如图 1.35 所示。

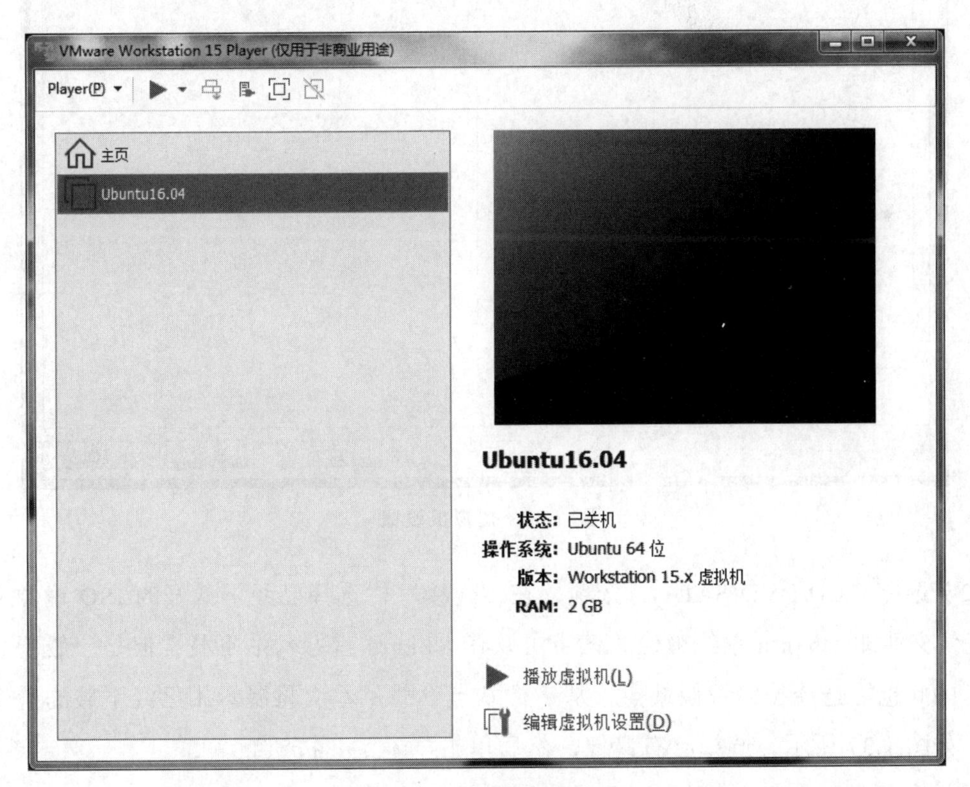

图 1.35　创建虚拟机成功

此时只是创建了虚拟机（只是创建了一个“容器”），没有安装操作系统。因此，接下来将展示如何在虚拟机中安装 Ubuntu 系统。

1.3.2 安装 Ubuntu 系统

本节将在新创建的虚拟机环境下安装 Ubuntu 系统。

（1）在图 1.35 所示的界面中，选择“编辑虚拟机设置”，进入虚拟机设置界面，如图 1.36 所示。

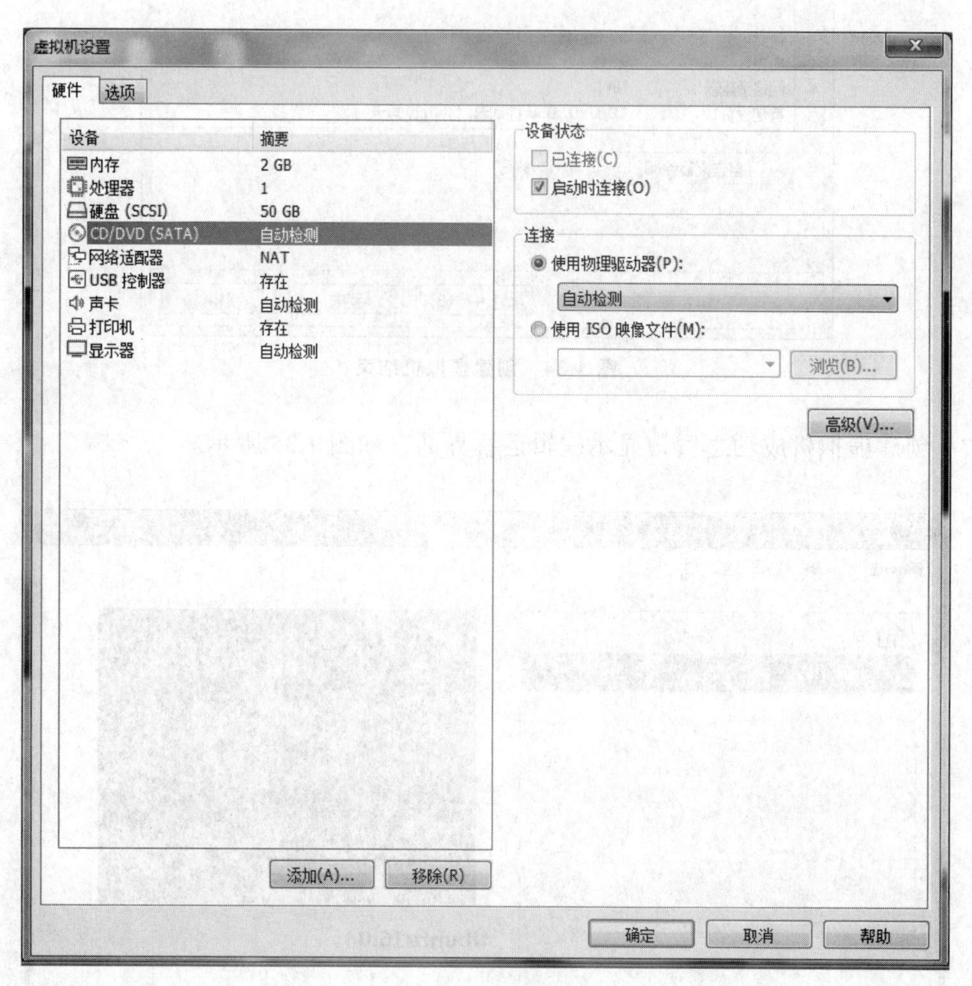

图 1.36　虚拟机设置

（2）选择“CD/DVD(SATA)”选项，在“连接”栏选择已经下载好的 ISO 镜像文件。ISO 镜像文件即 Ubuntu 系统镜像，读者可以在 Ubuntu 官方网站下载，但是一般下载时间较长，因此也可选择搜索镜像站点，从镜像站点下载。本次将展示用已经下载的镜像直接安装，如图 1.37 所示，选择已有镜像，然后单击“确定”按钮。

（3）选择“播放虚拟机”，如图 1.38 所示。

图 1.37　选择镜像安装

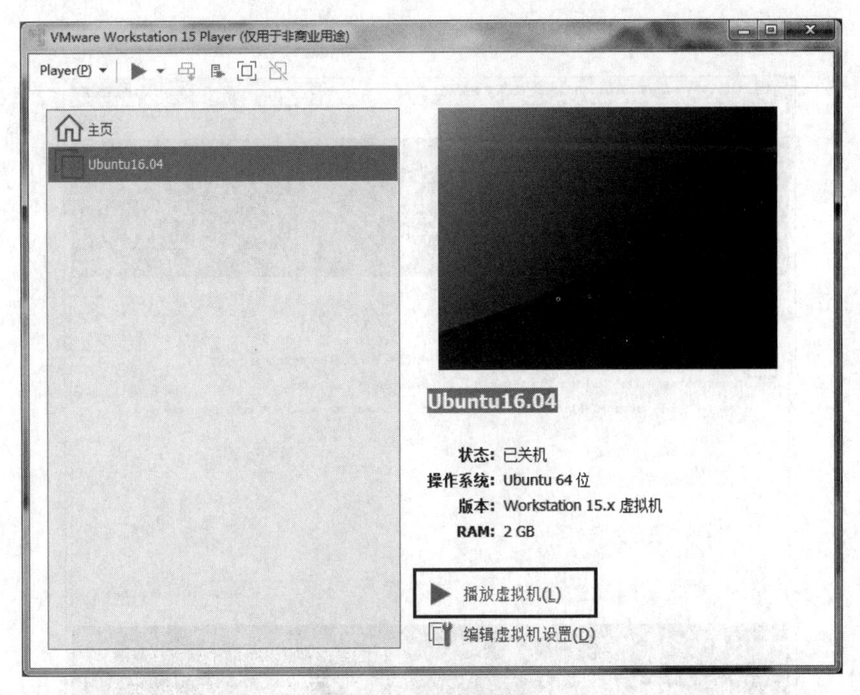

图 1.38　播放虚拟机

（4）进入 Ubuntu 系统的安装配置界面，进行系统语言设置。选择“English”后，单击“Install Ubuntu”按钮，如图 1.39 所示。

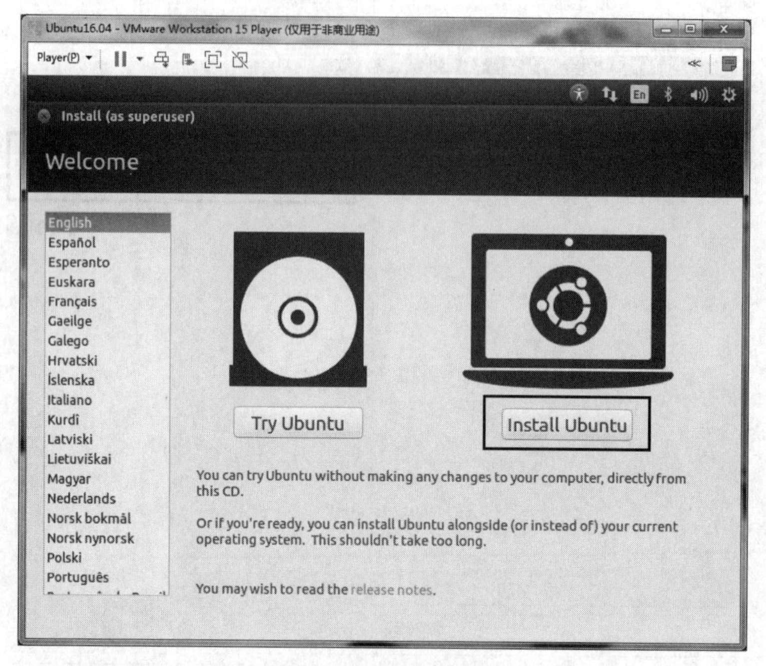

图 1.39　安装配置

（5）可以选择跳过更新提示与安装第三方软件推送，单击“Continue”按钮，如图 1.40 所示。

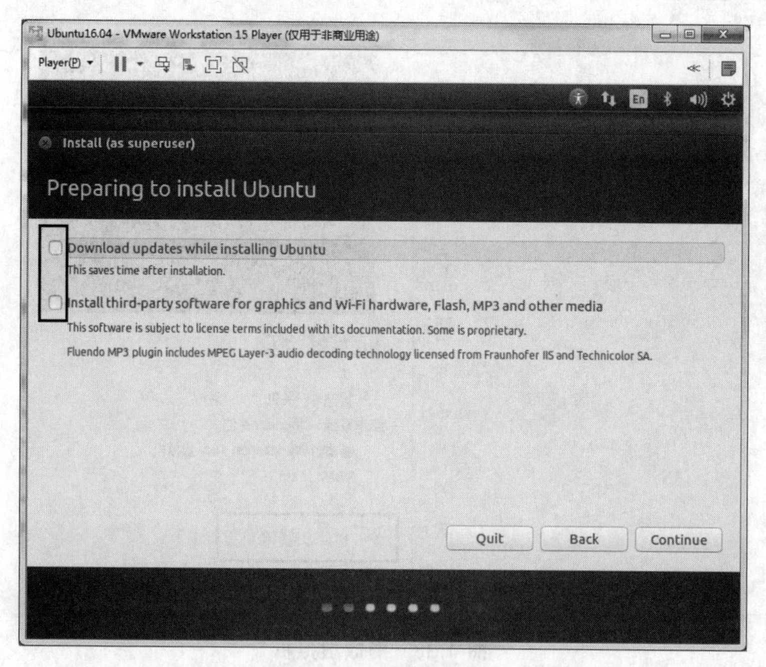

图 1.40　准备安装

（6）选择地区。

（7）键盘布局选择“English(US)”，如图 1.41 所示。

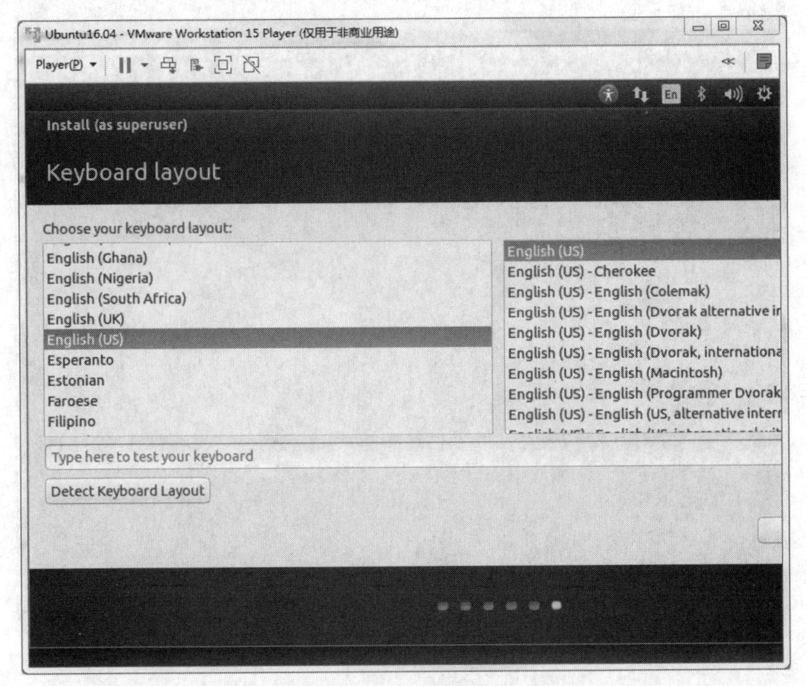

图 1.41 键盘布局

（8）设置用户名、主机名与密码，单击“Continue”按钮，如图 1.42 所示。

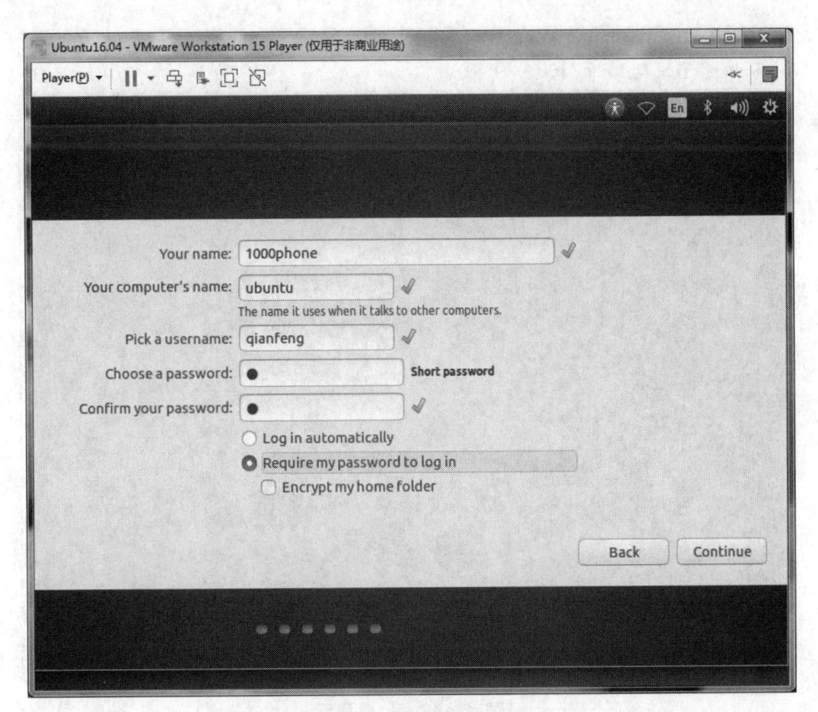

图 1.42 设置登录信息

（9）等待安装，如图 1.43 所示。

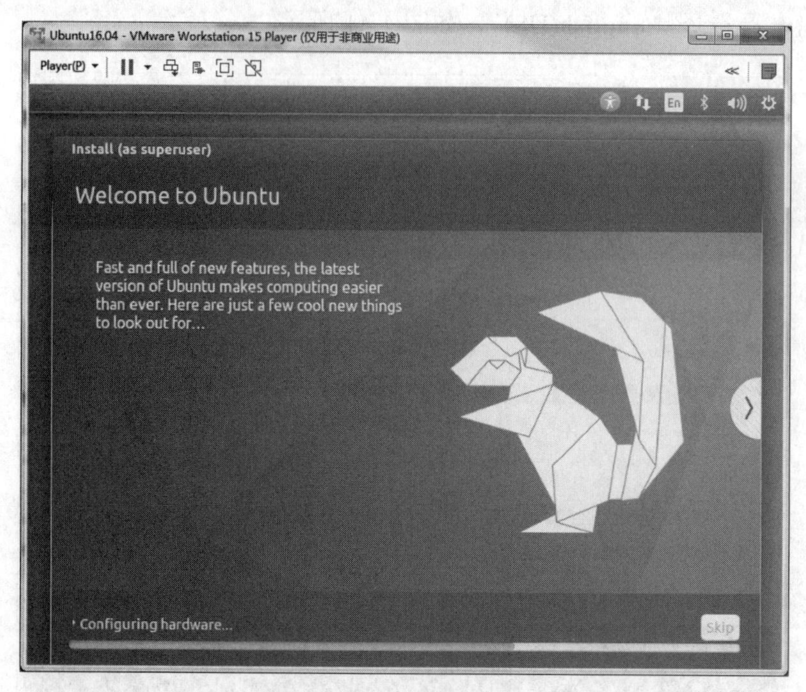

图 1.43　等待安装

（10）如遇到系统提示重启，则选择重启，进入载入画面，如图 1.44 所示，然后按 Enter 键。

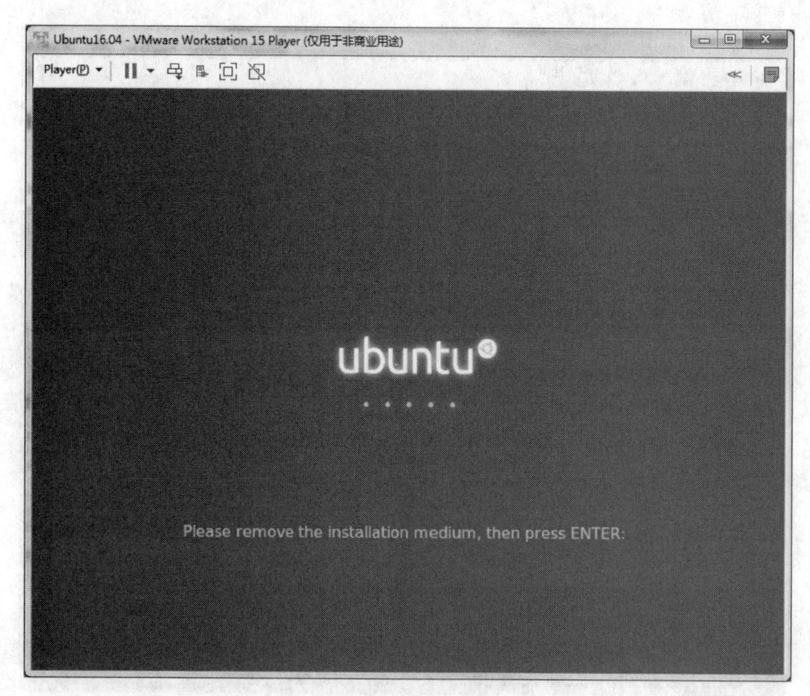

图 1.44　载入画面

（11）进入用户登录界面，输入密码即可完成登录，如图 1.45 所示。

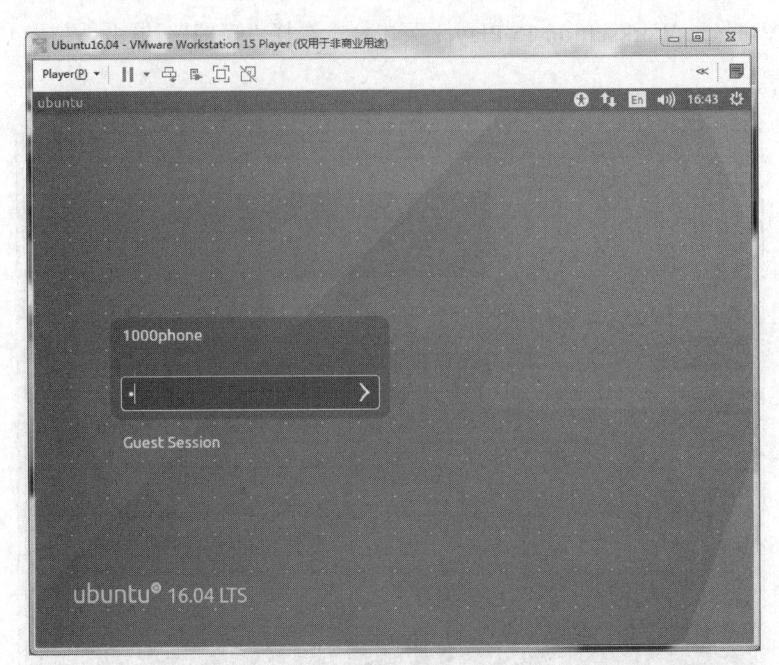

图 1.45　用户登录

（12）进入 Ubuntu 系统桌面，表示安装成功，如图 1.46 所示。

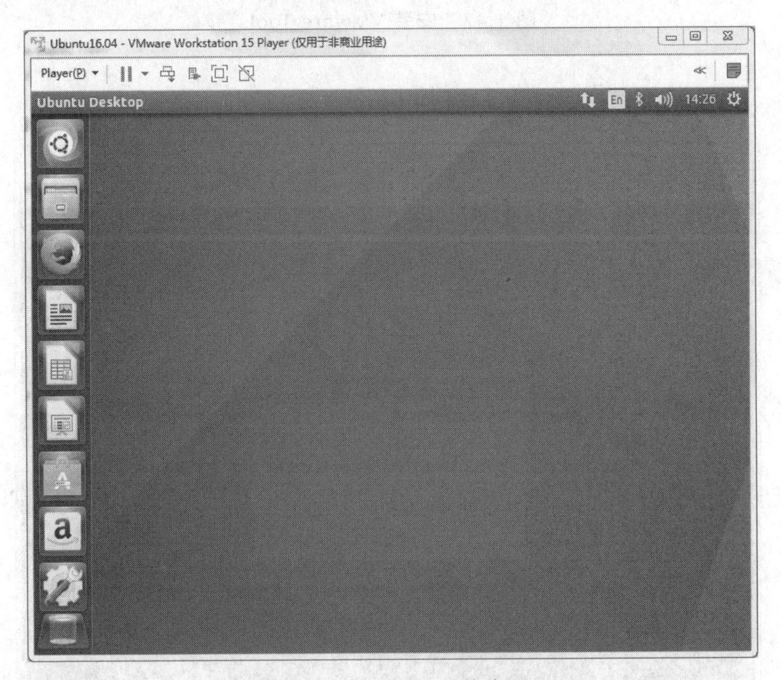

图 1.46　Ubuntu 系统桌面

1.3.3　安装虚拟机工具

安装虚拟机工具使虚拟机可以使用一些十分重要的功能，例如，建立共享文件夹。本节将展示如何安装虚拟机工具。

（1）打开 VMware Workstation 15 Player 菜单栏，选择“管理”，单击“安装 VMware Tools”，如图 1.47 所示。

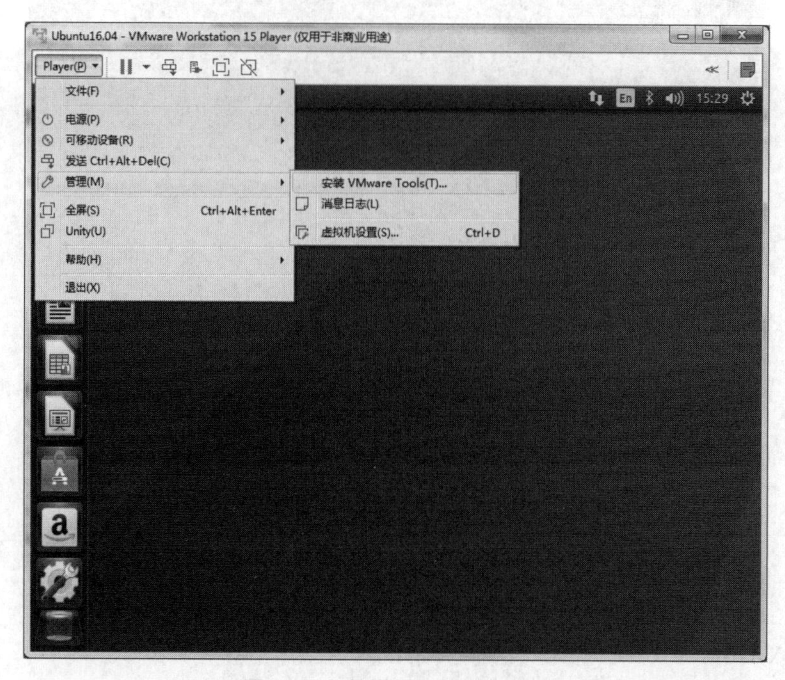

图 1.47　安装 VMware Tools

（2）选择“下载并安装”，如图 1.48 所示。

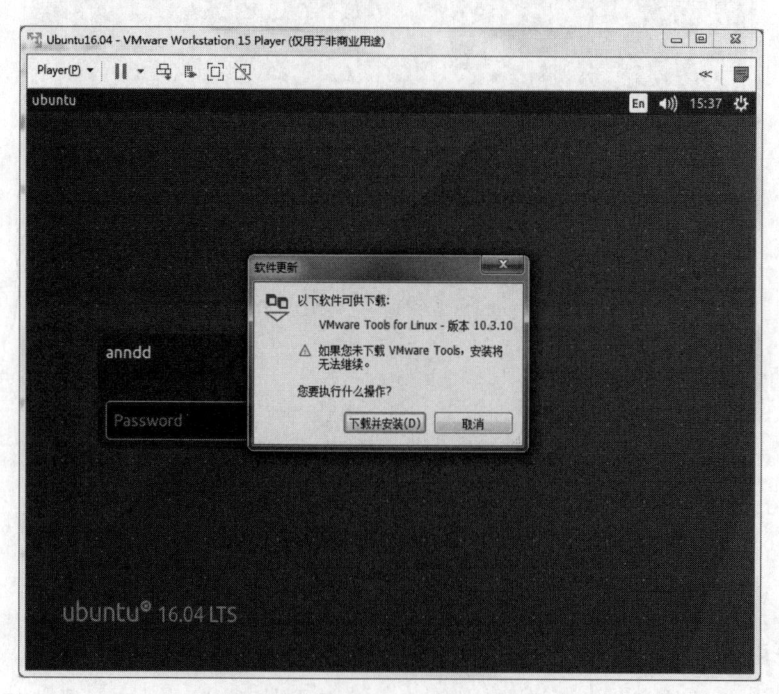

图 1.48　选择“下载并安装”

（3）等待一段时间，如图 1.49 所示。注意，在安装之前需要禁用物理机上的防火墙，否则防火墙程序可能会阻止 VMware Workstation 更新程序访问服务器。

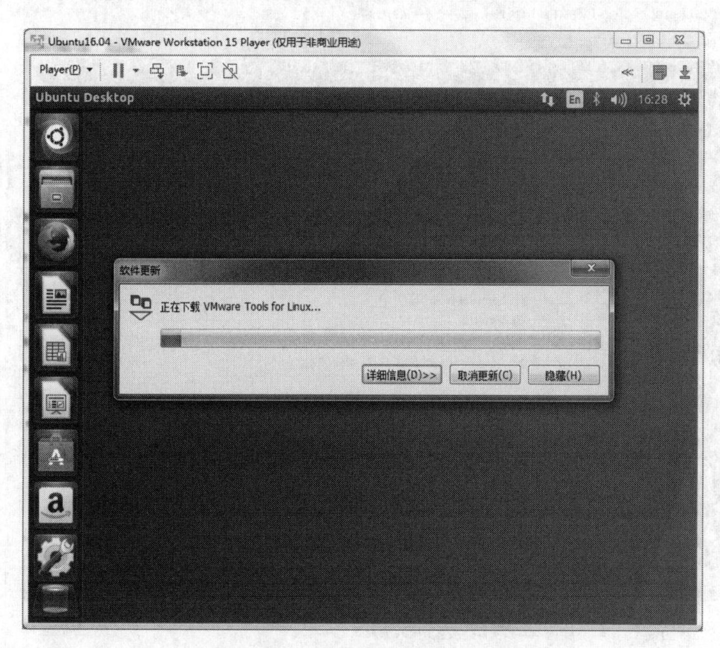

图 1.49　下载 VMware Tools

（4）下载完毕，系统将自动跳转。找到虚拟机工具的压缩包，右键单击虚拟机工具压缩包，在弹出的快捷菜单中选择“Copy To”菜单项，将压缩包复制到家（用户主）目录中（即/home/用户名）。如图 1.50 所示。

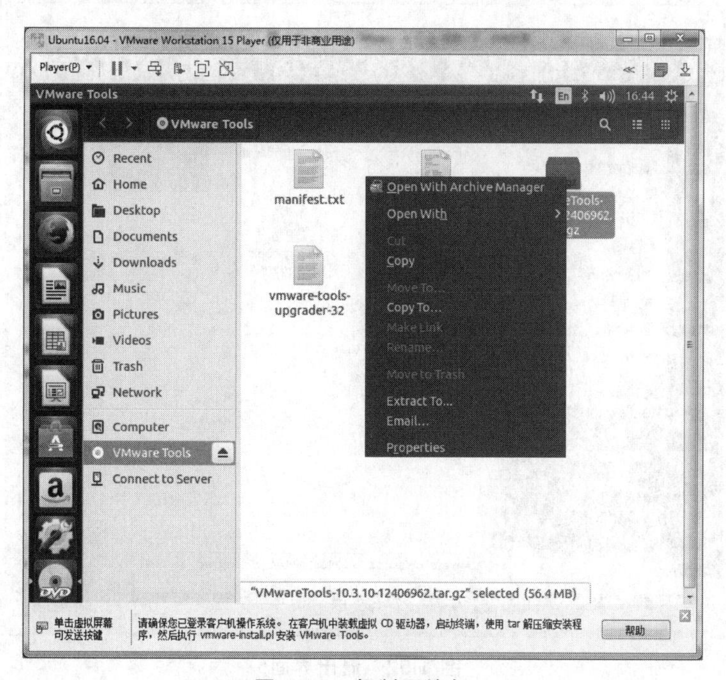

图 1.50　复制压缩包

（5）如图 1.51 所示，单击“Home”，再单击“Select”按钮即可将压缩包复制到家目录中。

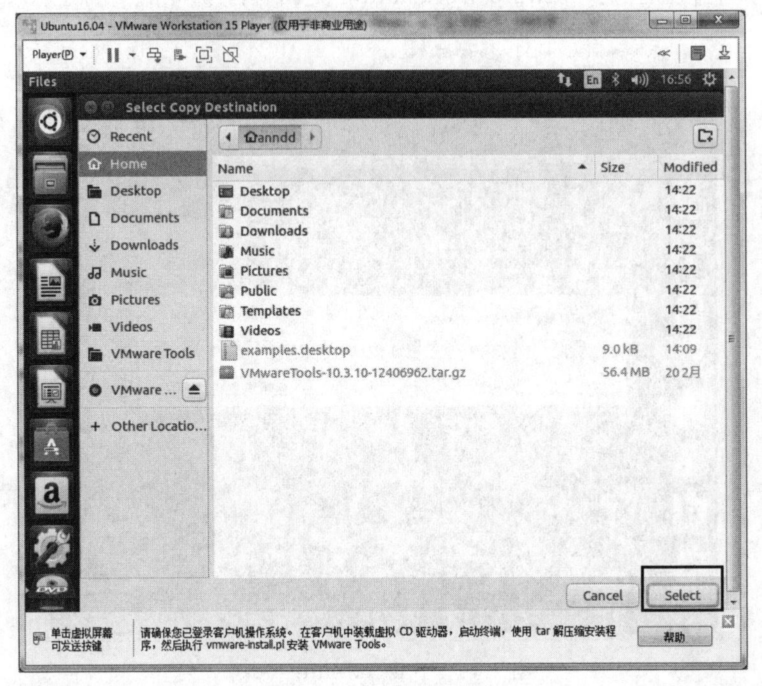

图 1.51 选择复制目录

（6）退出当前界面，进入家目录，准备安装虚拟机工具，如图 1.52 所示。

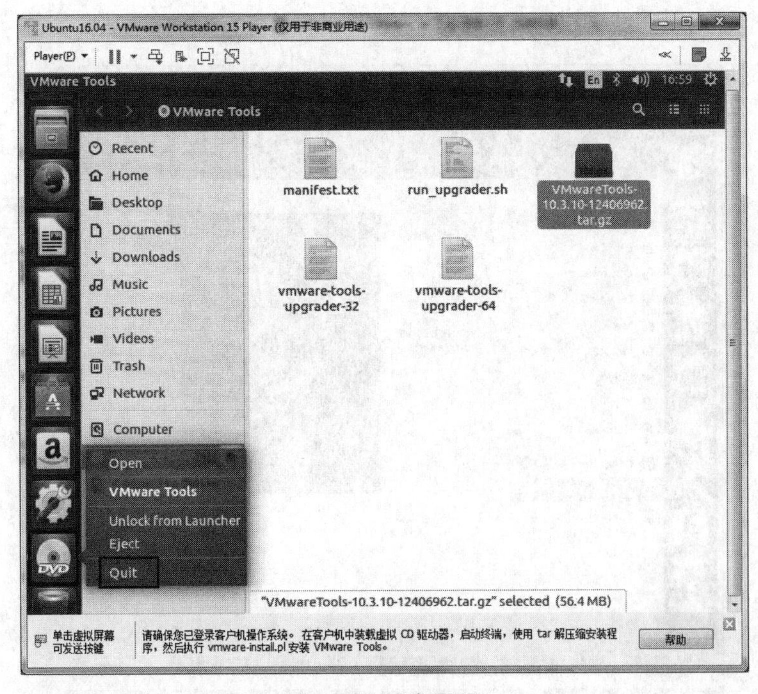

图 1.52 退出界面

（7）在 Ubuntu 系统桌面上单击右键，在弹出的快捷菜单中选择“Open Terminal”菜单项打开系统控制终端，如图 1.53 所示。

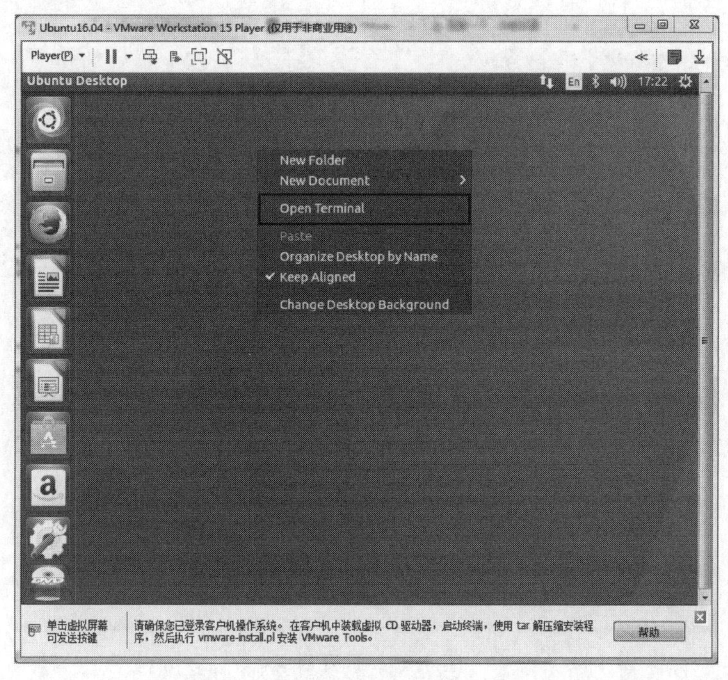

图 1.53　打开终端

（8）在终端中输入 Shell 命令 ls（后续章节讲解），即可查看到当前家目录中的虚拟机压缩包。使用命令 tar 对压缩包进行解压，如图 1.54 所示。

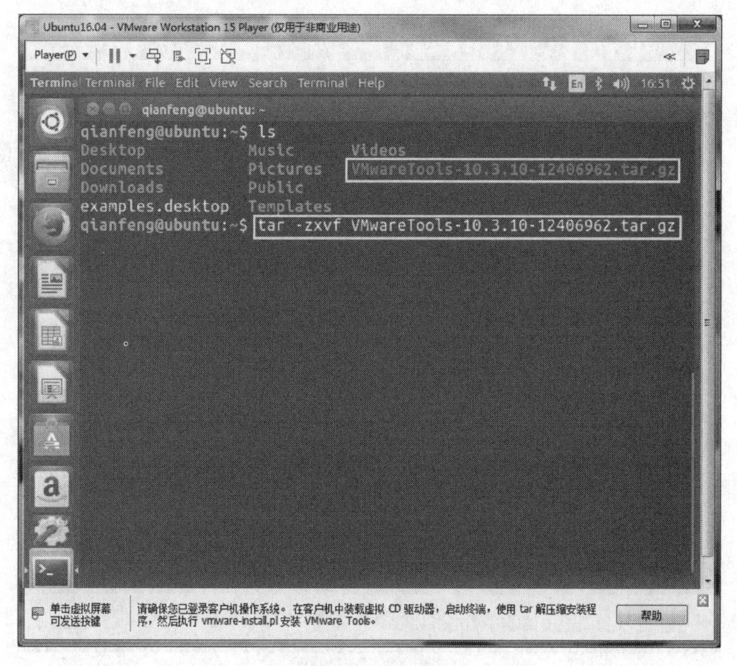

图 1.54　解压

（9）解压结束后，产生解压后的文件夹。使用命令 cd 可进入该目录，使用命令 ls 可查看当前目录下的文件，如图 1.55 所示。

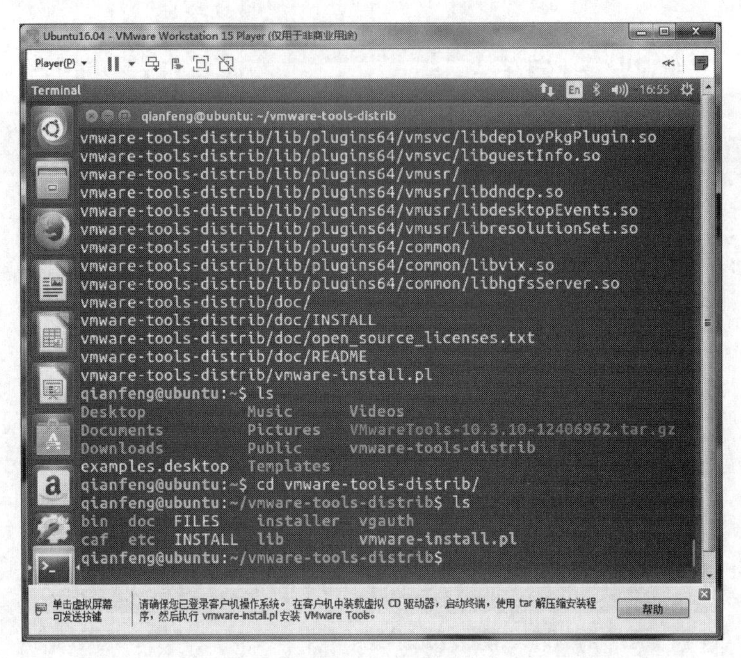

图 1.55 打开目录

（10）在命令前加 sudo，表示临时获得管理员权限。以管理员身份执行目录中的 vmware-install.pl 文件（./+ 文件名），在执行过程中，如遇到是非判断，按 Y 键表示选择“是”，如遇到需要确认的信息，直接按 Enter 键，选择默认即可，如图 1.56 和图 1.57 所示。

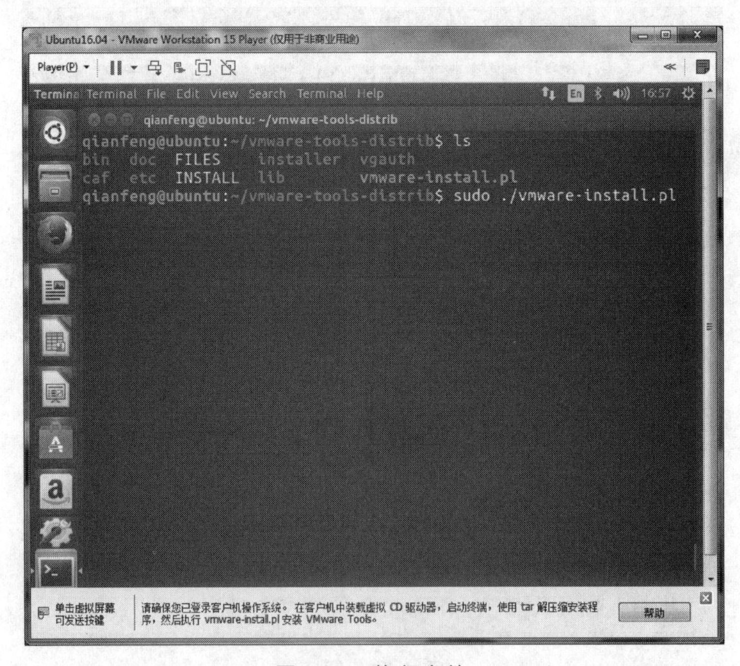

图 1.56 执行文件

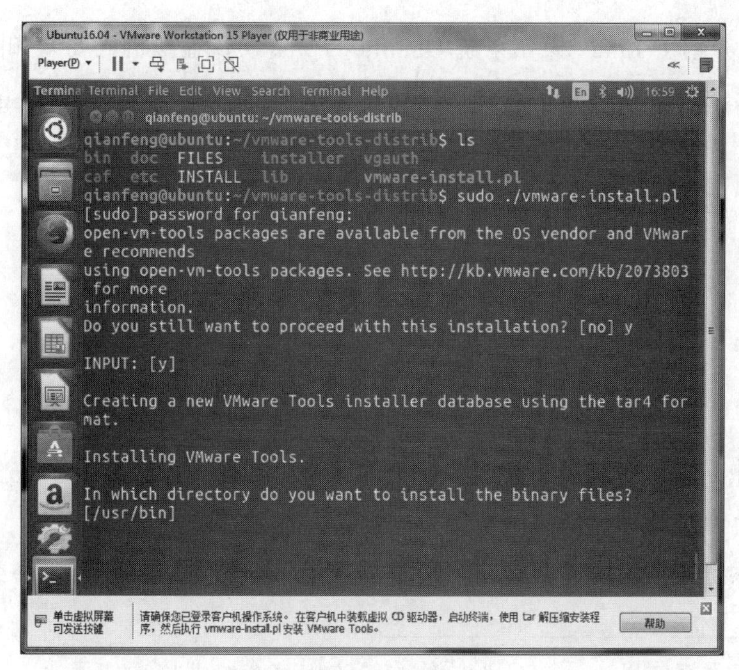

图 1.57　执行过程

（11）安装完成，重新启动虚拟机，如图 1.58 所示。至此，虚拟机工具安装成功。

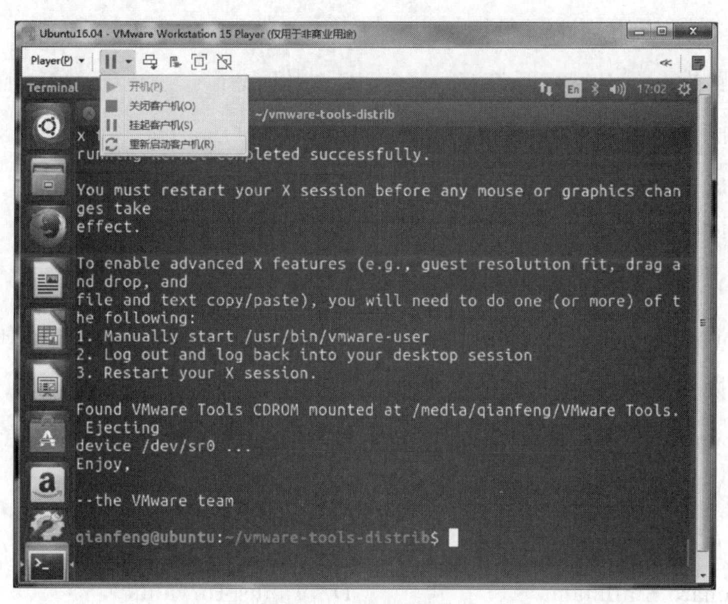

图 1.58　安装完成

1.4　本章小结

本章作为全书的第 1 章以概念为主，重点介绍了操作系统、嵌入式操作系统、Linux

操作系统，然后介绍了 Linux 操作系统 Ubuntu 的安装以及虚拟机的安装和配置方法。读者需要理解操作系统、嵌入式操作系统、Linux 操作系统的关系与区别，才能更好地明确方向，有助于后续的学习。通过 Linux 操作系统的安装，读者可培养独立搭建环境的能力，以适应在开发中遇到的各种状况。

1.5 习题

1. 填空题

（1）实现计算机硬件和软件管理和控制的计算机程序，被称为________。

（2）第一台通用计算机采用的工作方式是________。

（3）操作系统根据用户界面的使用环境和功能特征的不同可分为多种类型，其中 3 种基本类型是________、________、________。

（4）分时操作系统以________为单位，轮流为每个终端用户使用。

（5）嵌入式操作系统以________为中心，以________为基础。

2. 选择题

（1）分时操作系统的特性不包括（　　）。

A. 多路性　　B. 交互性　　C. 及时性　　D. 分时性

（2）Linux 操作系统的特点不包括（　　）。

A. 低成本开发　　B. 可适应多种硬件平台

C. 不可定制内核　　D. 多用户多任务

（3）（　　）不是 Linux 操作系统发行版。

A. Ubuntu　　B. Debian　　C. QNX　　D. Red Hat

（4）Linux 操作系统（　　）是以桌面应用为主的操作系统。

A. Ubuntu　　B. CentOS　　C. FreeBSD　　D. SUSE

（5）（　　）提出了 GNU 计划。

A. Ken Thompson　　B. Dennis Ritchie

C. Richard Stallman　　D. Linus Torvalds

3. 思考题

（1）简述嵌入式操作系统的概念。

（2）简述 Linux 操作系统的优势。

（3）简述安装虚拟机的作用。

02

第 2 章　Linux 操作系统的使用

本章学习目标

- 掌握终端的基本操作方法
- 了解 Shell 命令格式
- 掌握 Shell 命令用法

本章将从实际操作的角度，带领读者进一步认识 Linux 操作系统的基本使用方法。熟练地使用 Linux 操作系统（Ubuntu）是学习 Linux 应用开发的前提，因此本章将通过终端着重介绍 Linux 操作系统的常用 Shell 命令，实现一些基本且十分实用的操作功能。望读者在理解的基础上勤练习，从而尽快熟练使用 Linux 操作系统。

初识终端

2.1　初识终端

2.1.1　终端介绍

人们经常说，眼睛是心灵的窗户。而对于 Linux 操作系统（Ubuntu）而言，终端就是窗户。尽管目前来看，Linux 操作系统的图形界面已经比较成熟，绝大多数操作完全可以通过图形界面来完成，但是学习通过终端完成对系统的操作，才能算是打开了 Linux 操作系统学习的大门。

所谓终端，即图形界面下的一种命令行窗口，用来实现操作系统与用户的交互。同 Windows 一样，尽管人们适应了通过桌面完成一系列工作，但 Ubuntu 的一些系统配置仍需要通过终端完成。打开 Windows 终端的方式为按“Win+R”键，然后在命令框内输入“cmd”，如图 2.1 所示。

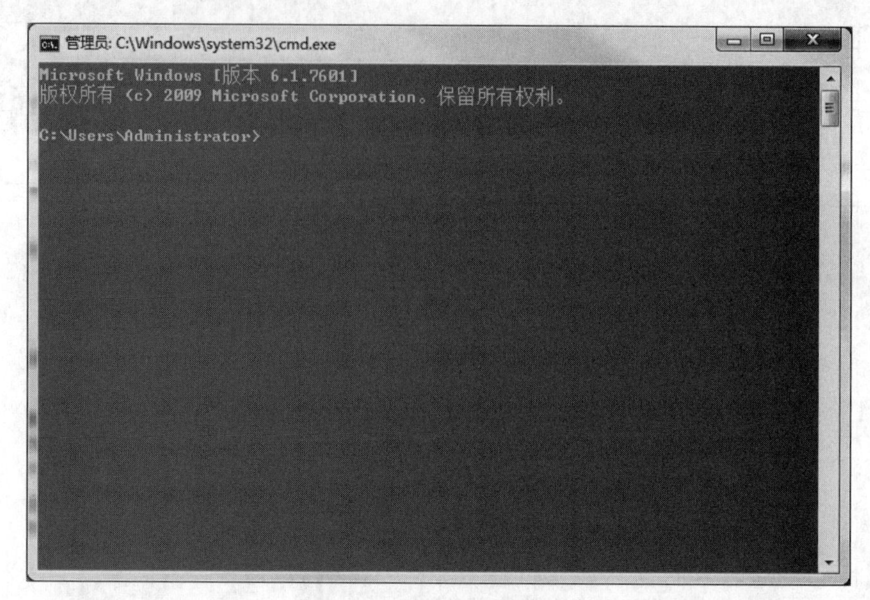

图 2.1　Windows 终端

本书介绍的 Ubuntu 系统所使用的终端为 GNOME，如 1.3.3 节中的图 1.53 所示，可在系统桌面直接通过单击打开终端。也可使用快捷键打开终端，默认快捷键为“Ctrl+Alt+T”（可自行在系统设置中修改）。在终端命令行输入“exit”并按 Enter 键即可关闭终端；或者单击该终端页面（表示选定该终端），再按“Ctrl+D”组合键（可自行修改）关闭。GNOME 终端界面如图 2.2 所示。

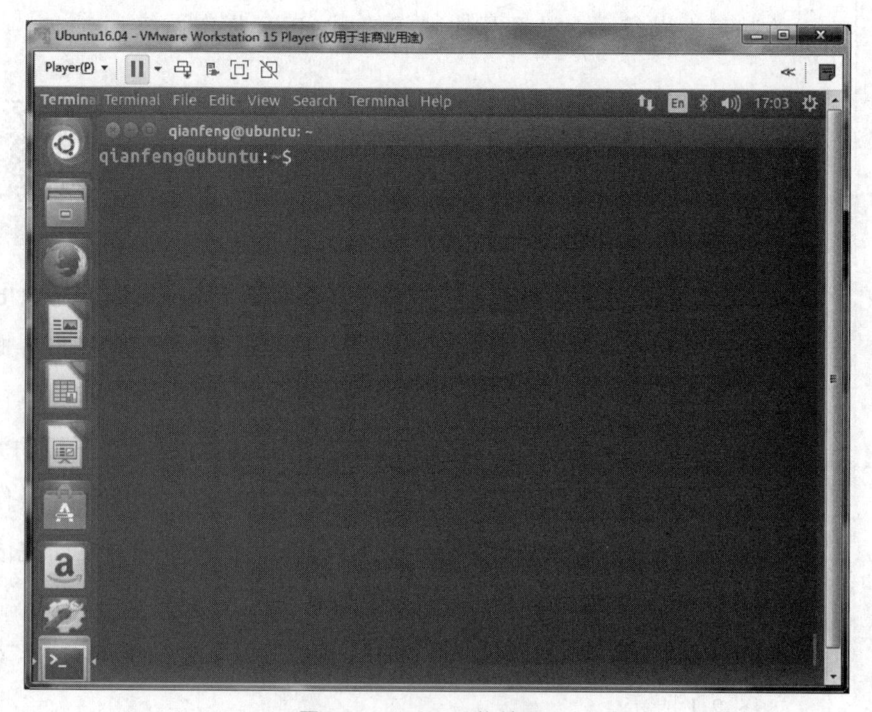

图 2.2　GNOME 终端界面

2.1.2 终端软件

目前桌面环境下的命令终端软件有很多种，它们各有特色，且都有各自的用户群。目前流行的终端软件有 Xterm、Gnome-Terminal、Konsole、rxvt 等。

本书使用的 Linux 操作系统（Ubuntu）已默认安装 Gnome-Terminal，如图 2.2 所示。Gnome-Terminal 提供了剪切、粘贴、多标签显示，以及设置终端配置文件等功能，中文支持和用户界面相对友好。用户可以使用窗口菜单或快捷键完成操作。

Xterm 是一款基于 X Window 系统的终端模拟器，用来提供多个独立的 Shell 输入输出。其最早是由马克·范德沃德（Mark Vandevoorde）于 1984 年为 VS100 显示器编写的独立虚拟终端。

Konsole 是基于 KDE 平台的终端模拟器，除了提供支持使用 Shell 的方法，Konsole 还提供了很多能让命令行操作便利的功能，如配置文件管理、回滚和配色方案，以及半透明效果等。

rxvt 是 X Window 系统下一个很优秀的终端模拟器。作为标准的 Xterm 终端的替代品，其具有占用资源少、启动快的特点。

上述几款终端软件区别不大，窗口类似，都用来实现命令的输入，完成用户与操作系统的交互。

名词解释：X Window。

X Window 是一种以位图方式显示的软件窗口系统，最早于 1984 年由麻省理工学院开发，后来变成 UNIX、类 UNIX 等操作系统一致使用的标准化软件工具包及显示架构的运作协议。

X Window 通过软件工具及架构协议建立操作系统所用的图形界面，此后逐渐扩展到其他操作系统上，几乎所有的操作系统都能支持与使用 X Window。GNOME 和 KDE 也都是以 X Window 为基础构建而成的。

2.2 认识 Shell

认识 Shell

2.2.1 Shell 概述

用户使用操作系统几乎都在桌面环境下，通过鼠标单击操作基本可以完成大部分的工作。图形界面对用户十分友好，交互方便。然而，Linux 操作系统的许多功能使用 Shell 命令来完成要比图形界面更快速且直接。

因此，掌握 Shell 命令的用法十分重要。学习 Shell 命令，首先需要理解 Shell 的定义以及 Shell 在操作系统中的定位。

Shell 可直译为“贝壳”，而 Linux 操作系统中的 Shell 可以被视为 Linux 内核的一个外层保护工具，主要负责完成用户与内核之间的交互，其主要面对的是用户。

Shell 本质上是一个命令行解释器。其功能为将用户命令解析为操作系统所能理解的指令，从而实现用户与操作系统的交互。Shell 为操作系统提供了内核以上的功能，直接用来管理和运行系统。

用户、Shell 和 Linux 内核之间的关系如图 2.3 所示。

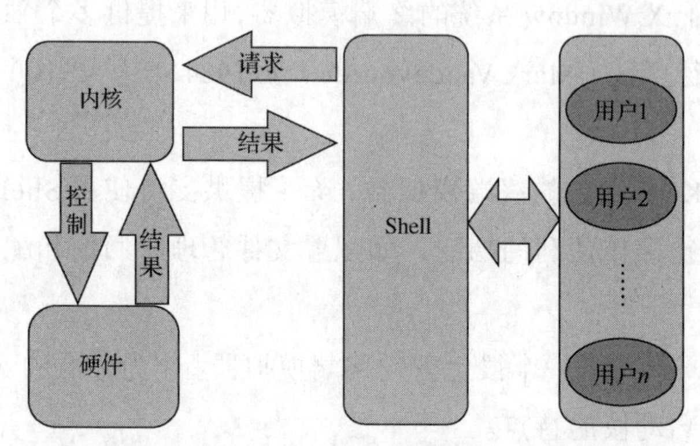

图 2.3　用户、Shell 和 Linux 内核之间的关系

在这里需要特别注意的是 Shell、Shell 脚本、Shell 命令三者的区别，它们是三个不同的概念。

Shell 命令是用户向系统内核发送的控制请求，而这个控制请求是无法被内核理解的，它只是一个文本流。

而 Shell 是命令行解释器，是用来解析用户命令的。Linux 内核可以做很多事，硬件如显卡、声卡、内存、硬盘等都由内核来控制。这些硬件执行的命令需要由用户来下达，而内核对用户的文本控制命令是“听不懂”的。因此，用户在命令行提示符下输入命令文本，这样的命令传递给内核前需要有一个“翻译”，这个“翻译”就是 Shell。

在特定的情况下，硬件需要执行很多命令，这时可以将命令集合起来，结合控制语句，编辑成 Shell 脚本文件，交由 Shell 批量执行。

Shell 有很多种类型，不同的 Shell 具备不同的功能。Linux 操作系统支持的 Shell 种类如下。

（1）Bourne Shell（简称 sh）由 AT&T 贝尔实验室鲍恩（S.R.Bourne）开发。Bourne Shell 是 UNIX 最初使用的 Shell。Bourne Shell 在 Shell 编程方面十分优秀，但在处理与用户的交互方面不尽如人意，例如，不支持别名与历史记录等功能。

（2）Bourne Again Shell（简称 bash）是多数 Linux 操作系统发行版的默认 Shell。作为 Bourne Shell 的增强版，其各项功能都比较完善，与 Bourne Shell 完全向下兼容。它提供了命令补齐、命令编辑和命令历史等特色功能，有很友好的用户界面。

（3）C Shell（简称 csh）相较于 Bourne Shell 更适合编程，其语法与 C 语言类似。由加州大学伯克利分校开发。C Shell 的语法相对复杂，且执行效率不高。

（4）Korn Shell（简称 ksh）由戴维·科恩（David Korn）开发，与 Bourne Shell 兼容。Linux 操作系统提供 pdksh（ksh 的扩展），支持任务控制，可以在命令行上挂起、后台执行、唤醒或终止程序。

Linux 操作系统中 Shell 的运行环境是终端。用户只需开启终端，即可启动 Shell 环境。如图 2.4 所示，命令行提示符是 Shell 运行环境的标志。

图 2.4　Shell 运行环境

2.2.2　Shell 命令格式

1. 命令行提示符

通常情况下 Shell 命令行提示符采用以下格式。

```
username@hostname:direction$
```

用户在提示符后面输入命令并按 Enter 键，向系统发送指令。

username：用户名，即当前登录用户的用户名。

hostname：主机名，即系统的主机名。

direction：目录名，即当前用户所处的路径。“～”表示在用户主目录下；“/”表示在根目录（类似于 Windows 系统下的 C 盘）下，即系统目录下。

$：Shell 提示符，表示当前用户为普通用户。如果当前用户为超级用户（管理员），则提示符为“#”。

如图 2.5 所示，在 Ubuntu 系统中，通过鼠标单击或者快捷键“Ctrl + Alt + T”打开终端，看到当前的提示符为“linux@ubuntu: ~/1000phone$”。其中，“linux”为当前登录的用户名；主机名为“ubuntu”；当前用户所处的路径为“~/1000phone”，即用户主目录下的“1000phone”目录中。

图 2.5　命令行提示符

2. 命令格式

一般情况下，命令的 3 要素为：命令名称、附加选项、参数。其中命令名称不可缺少，附加选项与参数则一般是可选项（即根据实际情况选定）。命令格式一般如下所示。

```
$Command [options] Argument Argument…
```

Command：命令名称。可以为 Shell 命令或可执行程序，严格区分大小写。

options：附加选项。通常情况下，用户若希望命令可以实现更加精确或更加全面的功能，则需要在命令后添加选项，指定命令动作。

Argument：参数，一般用来指定作用对象或目标，可以是特定的值。有时可以添加多个参数。

需要注意的是，输入命令时需要将上述 3 要素用空格隔开；如果多个命令需要同时输入操作系统，则命令与命令之间使用“;”隔开；如果一条命令不能在一行输入完，则需要在本行结尾处使用分隔符“\”，表示本行未输入完整。

2.3 Linux 操作系统命令

Linux 操作系统命令

上一节介绍了命令的格式，但是比较抽象，不易理解。本节将通过实际的 Linux 操作系统（Ubuntu）命令介绍系统的使用。Linux 操作系统命令非常多，本节将选取常用且相对重要的命令，按照其使用的对象以及环境进行分类讲解。

2.3.1 用户与系统相关命令

1. 切换用户命令 su

Linux 操作系统是一个多用户操作系统，因此有时会涉及用户切换与用户管理等操作。用户管理操作后面将详细介绍。

Linux 操作系统命令 su 用来实现对当前系统的操作用户进行切换，通常被用来完成普通用户与超级用户（管理员）的切换。因为当用户需要对根目录中的文件进行访问或写入时，由于权限问题，常需要将当前的普通用户更换为超级用户。

（1）命令 su 帮助查询

命令 su 的语法格式可以通过操作系统帮助查看，一般在命令行输入“命令+-help”即可，如图 2.6 所示。

因此，默认情况下的命令 su 的语法格式如下所示。

```
su [options][user]
```

```
qianfeng@ubuntu: ~
qianfeng@ubuntu:~$ su -help
Usage: su [options] [LOGIN]

Options:
  -c, --command COMMAND         pass COMMAND to the invoked shell
  -h, --help                    display this help message and exit
  -, -l, --login                make the shell a login shell
  -m, -p,
  --preserve-environment        do not reset environment variables, and
                                keep the same shell
  -s, --shell SHELL             use SHELL instead of the default in passwd

qianfeng@ubuntu:~$
```

图 2.6　命令 su 的语法格式

（2）命令 su 附加选项

命令 su 附加选项如表 2.1 所示。

表 2.1　命令 su 附加选项

选项	功能
-，-l，--login	user 重新登录，大部分环境变量与工作目录都将以该用户为主。如果命令不指定 user，则默认登录用户为 root
-m，-p	切换用户时，不改变环境变量
-c command，--command=command	切换用户为 user 并执行指令 command 后再切换回原用户

（3）命令 su 使用示例

命令 su 的使用方法如例 2-1 所示。可以看到“-”“-l”“--login”三者的功能一致，即重新登录，并修改工作环境。

例 2-1　su 实现用户重新登录并修改工作环境。

```
linux@ubuntu:~$ su - root
密码：
root@ubuntu:~# su -l linux
linux@ubuntu:~$ su --login root
密码：
root@ubuntu:~# su -c pwd linux
/root
root@ubuntu:~#
```

例 2-1 通过命令 su 将普通用户 linux 操作系统变更为超级用户 root，选项“-”可以实现改变用户使用的环境变量，例如，当用户切换为 root 时，可以看到提示符变为“root@ubuntu：～#”，再次切换为普通用户时，“#”变为“$”。用户切换为 root 需要密码。密码不显示，正确输入即可。选项“-c”将用户切换为 linux，并执行 pwd（显示当前所处的路径），然后再切换为原用户 root。

有时输入某个命令需要使用超级用户权限，但其后并不需要一直使用超级用户权限。

这种情况只需要获取临时超级用户权限，即仅在当前命令使用该权限，此时在需要输入的命令前添加 sudo 即可。

2. 系统相关命令

Linux 操作系统中常见的系统管理命令如表 2.2 所示。下面将分别简单介绍其使用方法。

表 2.2　Linux 操作系统管理命令

命令	功能	格式
shutdown	关闭或重启操作系统	shutdown[选项][时间]
reboot	重启操作系统	reboot[时间]
clear	清除屏幕信息	clear
exit	关闭当前终端	exit
uptime	显示系统运行的时间	uptime
ps	显示当前系统中进程列表	ps[选项]
top	动态显示当前系统中进程列表（间隔 5s 刷新一次）	top
kill	向进程发送信号指令	kill[选项][进程号]

（1）关机与重启

shutdown 与 reboot 是与系统关机、重启相关的指令。二者的执行都需要超级用户权限。

命令 shutdown 常用的附加选项为“-r”“-h”，分别表示重启、关机。如例 2-2 所示，“+5”即 5 分钟之后执行。时间可根据情况自行选择。如果需要立即执行，将“+5”替换为“now”即可。

例 2-2　shutdown 实现关机与重启。

```
linux@ubuntu:~$ sudo shutdown -r +5
[sudo] password for linux:

来自 linux@ubuntu 的广播信息
(/dev/pts/1) 于 11:47 ...

The system is going down for reboot in 5 minutes!
```

命令 reboot 使用时较少添加选项。例 2-3 所示代码表示立刻重启。

例 2-3　reboot 实现立即重启。

```
linux@ubuntu:~$ sudo reboot
```

（2）清屏与关闭终端

如表 2.2 所示，命令 clear 用于将当前终端上显示的信息清空。也可以使用快捷键“Ctrl+L”完成该操作。清屏操作相当于翻页，前面的内容仍可以查看。

命令 exit 则有一点特殊。当用户为普通用户时，其功能为关闭终端；当用户为超级用户时，其功能为切换成普通用户，如例 2-4 所示。

例 2-4　exit 实现普通用户的切换。

```
root@ubuntu:/home/linux# exit
exit
linux@ubuntu:~$
```

（3）进程查询与处理

ps 是一个十分重要的命令，可通过添加不同的附加选项，查看系统进程的各种信息。命令 ps 常见附加选项如表 2.3 所示。

表 2.3　命令 ps 常见附加选项

选项	功能
-ef	查看进程编号、系统时间、所属用户、进程名等信息
aux、axj	查看详细信息，如进程组、会话组、内存使用、进程状态等
-w	屏幕加宽，以显示更多的信息

一般情况下，建议使用选项“aux”“axj”，可查看更加详细的信息，如例 2-5 所示。

例 2-5　ps 查看进程信息。

```
linux@ubuntu:~$ ps axj
 PPID  PID  PGID  SID TTY      TPGID STAT  UID  TIME COMMAND
    0    1     1    1 ?           -1 Ss      0  0:00 /sbin/init
    0    2     0    0 ?           -1 S       0  0:00 [kthreadd]
/*此处省略部分显示内容*/
2640  2994  2994  2640 pts/1    2994 R+   1000  0:00 ps axj
linux@ubuntu:~$
```

命令 kill 通常被用来处理进程，通过发送信号，实现对进程的控制。其附加选项如表 2.4 所示。

表 2.4　命令 kill 附加选项

选项	功能
-l	列出所有可用信号的名称与编号
-s	指定信号的编号或名称，并发送该信号给进程

如例 2-6 所示，命令 kill 通过在“-s”后指定信号的名称 SIGKILL，将该信号发送给进程 3030。通常情况下“-s”可省略，并且需要提前获得进程的编号。

例 2-6　kill 查看信号类型。

```
linux@ubuntu:~$ kill -l
 1) SIGHUP   2) SIGINT   3) SIGQUIT  4) SIGILL   5) SIGTRAP
```

```
 6) SIGABRT  7) SIGBUS   8) SIGFPE   9) SIGKILL 10) SIGUSR1
11) SIGSEGV 12) SIGUSR2 13) SIGPIPE 14) SIGALRM 15) SIGTERM
16) SIGSTKFLT  17) SIGCHLD 18) SIGCONT 19) SIGSTOP 20) SIGTSTP
/*此处省略部分显示内容*/
63) SIGRTMAX-1 64) SIGRTMAX
linux@ubuntu:~$ kill -s SIGKILL 3030
```

3. 磁盘相关命令

Linux 操作系统与磁盘相关的命令如表 2.5 所示，这里将重点介绍 fdisk 分区命令。

表 2.5 磁盘相关命令

命令	命令含义	格式
free	查看当前系统内存的使用情况	free[选项]
df	查看文件系统的磁盘空间占用情况	df[选项]
du	统计目录（或文件）所占磁盘空间的大小	du[选项]
fdisk	查看硬盘分区情况以及硬盘分区管理	fdisk[选项]

（1）命令 fdisk

fdisk 是一个功能非常实用的命令。除了用来查看硬盘分区情况以外，其更多的时候被用于在操作系统中对硬盘（磁盘）进行分区操作。

接下来通过在 Ubuntu 系统下对 U 盘进行重新分区展示命令 fdisk 的使用。在此之前，读者需要了解文件系统与硬盘（磁盘）的关系，并且理解格式化的本质。

这里将一个已经分区并格式化的 U 盘（即可以正常存储资料）连接到计算机上，连接之后的 U 盘显示如图 2.7 所示。

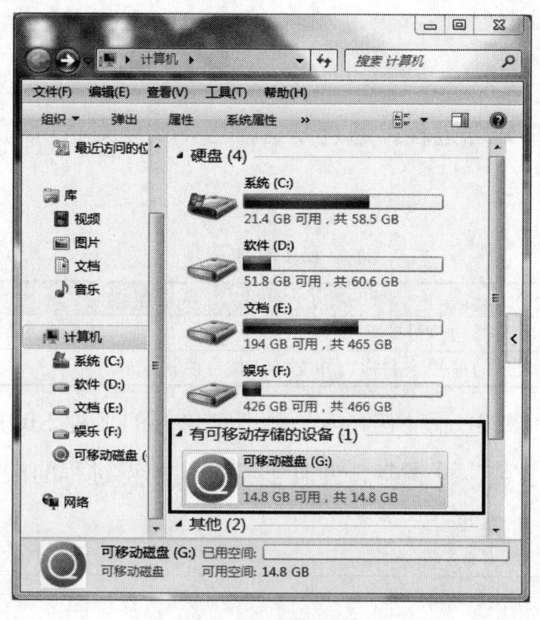

图 2.7 U 盘显示

双击打开该 U 盘，看到存储了文件 1 和文件夹 2，如图 2.8 所示。

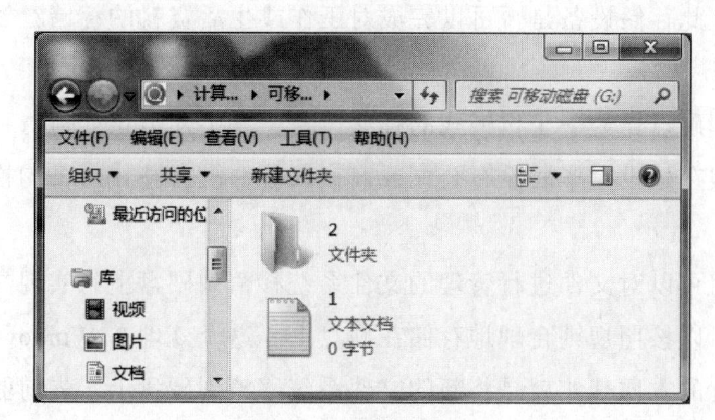

图 2.8　U 盘存储内容

同时也可以查看该存储（U）盘的属性，如图 2.9 所示。该存储盘容量为 14.8GB，文件所占用的空间为 3.06MB。其中最重要的信息是该存储盘中驻留的文件系统的类型为 FAT32。

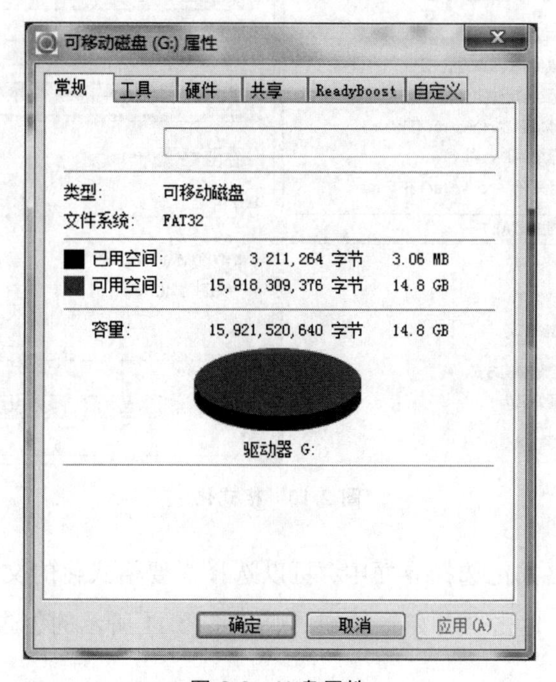

图 2.9　U 盘属性

因此，在这里读者需要理解文件系统的概念。通常情况下，可以将文件系统简单地定义为对文件进行管理的一种机制。文件系统的类型很多，不同类型的文件系统对文件的管理方式略有不同。

假设一个硬盘（或 U 盘、MicroSD 卡、SSD 等）在出厂时，已经进行了分区（如同

Windows 装系统时，需要在安装前分区，将计算机硬盘分为 C、D、E、F 等盘），但是未进行格式化，那么此存储设备是否可以完成对工作或生活资料的存储？答案是否定的，不能存储。

究其原因，即硬盘作为一个机械式的存储设备，并不知道该如何对存入的文件进行管理。就像一栋大楼在建设完毕后没有公司或商家入驻，没有整体经营的模式，那么自然不会有顾客光顾。

因此，通过将可以对文件进行管理的文件系统移植到硬盘上来实现文件的存储十分重要，此后文件则可以按照规则合理地存储在硬盘上。这个处理在 Windows 中经常被使用，即格式化。格式化的本质其实就是将新的文件系统移植到硬盘上，先前驻留在硬盘上的文件系统则会被替换，被该文件系统管理的文件也将被清除。

例如，对图 2.7 中连接到计算机的 U 盘进行格式化，如图 2.10 所示。

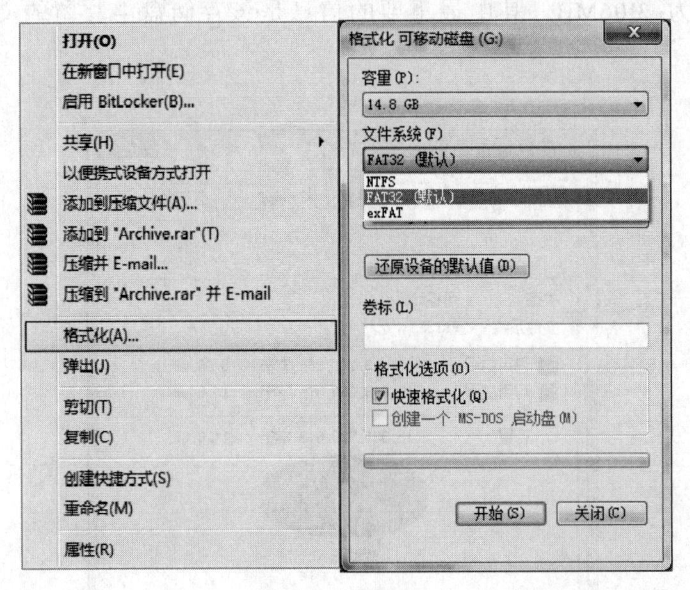

图 2.10　格式化

在图 2.10 所示的格式化选择界面中，可以选择需要格式化的文件系统的类型，即移植到 U 盘中的文件系统。单击“开始”按钮，弹出图 2.11 所示的警告对话框。

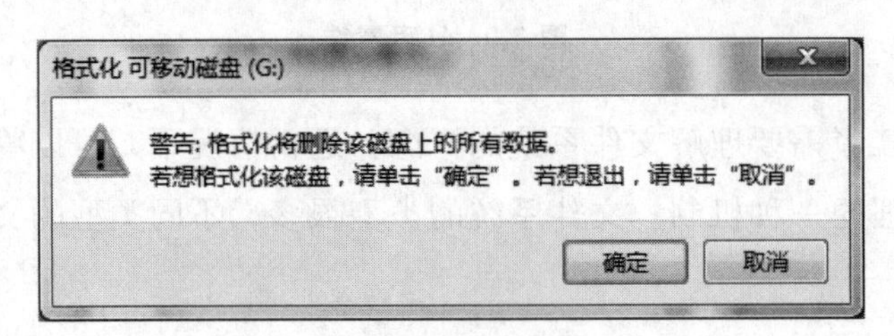

图 2.11　警告对话框

如警告信息所示，开始格式化，必然会清除原文件系统管理的文件。单击“确定”按钮即可完成格式化。原来存储的文件以及文件夹都被清除，如图 2.12 所示。

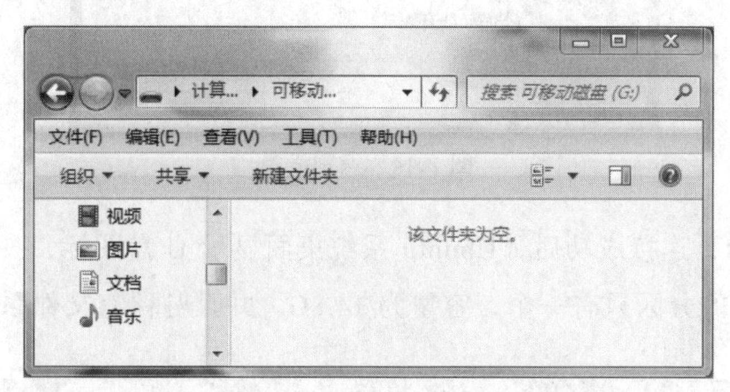

图 2.12　格式化已完成

接下来通过 Linux 操作系统命令 fdisk 实现对上述 U 盘进行重新分区。首先需要使该 U 盘被虚拟机中的 Ubuntu 系统识别。如图 2.13 所示，在可移动设备中，找到接入计算机的 U 盘设备，单击“连接”菜单页。

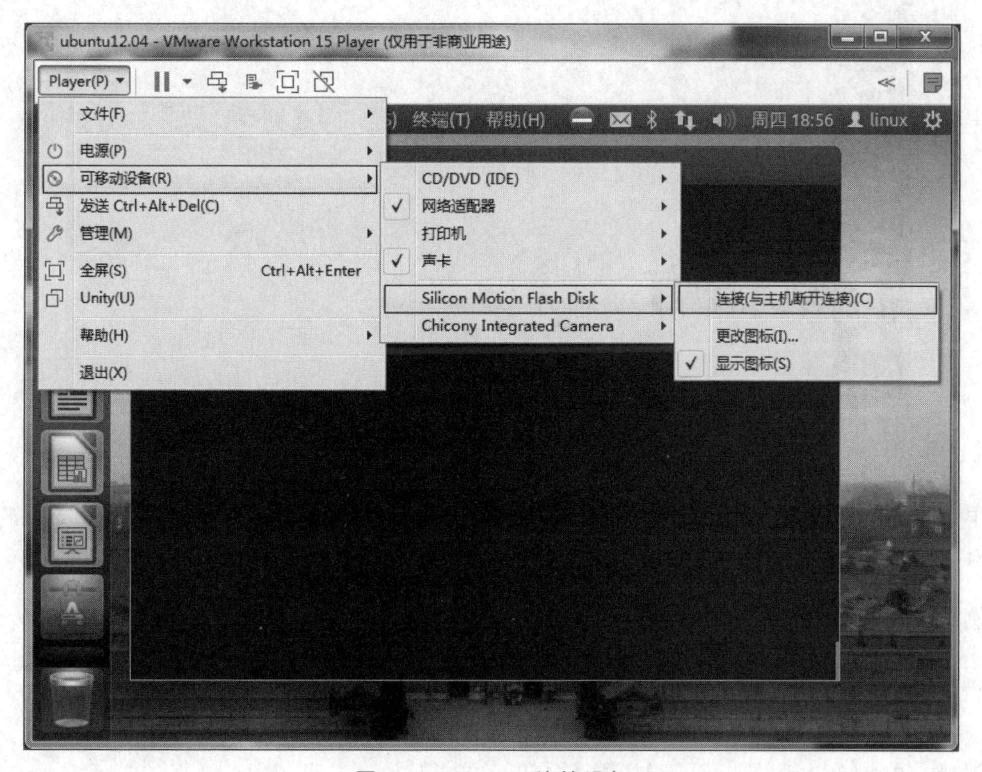

图 2.13　Ubuntu 连接设备

此时，U 盘将会被虚拟机中的 Ubuntu 系统识别，同时与 Windows 操作系统断开。如图 2.14 所示，单击“确定”按钮，即可完成设备识别。

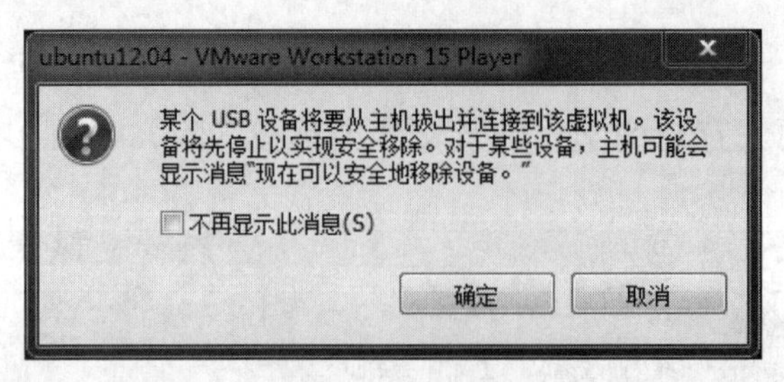

图 2.14　识别设备

如图 2.15 所示，连接成功后，Ubuntu 系统桌面显示 U 盘图标，打开之后显示为空。很明显，此时 U 盘的分区只有一个，容量为 14.8G，并且驻留有文件系统。

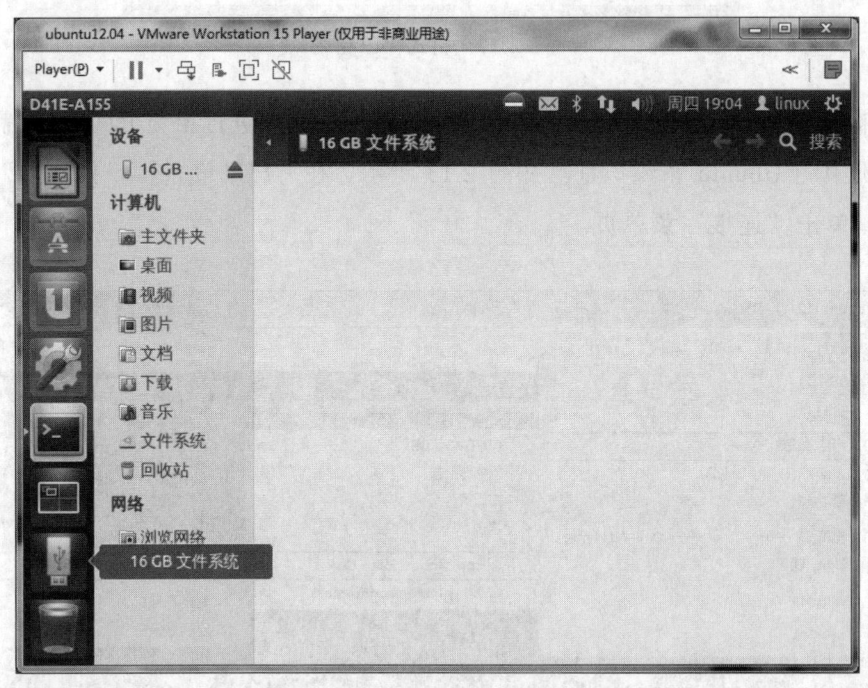

图 2.15　显示 U 盘

单击终端图标，使用命令“fdisk -l”即可查看当前系统中所有磁盘分区列表情况，使用时需要超级用户权限，如例 2-7 所示。

例 2-7　fdisk 查看所有磁盘分区情况。

```
linux@ubuntu:~$ sudo fdisk -l
/*省略部分为 Ubuntu 系统使用磁盘的具体情况*/
Disk /dev/sdb: 15.9 GB, 15938355200 bytes
255 heads, 63 sectors/track, 1937 cylinders, total 31129600 sectors
Units = sectors of 1 * 512 = 512 bytes
Sector size (logical/physical): 512 bytes / 512 bytes
I/O size (minimum/optimal): 512 bytes / 512 bytes
Disk identifier: 0x545fcc9c
```

```
  Device Boot      Start         End      Blocks   Id  System
/dev/sdb1   *        112    31129599    15564744    c  W95 FAT32 (LBA)
```

如例 2-7 所示，显示部分为新识别的 U 盘的具体情况。对于 Linux 操作系统而言，一切皆文件。因此该 U 盘设备被 Ubuntu 系统识别后，系统将其视为文件来进行处理。其中文件名为 sdb（名字不固定，可能会出现 sdc、sde 等情况），保存在/dev 目录下。此 U 盘设备只有一个分区，分区名为 sdb1。分区的起始地址为 112 扇区，结束地址为 31129599 扇区，因此分区的大小为((31129599-112)×512)/(1024×1024×1024)≈14.8GB。注意，一个扇区的大小为 512Byte。文件系统的类型为 FAT32。

接下来使用命令 fdisk 对 U 盘进行重新分区。首先确保 U 盘设备被 Ubuntu 系统识别，接下来需要找到 U 盘设备对应的设备文件名（将 U 盘视为文件处理），即例 2-7 中所示的“/dev/sdb”，其分区名为“sdb1”。使用命令 fdisk 进行分区，如例 2-8 所示。

例 2-8 fdisk 对 U 盘进行分区。

```
linux@ubuntu:~$ sudo fdisk /dev/sdb

Command (m for help): m
Command action
   a   toggle a bootable flag
   b   edit bsd disklabel
   c   toggle the dos compatibility flag
   d   delete a partition
   l   list known partition types
   m   print this menu
   n   add a new partition
   o   create a new empty DOS partition table
   p   print the partition table
   q   quit without saving changes
   s   create a new empty Sun disklabel
   t   change a partition's system id
   u   change display/entry units
   v   verify the partition table
   w   write table to disk and exit
   x   extra functionality (experts only)

Command (m for help):
```

如例 2-8 所示，进入分区界面，可选择分区的具体操作。由于 U 盘已经有一个分区，并进行了格式化，因此在重新进行分区之前，需要将原有的分区删除。选择 d 删除分区，如例 2-9 所示。如果分区只有一个则默认删除分区，如果分区为多个，则会提示用户选择要删除的分区。

例 2-9 fdisk 实现删除分区。

```
Command (m for help): d
Selected partition 1

Command (m for help):
```

接下来新建分区。选择 n，新建一个分区，如例 2-10 所示。

例 2-10 fdisk 实现新建分区。

```
Command (m for help): n
Partition type:
  p   primary (0 primary, 0 extended, 4 free)
  e   extended
Select (default p):
```

例 2-10 中提示选择分区的类型，这里选择主分区，因此输入 p 即可。如直接按 Enter 键，默认选择 p，如例 2-11 所示。

例 2-11 fdisk 实现设置分区大小。

```
Select (default p):
Using default response p
Partition number (1-4, default 1):
Using default value 1
First sector (2048-31129599, default 2048):
Using default value 2048
Last sector, +sectors or +size{K,M,G} (2048-31129599, default 31129599):
Using default value 31129599

Command (m for help): w
The partition table has been altered!

Calling ioctl() to re-read partition table.

WARNING: Re-reading the partition table failed with error 16: 设备或资源忙.
The kernel still uses the old table. The new table will be used at
the next reboot or after you run partprobe(8) or kpartx(8)
Syncing disks.
```

例 2-11 中依次选择默认项。默认为主分区，默认选择编号为 1 的分区，默认选择分区的起始地址为 2048 扇区，结束地址为 31129599 扇区，分区大小为（31129599-2048）× $512/1024^3 \approx 14.8$GB。正常情况下，起始地址一般选择默认，结束地址可自行设定。最佳的设定方式是提前计算分区大小，再进行单位换算，避免出现非正整数的情况。例如，上述扇区结束地址为 31129599 扇区，结合起始地址，计算得出的容量约为 14.8GB，并不是等于。

其中 0～2048 扇区的区域以及其他一些区域未进行分区，也不会进行格式化，因此也不可见（只可以用来固化一些二进制代码）。所以生活中常常会有刚购买的硬盘的容量低于理论值的情况（例如，32GB 硬盘，可使用的容量大概 30GB）。所有选择进行完毕后，输入 w 进行保存。

保存完毕即创建分区完成，此时可选择通过 Ubuntu 进行格式化，也可选择 Windows。这里选择 Windows，将 Ubuntu 与 U 盘的连接断开，方法与图 2.13 连接时一致。一旦断开连接，U 盘设备将会自动被 Windows 操作系统识别，如图 2.16 所示。此时 Windows 系统识别到未经过格式化的 U 盘，提示如图 2.17 所示。此时 U 盘并不能使用。

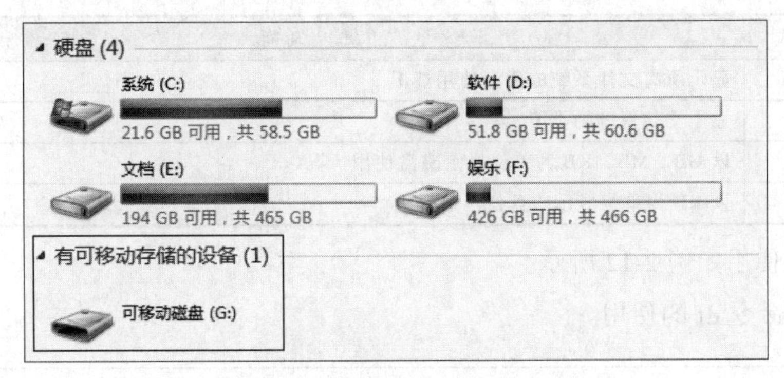

图 2.16　识别

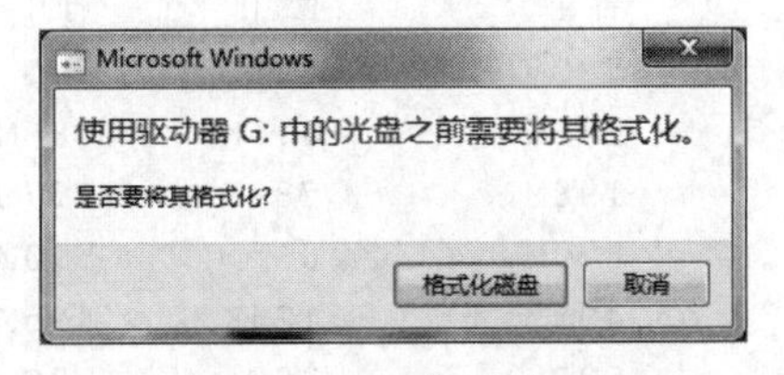

图 2.17　格式化

在图 2.17 中单击“格式化磁盘”按钮，进入格式化界面，如图 2.10 所示。单击“开始”按钮，等待格式化完毕，单击“确定”按钮。此时 U 盘可正常使用，如图 2.18 所示。

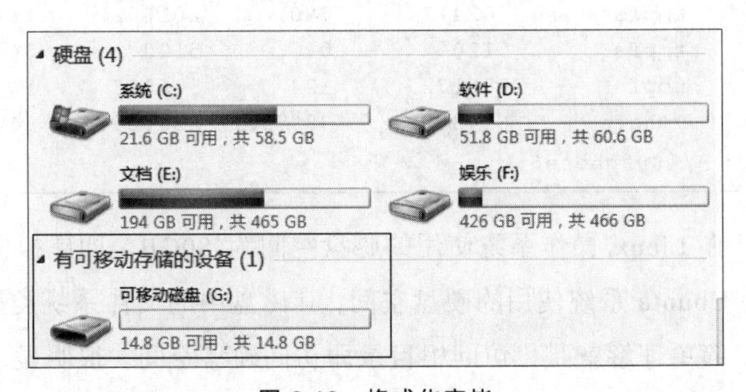

图 2.18　格式化完毕

（2）命令 df

学习过命令 fdisk 之后，对命令 df 的理解相对会容易很多。命令 df 用于查看磁盘空间的使用情况。经常查看磁盘空间是十分重要的，可避免系统所使用的磁盘空间被填满导致系统崩溃。

命令 df 的一般语法格式如下。

```
df [选项] 文件系统
```

命令 df 附加选项如表 2.6 所示。

表 2.6　　命令 df 附加选项

选项	功能
-a	显示所有文件系统的磁盘使用情况
-T	显示文件系统的类型
-h	以 GB、MB、KB 为单位显示磁盘使用情况
-k	以 KB 为单位显示磁盘使用情况

命令 df 的使用如例 2-12 所示。

例 2-12　命令 df 的使用。

```
linux@ubuntu:~/1000phone$ df -Th
文件系统      类型        容量      已用      可用      已用%    挂载点
/dev/sda1     ext4        78G       6.4G      67G       9%       /
udev          devtmpfs    486M      4.0K      486M      1%       /dev
tmpfs         tmpfs       198M      780K      197M      1%       /run
none          tmpfs       5.0M      0         5.0M      0%       /run/lock
none          tmpfs       495M      124K      495M      1%       /run/shm
.host:/       vmhgfs      59G       38G       22G       64%      /mnt/hgfs
linux@ubuntu:~/1000phone$ df -Tk
文件系统      类型        1K-块     已用      可用      已用%    挂载点
/dev/sda1     ext4        80925236  6693368  70179184  9%       /
udev          devtmpfs    497368    4         497364    1%       /dev
tmpfs         tmpfs       202472    780       201692    1%       /run
none          tmpfs       5120      0         5120      0%       /run/lock
none          tmpfs       506172    124       506048    1%       /run/shm
.host:/       vmhgfs      61439996  38973012 22466984  64%      /mnt/hgfs
linux@ubuntu:~/1000phone$
```

可以看出，当前 Linux 操作系统使用的磁盘空间为 80GB，即虚拟机从计算机硬盘中分配 80GB 来作为 Ubuntu 系统使用的硬盘空间，其磁盘中的文件系统类型为 ext4，挂载到根（“/”）目录中。简单理解就是，访问根目录即访问硬盘空间。很明显，当前用户工作目录就在根目录下，因此所使用的空间即这部分硬盘空间。

（3）命令 du

命令 du 用来查看特定目录所使用磁盘空间。其附加选项与 df 命令相似。例 2-13 使用 du 命令查看根目录下的“etc”目录中文件所使用的磁盘空间。

例 2-13　命令 du 的使用。

```
linux@ubuntu:/etc$ du -h
16K     ./fonts/conf.d
400K    ./fonts/conf.avail
428K    ./fonts
/*省略部分为目录下文件与目录*/
12K     ./wireshark
15M     .
linux@ubuntu:/etc$
```

4. 磁盘挂载命令

挂载与分区都是 Linux 操作系统中相当重要的操作。涉及文件系统与设备的问题，经常会出现挂载或分区需求。

挂载的本质是分区与目录的对应过程。将文件系统挂载到相应的目录下，访问该目录就等同于访问该文件系统。例如，在上一部分使用命令 fdisk 对 U 盘进行分区格式化之后，进行挂载操作，将其挂载到 Ubuntu 的某一个目录下，此时访问目录即可访问到该 U 盘中存储的各种资源。通常将挂载的目录称为挂载点。利用这一特性，有时可以实现远程访问、共享资源。

使用 mount 命令即可完成对应的挂载操作。由于 Linux 操作系统将设备视作文件进行处理，因此 mount 命令可以实现挂载不同的设备。

通常，Linux 操作系统中“/mnt”目录被专门用来实现挂载不同文件系统，在该目录中可以创建不同的子目录来挂载不同的设备文件系统。

命令 mount 常见附加选项如表 2.7 所示。

表 2.7　命令 mount 常见附加选项

选项	功能
-a	读取/etc/fstab 文件中的内容，将文件中记录的文件系统挂载到对应的目录下
-l	列出当前系统已挂载的设备、文件系统名称和挂载点
-t	指定文件系统类型实现挂载
-f	用于除错。mount 不执行实际挂上的动作，而是模拟整个挂载的过程

下面利用上一部分中已经分区及格式化的 U 盘设备展示如何实现挂载操作，即命令 mount 的使用。

（1）首先，将 U 盘设备接入 Ubuntu 系统，方法不再赘述，如图 2.13 所示。确认 U 盘设备接入系统后，可使用命令“df -h”查看，如例 2-14 所示。

例 2-14　df 查看 U 盘连接情况。

```
linux@ubuntu:~$ df -h
文件系统        容量      已用      可用      已用%   挂载点
/dev/sda1      78G       6.4G      67G       9%      /
udev           486M      4.0K      486M      1%      /dev
tmpfs          198M      792K      197M      1%      /run
none           5.0M      0         5.0M      0%      /run/lock
none           495M      124K      495M      1%      /run/shm
.host:/        59G       37G       22G       64%     /mnt/hgfs
/dev/sdb1      15G       24K       15G       1%      /media/F890-DCC0
linux@ubuntu:~$
```

（2）例 2-14 中 U 盘的分区只有一个，分区名为 sdb1。默认情况下，该分区被挂载到“/media”目录下。由于 U 盘的分区只有一个，因此也可以理解为将整个设备挂载到该目录下。下面将手动重新对其进行挂载。首先在“/mnt”目录下创建一个子目录“initrd”。然后将设备挂载到该目录下，如例 2-15 所示。

例 2-15　命令 mount 的使用。

```
//格式：mount -t [文件系统类型] [分区名] [挂载点]
linux@ubuntu:~$ sudo mount -t vfat /dev/sdb1 /mnt/initrd
[sudo] password for linux:
linux@ubuntu:~$
```

（3）进入“/mnt/initrd”目录，即可查看当前 U 盘中存储的内容。查看当前目录中的文件可使用命令 ls，如例 2-16 所示，U 盘中存储了两个.txt 文件。

例 2-16　ls 查看 U 盘中的文件。

```
linux@ubuntu:~$ cd /mnt/initrd/
linux@ubuntu:/mnt/initrd$ ls
1.txt  2.txt
linux@ubuntu:/mnt/initrd$
```

（4）如果此时在目录中创建新文件，文件将会同步到该 U 盘（文件系统）中。如例 2-17 所示，创建新文件使用 touch 命令。

例 2-17　touch 创建新文件。

```
linux@ubuntu:/mnt/initrd$ sudo touch 3.txt
[sudo] password for linux:
linux@ubuntu:/mnt/initrd$ ls
1.txt  2.txt  3.txt
```

```
linux@ubuntu:/mnt/initrd$
```

（5）当不再使用挂载功能时，可以使用 umount 命令将目录与挂载到该目录下的文件系统（U 盘）断开关系，即卸载。一旦关系断开，目录将只是一个单纯的目录，如例 2-18 所示。

例 2-18　umount 解除挂载。

```
linux@ubuntu:~$ sudo umount /mnt/initrd
[sudo] password for linux:
linux@ubuntu:~$
```

（6）将 U 盘与 Ubuntu 系统断开连接，使其与 Windows 操作系统建立连接，即可看到 U 盘中的新文件同步成功，如图 2.19 所示。

图 2.19　U 盘文件

2.3.2　文件相关命令

在 Linux 操作系统中，用户经常会对文件以及目录进行操作。因此本节将对文件操作命令进行详细介绍。

1. 目录创建与删除命令

创建目录的命令为 mkdir，其一般的语法格式如下。

```
mkdir  [路径名]
```

之所以为路径名，是因为创建的目录可以在 Ubuntu 文件系统的任何位置，而非只是在当前目录中创建。

命令 mkdir 常见附加选项如表 2.8 所示。

表 2.8　　命令 mkdir 常见附加选项

选项	功能
-m	创建目录时，指定目录的存取权限（后续将详细讲解存取权限问题）
-p	可以创建一个层级目录，如“/test1/test2/test3”。如果此层级目录中的某一级目录不存在，则系统将自动创建不存在的目录，保证整个层级目录的创建

使用命令 mkdir 创建目录如例 2-19 所示。在“1000phone”目录下，创建目录“test1”，

并且在“test1”目录下继续创建目录“test2”。使用 cd 命令切换到“test1”目录下。

例 2-19　mkdir 创建目录。

```
linux@ubuntu:~/1000phone$ mkdir test1
linux@ubuntu:~/1000phone$ ls
test1
linux@ubuntu:~/1000phone$ mkdir test1/test2
linux@ubuntu:~/1000phone$ ls
test1
linux@ubuntu:~/1000phone$ cd test1
linux@ubuntu:~/1000phone/test1$ ls
test2
linux@ubuntu:~/1000phone/test1$
```

使用命令 mkdir 创建层级目录如例 2-20 所示。直接使用 mkdir 在当前目录下创建“test1”，并在“test1”目录下创建“test2”没有成功。此时需要使用“-p”选项，在层级目录中遇到目录不存在的情况，自动创建。如果要在同一级目录中同时创建多个目录，则无须使用“-p”选项。

例 2-20　mkdir 创建多级目录或多个目录。

```
linux@ubuntu:~/1000phone$ ls
linux@ubuntu:~/1000phone$ mkdir test1/test2
mkdir: 无法创建目录"test1/test2": 没有那个文件或目录
linux@ubuntu:~/1000phone$ mkdir -p test1/test2
linux@ubuntu:~/1000phone$ ls
test1
linux@ubuntu:~/1000phone$ cd test1
linux@ubuntu:~/1000phone/test1$ ls
test2
linux@ubuntu:~/1000phone/test1$ mkdir test3 test4 test5
linux@ubuntu:~/1000phone/test1$ ls
test2  test3  test4  test5
linux@ubuntu:~/1000phone/test1$
```

使用 mkdir 创建目录并指定目录的存取权限，如例 2-21 所示。创建的目录“test1”的权限为“777”（后续将详细讲解，本次只做演示）。

例 2-21　mkdir 创建目录并设置访问权限。

```
linux@ubuntu:~/1000phone$ mkdir -m 777 test1
linux@ubuntu:~/1000phone$ ls
test1
```

```
linux@ubuntu:~/1000phone$
```

使用命令 rmdir 删除目录，其一般的语法格式如下。

```
rmdir  [路径名]
```

其选项为“-p”，表示子目录被删除后，它自身也成为空目录，因此自身与子目录一并删除。rmdir 只能删除空目录。

如例 2-22 所示，删除当前目录下的子目录不需添加任何选项；当删除工作目录下的“test2”目录下的“test3”时，若“test3”删除后“test2”成为空目录，则“test2”也一并删除。

例 2-22　rmdir 删除目录。

```
linux@ubuntu:~/1000phone$ rmdir test1
linux@ubuntu:~/1000phone$ rmdir-p test2/test3
```

2. 目录切换命令

切换目录的命令为 cd，其语法格式如下。

```
cd  [需要切换的路径名]
```

其中需要切换的路径名有时为层级目录。路径可以是相对路径或绝对路径。

层级目录如图 2.20 所示。

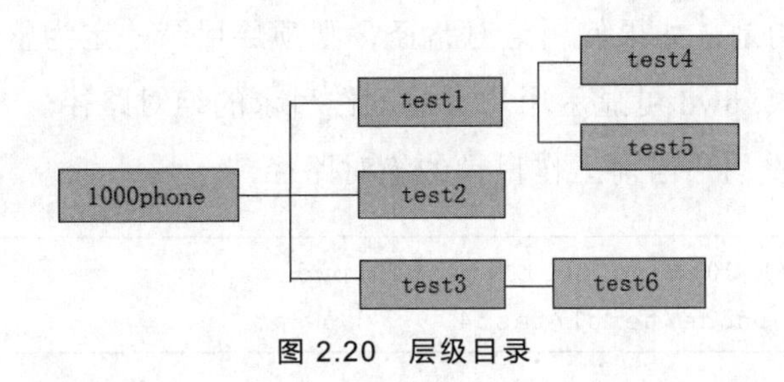

图 2.20　层级目录

图 2.20 所示的目录结构像一棵树。“1000phone”目录为整个目录结构的根，“test1”是树的分支，“test4”“test5”又是“test1”的分支。

绝对路径通常是从整个目录的根处开始表示，例如，目录“test4”的绝对路径为“1000phone/test1/test4”，目录“test6”的绝对路径为“1000phone/test3/test6”。

相对路径与绝对路径不同的是其参照的目录，因此相对路径的表示有时是不固定的。通常情况下，当前所在目录表示为“./”，上一层目录则表示为“../”，上上层目录则为“../../”，以此类推。因此，图 2.20 中目录“test6”相对于“test4”的相对路径为“../test3/test6”，也可以表示为“../../test3/test6”。

接下来在 Ubuntu 系统中创建与图 2.20 一致的目录结构，在用户主目录下完成，如例 2-23 所示。

例 2-23 mkdir 创建多级目录。

```
linux@ubuntu:~$ mkdir -p 1000phone/test1/test4
linux@ubuntu:~$ mkdir -p 1000phone/test1/test5
linux@ubuntu:~$ mkdir 1000phone/test2
linux@ubuntu:~$ mkdir -p 1000phone/test3/test6
```

创建完成后，使用命令 cd 进行切换目录展示，如例 2-24 所示。使用命令 cd 切换到"1000phone/test1"目录，再切换到更下一层的"test4"目录。当处于"test4"目录下时，使用相对路径切换到"test6"目录，再使用绝对路径切换到"test5"目录。

例 2-24 cd 切换目录。

```
linux@ubuntu:~$ cd 1000phone/test1
linux@ubuntu:~/1000phone/test1$ ls
test4  test5
linux@ubuntu:~/1000phone/test1$ cd test4
linux@ubuntu:~/1000phone/test1/test4$ cd ../../test3/test6
linux@ubuntu:~/1000phone/test3/test6$ cd ~/1000phone/test1/test5
linux@ubuntu:~/1000phone/test1/test5$ cd ../test4
linux@ubuntu:~/1000phone/test1/test4$
```

在这里需要注意的是，如果使用绝对路径，则顶层目录一定为整个目录结构的根。如例 2-25 所示，使用命令 pwd 可显示用户当前工作目录的绝对路径。

例 2-25 pwd 查看用户当前工作目录的绝对路径。

```
linux@ubuntu:~/1000phone/test1/test4$ pwd
/home/linux/1000phone/test1/test4
```

如例 2-25 所示，"/"符号出现在目录的开始处，表示 Linux 操作系统的根目录，即目录的顶层；如果出现在其他位置，则只用来分隔目录名。通常将"/home"称为家目录，家目录中的子目录一般为用户所在目录，例如，"/home/linux"，"linux"为用户所在目录。因此用户所在目录可以表示为"~/"或"/home/linux"，二者表示的目录是相同的，如例 2-26 所示。

例 2-26 家目录。

```
linux@ubuntu:~$ pwd
/home/linux
```

```
linux@ubuntu:~$ cd /home/linux
linux@ubuntu:~$
```

命令 cd 如果不指定切换的路径，则默认切换到用户主目录，在任何子目录中执行，都会直接回到用户主目录，如例 2-27 所示。

例 2-27　cd 切换到用户主目录。

```
linux@ubuntu:~/1000phone/test1/test4$ cd
linux@ubuntu:~$
```

使用"cd + /"，将直接切换到顶层根目录；"cd + -"直接切换到上一次切换前的工作目录，如例 2-28 所示。注意，提示符变化表示目录切换成功。

例 2-28　cd 切换到上一次切换前的目录。

```
linux@ubuntu:~$ cd /
linux@ubuntu:/$ ls
bin    etc          lib          media  root     source    tmp
boot   fontconfig   lib32        mnt    run      srv       usr
cdrom  home         lib64        opt    sbin     sys       var
dev    initrd.img   lost+found   proc   selinux  tftpboot  vmlinuz
linux@ubuntu:/$ cd -
/home/linux
linux@ubuntu:~$
```

3. 文件显示查询

命令 ls 的功能为列出目录中所有的文件。一般默认的语法格式如下。

```
ls [选项][文件]
```

其中，文件表示指定查询该文件的相关信息；如果未指定文件，则默认查询当前目录下所有文件；如果指定的是目录，则查询该目录下所有的文件。

命令 ls 常见附加选项如表 2.9 所示，可以组合使用。

表 2.9　　命令 ls 常见附加选项

选项	功能
-1（数字 1）	表示一行输出一个文件
-a，-all	列出目录中所有的文件，包括以"."开头的隐藏文件
-i	列出文件所对应的 inode（索引节点）号
-l	除列出文件名以外，还将显示文件类型、存取权限、硬链接数、所属用户、用户组名、大小、时间信息

命令 ls 的使用如例 2-29 所示。

例 2-29 命令 ls 的使用。

```
linux@ubuntu:~/1000phone$ ls
test1  test2  test3  test.c
linux@ubuntu:~/1000phone$ ls -l
总用量 12
drwxrwxr-x 4 linux linux 4096  8月 13 10:37 test1
drwxrwxr-x 2 linux linux 4096  8月 13 10:38 test2
drwxrwxr-x 3 linux linux 4096  8月 13 10:39 test3
-rw-rw-r-- 1 linux linux    0  8月 13 14:01 test.c
linux@ubuntu:~/1000phone$ ls -1
test1
test2
test3
test.c
linux@ubuntu:~/1000phone$ ls -i
3559171 test1  3706189 test2  3942160 test3  3422501 test.c
linux@ubuntu:~/1000phone$ ls -a
.  .  .test1  test2  test3  test.c
linux@ubuntu:~/1000phone$ ls -la
总用量 20
drwxrwxr-x  5 linux linux 4096  8月 13 14:01 .
drwxr-xr-x 38 linux linux 4096  8月 12 17:03 ..
drwxrwxr-x  4 linux linux 4096  8月 13 10:37 test1
drwxrwxr-x  2 linux linux 4096  8月 13 10:38 test2
drwxrwxr-x  3 linux linux 4096  8月 13 10:39 test3
-rw-rw-r--  1 linux linux    0  8月 13 14:01 test.c
linux@ubuntu:~/1000phone$
```

4. 文件的复制、剪切、删除

命令 cp 用来实现将目录或文件复制到另一个目录或文件中。命令 mv 用来实现将目录或文件移动（剪切）到另一个目录或文件中，也可用来修改文件的名字。命令 rm 用来删除文件或目录。

命令 cp 与 mv 的格式基本一致，如下所示。

```
cp/mv [选项] 源文件或目录 目标文件或目录
```

命令 rm 的语法格式如下所示。

```
rm [选项] 文件或目录    /    rm 文件或目录 [选项]
```

命令 cp 附加选项如表 2.10 所示。

表 2.10　　命令 cp 附加选项

选项	功能
-d	复制时保留链接
-f	删除已经存在的目标文件，不提示
-i	在覆盖目标文件之前将给出提示，要求用户确认
-p	复制文件时，其修改时间和存取权限也将复制到新文件
-r	如果复制的源文件是一个目录文件，则复制该目录下所有文件与目录
-a	等同于-d、-p、-r 选项组合

命令 cp 的使用如例 2-30、例 2-31 所示，展示使用的目录结构与图 2.20 一致。例 2-30 将子目录中的目录文件“test4”与“test5”复制到当前目录中，并未修改目标目录的名字。“cp -rf”在复制操作时是较为常用的组合。

例 2-30　cp 复制文件。

```
linux@ubuntu:~/1000phone$ ls
test1  test2  test3
linux@ubuntu:~/1000phone$ cp -rf test1/test4 ./
linux@ubuntu:~/1000phone$ ls
test1  test2  test3  test4
linux@ubuntu:~/1000phone$ cp -a test1/test5 ./
linux@ubuntu:~/1000phone$ ls
test1  test2  test3  test4  test5
```

例 2-31 用命令 touch 创建一个新文件“1.txt”，并将“test4”目录中的文件复制到“test6”目录下，修改名字为“2.txt”。

例 2-31　cp 复制文件并修改文件名。

```
linux@ubuntu:~/1000phone/test1/test4$ touch 1.txt
linux@ubuntu:~/1000phone/test1/test4$ ls
1.txt
linux@ubuntu:~/1000phone/test1/test4$ cp 1.txt ../../test3/test6/2.txt
linux@ubuntu:~/1000phone/test1/test4$ cd ../../test3/test6
linux@ubuntu:~/1000phone/test3/test6$ ls
2.txt
```

命令 mv 附加选项如表 2.11 所示。

表 2.11　　命令 mv 附加选项

选项	功能
-i	如果 mv 操作将导致对已存在的文件的覆盖，则系统将询问是否覆盖，目的是避免重要的文件丢失
-f	与命令 cp 情况类似，如操作将导致覆盖已存在的文件，系统不会做任何提示

mv 的使用如例 2-32 所示。将“1000phone”目录下的目录“test1”剪切到目录“test3”中。如果“test1”“test3”为文件而非目录，则功能变为剪切“test1”并生成新的文件“test3”，“test1”将被删除。

例 2-32 剪切文件。

```
linux@ubuntu:~/1000phone$ ls
test1  test2  test3  test4  test5
linux@ubuntu:~/1000phone$ mv test1 test3
linux@ubuntu:~/1000phone$ ls
test2  test3  test4  test5
linux@ubuntu:~/1000phone$ cd test3
linux@ubuntu:~/1000phone/test3$ ls
test1  test6
linux@ubuntu:~/1000phone/test3$ mv test6 ../test2
linux@ubuntu:~/1000phone/test3$ cd ../test2
linux@ubuntu:~/1000phone/test2$ ls
test6
```

命令 rm 附加选项如表 2.12 所示。

表 2.12 命令 rm 附加选项

选项	功能
-i	与命令、mv 情况类似，即交互式操作，系统将询问操作是否执行
-f	忽略不存在的文件，不做提示
-r	递归操作，与命令 mv 情况类似，如果目标文件为目录，则递归删除目录下所有子目录与文件

命令 rm 的使用如例 2-33 所示。删除目录需要使用递归选项，此操作一般用来删除非空目录。删除文件则不需要添加选项。

例 2-33 rm 删除文件与目录。

```
linux@ubuntu:~/1000phone/test2$ ls
test6
linux@ubuntu:~/1000phone/test2$ rm -rf test6
linux@ubuntu:~/1000phone/test2$ ls
linux@ubuntu:~/1000phone/test2$ cd ..
linux@ubuntu:~/1000phone$ ls
test2  test3  test4  test5
linux@ubuntu:~/1000phone$ cd test3
linux@ubuntu:~/1000phone/test3$ ls
test1
linux@ubuntu:~/1000phone/test3$ rm -rf ../test5
```

```
linux@ubuntu:~/1000phone/test3$ cd ..
linux@ubuntu:~/1000phone$ ls
test2  test3  test4
linux@ubuntu:~/1000phone$
```

综上所述，无论是复制、剪切还是删除，都需要特别注意当前操作所在的工作目录。所在的工作目录不同，使用的相对路径也略有不同。路径使用在操作时需要格外小心，以防操作失误导致重要的文件被损坏。其次，操作时需考虑文件与目录的区别，除剪切操作外，其他目录操作一般都需要递归处理。

5. 文件搜索

文件搜索有两种情况，一种是搜索特定的内容，另一种则是搜索指定的文件。

（1）命令 grep

命令 grep 的功能为在指定文件中搜索特定的内容，并将这些内容输出到终端。其一般的语法格式如下所示。

```
grep [选项] 格式 [文件及路径]
```

其中，格式表示搜索的内容格式。如果未指定文件及路径，则默认搜索当前目录。

命令 grep 附加选项如表 2.13 所示。

表 2.13　　命令 grep 附加选项

选项	功能
-r	表示递归，遍历这个目录中所有文件
-I	不区分大小写（只适用于单字符）
-h	查询多文件时不显示文件名
-l	查询多文件时只输出包含匹配字符的文件名
-n	显示匹配行及行号
-s	不显示不存在或无匹配文本的错误信息
-v	显示不包含匹配文本的所有行

命令 grep 的使用如例 2-34 所示。查询特定内容的所在的文件名及行号，以及匹配行的内容。

例 2-34　grcp 搜索指定内容。

```
linux@ubuntu:~/linux_system_API$ grep -rn "stdout" ./
./2-15buffer.c:16:   printf("stdout buffer size:%ld\n",
./2-15buffer.c:17:              stdout->_IO_buf_end - stdout->_IO_buf_base);
linux@ubuntu:~/linux_system_API$
```

（2）find

命令 find 的功能为在指定的目录中搜索文件。其一般的语法格式如下所示。

```
find [路径] [选项] [描述]
```

其中路径表示文件搜索路径，若未指定，默认为当前目录。描述表示匹配表达式，即搜索的关键字。

命令 find 附加选项如表 2.14 所示。

表 2.14　　命令 find 附加选项

选项	功能
-depth	使用深度级别的查找方式，在指定的目录中优先查找文件内容
-mount	不在其他文件系统（VFAT 等）的目录和文件中查找
-name	按照名字查找，支持通配符“*”和“？”
-user	按照文件所属用户查找
-print	输出搜索结果，并且打印

命令 find 的使用如例 2-35 所示，查找当前目录下名字为 test.c 的所有文件。注意，如需要混合查找方式，则可以使用“-and”（与）。

例 2-35　find 搜索指定文件。

```
linux@ubuntu:~$ find ./ -name test.c -and -print
./test.c
linux@ubuntu:~$ find ./ -name test.c
./test.c
linux@ubuntu:~$
```

6. 文件链接

文件链接在 Linux 操作系统中是十分普遍且重要的做法，链接操作实际上是给文件系统中的某个文件指定另外一个可用于访问它的名称。对这个新的文件名称，用户可指定其访问权限，以控制对文件信息的共享和安全。通俗地说，创建链接文件就是为源文件建立更多的别名，通过别名一样可以访问源文件。其原理类似于生活中的明星的本名与艺名，其实所指的都是同一个人。建立链接文件对节省磁盘空间、提高访问效率等十分有利。

Linux 操作系统中有两种类型的链接：硬链接与软链接（符号链接）。

硬链接是通过文件的物理编号（索引节点号）进行链接。在 Linux 操作系统中，保存在磁盘分区中的任何类型的文件都会被分配一个编号，称为索引节点（inode）号。多个文件名指向同一个索引节点的情况就是硬链接。硬链接类似于 Windows 操作系统中的复制，删除一个文件，并不会影响其他文件的访问。

硬链接的特点如下。

（1）不论是修改源文件，还是修改硬链接文件，另一个文件中的数据都会发生改变。

（2）不论删除了源文件还是硬链接文件，只要有一个文件存在，文件都可以被访问。

（3）硬链接不会建立新的 inode 信息。

（4）硬链接不能链接目录，给目录建立硬链接，不仅目录本身需要建立链接，目录下所有文件也需要建立链接。

软链接是通过文件的路径名建立链接，也称为符号链接。硬链接不会建立自己的 inode 和 block（数据块，存储文件内容），而是指向源文件的 inode 信息和 block，所以硬链接和源文件的 inode 号是一致的；软链接会真正建立自己的 inode 和 block，因此软链接和源文件的 inode 号不一致，而且在软链接的 block 中，存储的不是真正的数据，而是源文件的文件名及 inode 号。因此软链接类似于 Windows 操作系统的创建快捷方式。

软链接的特点如下。

（1）不论是修改源文件，还是修改软链接文件，另一个文件中的数据都会发生变化。

（2）删除软链接文件，源文件不受影响；而删除源文件，软链接文件找不到实际的数据，则会失效。

建立链接文件的命令为 ls，其一般格式如下所示。

```
ls [选项] 源文件或目录 目标文件或目录
```

一般使用选项“-s”表示建立符号链接。

命令 ls 的使用如例 2-36 所示。为源文件“～/linux_system/project/server/server”建立软链接文件“～/1000phone/server”。访问“～/1000phone/server”与访问源文件效果一致。

例 2-36　ls 创建链接文件。

```
linux@ubuntu:~/linux_system/project/server$ ls
info.dat  server  user.dat
linux@ubuntu:~/linux_system/project/server$ cd
linux@ubuntu:~$ cd 1000phone/
linux@ubuntu:~/1000phone$ ls
test2  test3  test4
linux@ubuntu:~/1000phone$ln-s \
~/linux_system/project/server/server ./server
linux@ubuntu:~/1000phone$ ls
server  test2  test3  test4
linux@ubuntu:~/1000phone$ ls -l server
lrwxrwxrwx 1linux linux 46  8月 14 16:03 server->
/home/linux/linux_system/project/server/server
```

```
linux@ubuntu:~/1000phone$
```

7. 文件所属用户

在 Linux 操作系统中，每个文件都有自己的属主，也就是该文件的拥有者。一般情况下系统中创建文件的用户为该文件的属主。Linux 操作系统是一个多用户的操作系统，操作系统对用户的管理采用分组的形式，即多个用户可分为一组。

用户及组的管理后续章节将详细讲解，这里直接介绍改变文件所属用户以及用户组的命令。命令 chown 用于修改文件所属用户。命令 chgrp 用于修改文件所属用户组。二者的语法格式如下所示。

```
chown/chgrp [选项] [所属用户/组] [文件]
```

其中用户/组为修改后的新的用户或组。

命令 chown 与命令 chgrp 常见附加选项如表 2.15 所示。

表 2.15　　命令 chown 与命令 chgrp 常见附加选项

选项	功能
-c	详细描述文件实际改变的所有权
-f	显示全部错误信息

命令的使用如例 2-37 所示。文件“test.c”原所属用户为 linux，其所属组同样为 linux。使用命令 chown 修改文件“test.c”的所属用户为 root，其所属的用户组仍为 linux。使用命令 chgrp 修改文件“test.c”所属用户组为 root。因为 root 为超级用户，因此使用 sudo 获取临时超级用户权限进行操作。

例 2-37　chown 改变文件所属用户与 chgrp 改变文件所属用户组。

```
linux@ubuntu:~$ ls -l test.c
-rw-rw-r-- 1 linux linux 85  8月  8 15:30 test.c
linux@ubuntu:~$ sudo chown root test.c
[sudo] password for linux:
linux@ubuntu:~$ ls -l test.c
-rw-rw-r-- 1 root linux 85  8月  8 15:30 test.c
linux@ubuntu:~$ sudo chgrp root test.c
linux@ubuntu:~$ ls -l test.c
-rw-rw-r-- 1 root root 85  8月  8 15:30 test.c
linux@ubuntu:~$
```

8. 文件存取权限

上一部分展示了文件的所属用户以及所属组的修改，同样，在 Linux 操作系统中，每个文件或目录都有其访问权限，此权限决定了 Linux 操作系统的用户对该文件的访问是否受限。

因此，下面讨论 Linux 操作系统中用户对文件的存取权限。

使用命令“ls-l 文件名”即可查看指定文件的属性，包括用户对文件的存取权限，如例 2-38 所示。

例 2-38 查看文件存取权限。

```
linux@ubuntu:~/1000phone$ ls -l
总用量 12
drwxrwxr-x 2 linux linux 4096  8 月 13 16:21 test2
drwxrwxr-x 3 linux linux 4096  8 月 13 16:04 test3
drwxrwxr-x 2 linux linux 4096  8 月 13 15:13 test4
linux@ubuntu:~/1000phone$
```

例 2-38 中，“test2”“test3”“test4”三个目录的权限都为 rwxrwxr-x（开头的符号“d”表示 directory，即文件为目录类型），每 3 个字符为一组，其代表的意义如表 2.16 所示。

表 2.16　文件的存取权限

r	w	x	r	w	x	r	-	x
文件所属用户对文件的访问权限			与所属用户同组的其他用户对文件的访问权限			非同组的其他用户对文件的访问权限		

其中，r 表示可读权限，w 表示可写权限，x 表示可执行权限，-表示不具备该权限。

因此，例 2-38 中所展示的目录的访问权限可以描述为：该文件所属用户对该文件具有可读、可写、可执行权限；与文件所属用户同组的其他用户对该文件具有可读、可写、可执行权限；与文件所属用户非同组的其他用户对该文件具有可读、可执行权限，不具有可写权限。

将拥有该权限设置为 1，不具有该权限设置为 0，用符号表示的权限就可以替换为二进制数 111 111 101，分别与 rwx rwx r-x 一一对应。该二进制数转换为八进制数为 0775。

设置文件访问权限，其目的是保证文件的安全，避免出现文件被其他用户修改的情况。修改文件的访问权限使用命令 chmod，可使用符号标记和八进制数指定两种方式进行权限的更改。其中使用符号标记的语法格式如下所示，符号权限可以指定多个，使用逗号隔开。

```
chmod [选项] 符号权限 文件
```

使用八进制数指定的语法格式如下所示，八进制数表示修改后的权限。

```
chmod [选项] 八进制数 文件
```

命令 chmod 附加选项如表 2.17 所示。

表 2.17　　命令 chmod 附加选项

选项	功能
-f	若文件权限无法被更改，也不显式错误信息
-c	若该文件确实已经更改，才显示更改动作
-v	显示权限变更的详细资料

如果使用符号标记进行权限修改，则“+”代表增加权限，“-”代表删除权限。用“=”设置权限。不同的用户级别表示为：文件所属用户（u）、同组其他用户（g）、系统其他用户（o）以及所有用户（a）。具体使用如例 2-39 所示。

例 2-39　chmod 实现文件权限修改。

```
linux@ubuntu:~/1000phone$ ls -l test.c
-r--r--r-- 1 linux linux 0  8月 15 09:55 test.c
linux@ubuntu:~/1000phone$ sudo chmod a+x,u+w,g+w test.c
linux@ubuntu:~/1000phone$ ls -l test.c
-rwxrwxr-x 1 linux linux 0  8月 15 09:55 test.c
linux@ubuntu:~/1000phone$
```

例 2-39 中，第 3 行代码通过 sudo 获取 root 权限后，使用 chomd 命令为所有用户（a）添加执行权限（w），同时为文件所属用户（u）与同组其他用户（g）添加写权限（w）。

采用八进制数指定方式进行权限修改则更加方便，用户只需要指定修改后的权限对应的八进制数即可。八进制数、二进制数及对应的权限如表 2.18 所示。

表 2.18　　八进制数、二进制数及对应的权限

八进制数	二进制数	对应权限	八进制数	二进制数	对应权限
0	000	无任何权限	4	100	可读
1	001	可执行	5	101	可读与可执行
2	010	可写	6	110	可读与可写
3	011	可写与可执行	7	111	可读、可写、可执行

采用八进制数指定方式进行权限修改，如例 2-40 所示。

例 2-40　采用八进制数的形式修改文件权限。

```
linux@ubuntu:~/1000phone$ ls -l test.c
-rwxrwxr-x 1 linux linux 0  8月 15 09:55 test.c
linux@ubuntu:~/1000phone$ sudo chmod 664 test.c
[sudo] password for linux:
linux@ubuntu:~/1000phone$ ls -l test.c
```

```
-rw-rw-r-- 1 linux linux 0  8月 15 09:55 test.c
linux@ubuntu:~/1000phone$
```

在例 2-40 中，使用命令 chmod 直接指定文件权限为 0664，即将文件权限修改为 0664，转换为二进制数为 110 110 100，采用符号表示为 rw-rw-r--。通过查看结果可知修改成功。

2.3.3 压缩打包相关指令

Linux 操作系统中，对文件进行压缩、打包、解压缩、解包的命令有很多，如表 2.19 所示。

表 2.19　　Linux 常用压缩打包相关命令

命令	功能	使用格式
bzip2	.bz2 文件压缩（或解压缩）	bzip2[选项]文件
bunzip2	.bz2 文件解压缩	bunzip2[选项].bz2 压缩文件
gzip	.gz 文件压缩	gzip[选项]文件
gunzip	.gz 文件解压缩	gunzip[选项].gz 文件名
unzip	被 WinZip 压缩的.zip 文件解压缩	unzip[选项].zip 文件
compress	早期压缩、解压缩（压缩文件.Z）	compress[选项]文件
tar	文件目录打包或解包	tar[选项][打包后文件名]文件目录

下面着重介绍命令 gzip 与命令 tar 的使用。

1. 命令 gzip

命令 gzip 可以用来实现对文件进行压缩和解压缩，gzip 可根据文件的类型自动识别压缩或解压缩。命令 gzip 附加选项如表 2.20 所示。

表 2.20　　命令 gzip 附加选项

选项	功能
-c	输出文件信息，并保留原有文件
-d	对压缩文件进行解压缩
-t	测试检查压缩文件是否完整
-l	显示压缩文件的大小、未压缩文件的大小、压缩比、未压缩文件的名字
-r	查找指定目录，压缩或解压缩其中所有的文件
-v	对每个压缩与解压的文件，显示文件名与压缩比

命令 gzip 的使用如例 2-41 所示。通过使用 gzip 命令将 test.c 文件压缩为 test.c.gz（后缀名无须用户定义，会自动生成）。压缩后原文件不存在，通过指定-d 可对.gz 文件进行解压缩。

例 2-41　gzip 实现文件压缩与解压缩。

```
linux@ubuntu:~/1000phone$ ls -l test.c
```

```
-rw-rw-r-- 1 linux linux 120  8月 15 15:54 test.c
linux@ubuntu:~/1000phone$ gzip -v test.c
test.c:  92.5% -- replaced with test.c.gz
linux@ubuntu:~/1000phone$ ls -l test.c.gz
-rw-rw-r-- 1 linux linux 42  8月 15 15:54 test.c.gz
linux@ubuntu:~/1000phone$ gzip -d test.c.gz
linux@ubuntu:~/1000phone$ ls
test.c
linux@ubuntu:~/1000phone$
```

需要特别注意的是，gzip 只能压缩或解压缩单个文件，不能压缩目录。操作目录需要使用命令 tar。

2. 命令 tar

命令 tar 被用来实现文件目录的打包或解包。打包、解包不同于压缩、解压缩，这是两种完全不同的概念。打包指的是将一些文件或目录整合为一个单文件，而压缩则是将一个大文件通过压缩算法变为一个体积较小的文件。通常情况下，如果需要对多个文件进行压缩，则首先需要将这些文件打包为一个单独的文件，然后再使用压缩操作，减小文件的体积。

命令 tar 可根据文件名来识别进行打包还是解包动作，其中打包后的文件名由用户自行定义。命令 tar 除了完成打包、解包之外，还可以调用 gzip、bzip2 完成压缩、解压的操作，因此 tar 功能比较丰富，其使用在 Linux 操作系统中十分普遍。命令 tar 附加选项如表 2.21 所示。

表 2.21　　命令 tar 附加选项

选项	功能
-c	生成新的打包文件
-x	从打包文件中解压出文件
-v	处理过程中显示过程信息
-f	指定打包文件的文件名，否则使用默认名称
-r	向打包文件末尾追加新文件
-u	更新打包文件
-z	调用 gzip 压缩打包文件，与“-x”一同使用调用 gzip 完成解压缩
-j	调用 bzip2 压缩打包文件，与“-x”一同使用调用 bzip2 完成解压缩

例 2-42 通过命令 tar 完成对目录“test”的打包处理，不压缩，并显示过程信息。

例 2-42　tar 实现目录打包。

```
linux@ubuntu:~/1000phone$ ls -l
```

```
总用量 4
drwxrwxr-x 2 linux linux 4096  8月 15 17:07 test
linux@ubuntu:~/1000phone$ tar -cvf test.tar test
test/
test/test.c
test/test.dat
test/test.txt
linux@ubuntu:~/1000phone$ ls -l
总用量 16
drwxrwxr-x 2 linux linux  4096  8月 15 17:07 test
-rw-rw-r-- 1 linux linux 10240  8月 15 17:11 test.tar
linux@ubuntu:~/1000phone$
```

解包操作如例 2-43 所示。

例 2-43 tar 实现解包。

```
linux@ubuntu:~/1000phone$ ls -l
总用量 16
drwxrwxr-x 2 linux linux  4096  8月 15 17:07 test
-rw-rw-r-- 1 linux linux 10240  8月 15 17:11 test.tar
linux@ubuntu:~/1000phone$ tar -xvf test.tar
test/
test/test.c
test/test.dat
test/test.txt
linux@ubuntu:~/1000phone$ ls
test  test.tar
```

如果需要对打包文件进行压缩，则可以调用 gzip 或 bzip2，反之，解包时也需要进行解压处理。可以通过 tar 命令将两步一并完成，如例 2-44 所示，将目录“test”打包时一并压缩。

例 2-44 tar 实现目录打包并压缩。

```
linux@ubuntu:~/1000phone$ ls -l
总用量 4
drwxrwxr-x 2 linux linux 4096  8月 15 17:07 test
linux@ubuntu:~/1000phone$ tar -czvf test.tar.gz test
test/
test/test.c
test/test.dat
test/test.txt
linux@ubuntu:~/1000phone$ ls -l
总用量 8
```

```
drwxrwxr-x 2 linux linux 4096  8月 15 17:07 test
-rw-rw-r-- 1 linux linux  174  8月 15 17:24 test.tar.gz
linux@ubuntu:~/1000phone$ tar -cjvf test.tar.bz test
test/
test/test.c
test/test.dat
test/test.txt
linux@ubuntu:~/1000phone$ ls -l
总用量 12
drwxrwxr-x 2 linux linux 4096  8月 15 17:07 test
-rw-rw-r-- 1 linux linux  183  8月 15 17:24 test.tar.bz
-rw-rw-r-- 1 linux linux  174  8月 15 17:24 test.tar.gz
linux@ubuntu:~/1000phone$
```

在例 2-44 中，需要特别注意：当指定“-z”选项时，打包文件名后缀一定为.tar.gz；当指定“-j”选项时，打包文件名后缀一定为.tar.bz。不同的选项对应不同的压缩工具，因此文件后缀名也不相同。同理，解压也是如此，这里不再展示。

2.3.4 系统常用功能命令

1. Tab 补齐

用户在使用 Shell 命令时，常会遇到命令或文件名遗忘的情况。针对这一问题，Bash Shell 提供了命令与文件名补齐功能来帮助用户：在输入命令或文件名的前几个字符后，按 Tab 键可自动补齐剩余的字符串。

如果多个命令或文件有相同的前缀，Shell 将会列出具有该前缀的所有命令或文件，帮助用户完成需要的输入。

命令补齐需要连续按两次 Tab 键，文件名补齐需要按一次 Tab 键。如例 2-45 所示，当需要使用 chmod 命令对文件的权限进行修改时，输入 ch，连续两次按下 Tab 键，即可显示系统所支持的所有以“ch”开始的命令，供用户选择。

例 2-45 Tab 实现命令补齐。

```
linux@ubuntu:~$ sudo ch
chacl                  chcon                      chmod
chage                  checkbox-qt                chown
change-gcc-version     check-language-support     chpasswd
chardet                chfn                       chroot
charmap                chgpasswd                  chrt
chat                   chgrp                      chsh
chattr                 chkdupexe                  chvt
```

如果遇到文件名不明确的情况，使用 Tab 键也是十分有效的方法。如例 2-46 所示，查询“/etc”目录下的名称以“pro”“sys”开头的文件。

例 2-46　Tab 实现文件名补齐。

```
linux@ubuntu:/etc$ ls -l pro
profile   profile.d/ protocols
linux@ubuntu:/etc$ ls -l sys
sysctl.conf  sysctl.d/    systemd/
```

2. 查询历史命令

大部分用户在 Shell 下的操作是有连续性的，因此经常会遇到输入过的命令需要再次使用的情况。用户需要查看曾经执行过的操作时，按“↑”（上一条命令）键或“↓”（下一条命令）键，即可翻看命令历史。命令历史被 Bash Shell 保存在一个列表中。

Bash Shell 同时提供了命令 history，该命令将命令历史以列表形式从记录号 1 开始一次性显示出来。默认情况下只能记录 500 条命令。该命令的使用如例 2-47 所示。

例 2-47　history 实现查询历史命令。

```
linux@ubuntu:~$ history
/*省略部分为其他历史命令*/
2365  cd
2366  history
2367  echo $HISTSIZE
2368  history
linux@ubuntu:~$
```

Bash Shell 将历史命令容量保存在环境变量 HISTSIZE 中，因此可以通过对该变量直接赋值来改变历史命令的容量。改变历史命令容量的方式如例 2-48 所示，其中命令 echo 用于在标准输出上输出字符串。

例 2-48　修改历史命令的容量。

```
linux@ubuntu:~$ echo $HISTSIZE
1000
linux@ubuntu:~$ HISTSIZE=100
linux@ubuntu:~$ echo $HISTSIZE
100
linux@ubuntu:~$
```

例 2-48 所展示的方式为临时修改，一旦系统重启，则配置将失效。如需永久修改容量，则需要打开用户主目录下的隐藏文件.bashrc 文件，在此文件中修改变量的赋值。变量在文件中位置如例 2-49 所示。

例 2-49　修改配置文件。

```
15 # for setting history length see HISTSIZE and HISTFILESIZE in bash(1)
16 HISTSIZE=1000
17 HISTFILESIZE=2000
```

history 也可以结合附加选项使用。命令 history 附加选项如表 2.22 所示。

表 2.22　命令 history 附加选项

选项	功能	使用格式
-c	清空用户输入的历史命令	history –c
-w	把用户输入的历史命令存入磁盘文件～/.bash_history	history –w

附加选项的使用如例 2-50 所示，可见系统中的历史命令已经被清除。

例 2-50　history 清空历史命令。

```
linux@ubuntu:~$ history -w
linux@ubuntu:~$ history -c
linux@ubuntu:~$ history
  904  history
linux@ubuntu:~$
```

3. 通配符的使用

Linux 操作系统中经常会出现批量处理文件的情况，而这些文件通常有一些相同的特性。例如，文件 test1.txt、test2.txt、test3.txt，这三个文件名都有相同的后缀.txt 以及前缀 test。因此当需要批量处理这些文件时，一般可以选择使用通配符来完成。

Shell 命令通配符如表 2.23 所示。

表 2.23　Shell 命令通配符

通配符	含义
星号（*）	匹配任意长度的字符串
问号（?）	匹配一个字符
方括号（[…]）	匹配指定的字符
方括号（[-]）	匹配指定的范围
方括号（[^…]）	除了指定的字符，均可匹配

下面将通过表 2.23 中的通配符来完成一些实际的工作，示例直接清楚地展示了使用通配符的优势。

通配符星号（*）的使用如例 2-51 所示。使用命令 ls 查看当前目录中的文件，当仅需要查看以.txt 为后缀的文件时，则可以使用*.txt 来表示，其中星号代表所有。当查询后缀名为.dat 的所有文件时，则使用*.dat，原理是一样的。

例 2-51　通配符星号的使用。

```
linux@ubuntu:~/1000phone$ ls
test_1.txt  test_2.txt  test_3.txt  test_a.txt  test_b.txt  test_c.dat
linux@ubuntu:~/1000phone$ ls *.txt
test_1.txt  test_2.txt  test_3.txt  test_a.txt  test_b.txt
linux@ubuntu:~/1000phone$ ls *.dat
test_c.dat
linux@ubuntu:~/1000phone$ ls *
test_1.txt  test_2.txt  test_3.txt  test_a.txt  test_b.txt  test_c.dat
linux@ubuntu:~/1000phone$
```

当需求变为删除序号为某些数字的文件时，使用通配符星号（*）显然难以完成，此时可考虑使用通配符方括号（[]）。如例 2-52 所示，使用方括号指定范围来删除文件。当然也可以使用方括号指定序号的方式，例如，使用“rm test_[123].txt”，同样也可以实现需求功能。

例 2-52　通配符方括号的使用。

```
linux@ubuntu:~/1000phone$ ls
test_1.txt  test_2.txt  test_3.txt  test_a.txt  test_b.txt  test_c.dat
linux@ubuntu:~/1000phone$ rm test_[1-3].txt
linux@ubuntu:~/1000phone$ ls
test_a.txt  test_b.txt  test_c.dat
linux@ubuntu:~/1000phone$
```

通配符问号（？）匹配的是一个字符，如例 2-53 所示。

例 2-53　通配符问号的使用。

```
linux@ubuntu:~/1000phone$ ls
test_abc.txt  test_a.txt  test_b.txt
linux@ubuntu:~/1000phone$ ls test_?.txt
test_a.txt  test_b.txt
linux@ubuntu:~/1000phone$
```

4. 管道的使用

在 Linux 操作系统中，管道是一种进程的通信机制。而在 Shell 中，管道的作用是连接命令。通过使用管道，可以实现将第一个命令的输出作为第二个命令的输入，并以此类推。管道建立此连接使用的符号为“|”，如例 2-54 所示。

例 2-54 管道符的使用。

```
linux@ubuntu:~/1000phone$ ls
test1.txt  test2.txt  test3.txt
linux@ubuntu:~/1000phone$ cd ..
linux@ubuntu:~$ ls ./1000phone | wc -w
3
linux@ubuntu:~$
```

在例 2-54 中，借助于管道“|”，命令 ls 的输出被作为命令 wc 的输入。ls 的功能为查询目录“1000phone”中所有的文件，而 wc -w 命令的功能为显示所查询的文件中单词的数量，如果查询的是目录，则显示目录中文件的数量。命令 wc 接收命令 ls 的输出结果，其查询的是“1000phone”目录中文件的数量。

需要补充的是命令 wc 的附加选项。选项如果是“-c”，则查询文件的行数；选项为“-w”，即查询文件的单词数；选项如果为“-l”，则查询文件的字符数。

2.4 本章小结

本章介绍 Linux 操作系统（Ubuntu）的使用，主要讲述了终端、Shell 的基本概念，以及系统中常用的 Shell 命令。其目的是使读者可以更好地快速入门。Linux 操作系统所支持的 Shell 命令有很多，其丰富多彩的功能为开发者提供了更好的体验。本章从用户与系统、文件操作、压缩打包、常用功能四个方面介绍了系统中常见的 Shell 命令，通过示例完成实际的操作。希望读者在熟练掌握本章内容的前提下，可以快速认识并熟练掌握更多的命令，为系统开发打下良好的基础。

2.5 习题

1. 填空题

（1）Shell 的本质是________。

（2）Shell 主要负责________和________的交互。

（3）可以批量执行 Shell 命令的文件为________。

（4）Linux 操作系统中用来实现用户切换的命令为________。

（5）Linux 操作系统中用来查询系统进程相关信息的命令为________。

2. 选择题

（1）Ubuntu 系统 Shell 命令行提示符不包括（　　）。

A. 用户名　　B. 主机名　　C. 变量名　　D. 目录名

（2）Shell 命令格式的三要素不包括（　　）。

A. 命令　　B. 选项　　C. 参数　　D. 文本

（3）用于动态显示进程信息的命令是（　　）。

A. ps　　B. top　　C. kill　　D. su

（4）mkdir 用于创建层级目录的附加选项为（　　）。

A. -c　　B. -p　　C. -m　　D. -r

（5）使用 tar 命令打包文件时，使用附加选项（　　）可以调用 gzip 压缩。

A. -j　　B. -v　　C. -z　　D. -x

3. 思考题

（1）简述 Shell、Shell 命令、Shell 脚本的区别。

（2）简述分区、挂载的概念。

4. 编程题

使用 Shell 命令完成将 test 目录（目录不为空）打包并使用 gzip 进行压缩。

03 第 3 章 Linux 用户管理

本章学习目标

- 理解 Linux 用户的概念
- 掌握 Linux 用户管理方法
- 掌握 Linux 磁盘配额操作方法

在 Linux 操作系统中进行用户管理，一方面可以对计算机及网络资源进行合理分配；另一方面可以对使用系统的用户进行跟踪，并控制他们对系统资源的访问。任何一个要使用系统资源的用户，都必须首先向系统管理员申请账号，然后以这个账号的身份进入系统。因此本章将着重介绍 Linux 操作系统如何实现对用户的管理，以及磁盘配额的相关内容。望读者可以在理解的基础上多加练习，熟练使用本章介绍的各种命令。

3.1 用户的基本概念

用户的基本概念

3.1.1 用户的属性

Linux 操作系统是多用户多任务的操作系统，所谓多用户多任务是指多个用户可以在同一时间内登录同一个系统执行各自不同的任务，而互不影响。不同用户权限不同，通过这种权限的划分和管理，实现了多用户多任务的运行机制。

用户的属性主要是以下 5 个方面。

1. 用户名

用户名是代表用户账号的字符串，通常不超过 8 个字符。

2. 口令

口令是登录账号的密码。虽然用户的口令一般为加密串，而非明文，但是存放用户信息的文件“/etc/passwd”对所有的用户都可读，所以仍然存在安全隐患。因此许多 Linux 操作系统上使用了 shadow 技术，把真正加密后的用户口令存放在“/etc/shadow”文件中，而在“/etc/passwd”文件的口令字段中只存放一个特殊的字符，如“x”或“*”。

3. 用户标识号

用户标识号（UID）是账号的提示符。一般情况下，它与用户名是一一对应的。UID 为 0 的账号属于系统管理员；UID 为 1～499 的账号为系统保留账号，通常不可登录，其中 1～99 为保留的管理账号；UID 为 500～65536 的账号是可登录账号，供一般用户使用。

4. 用户主目录

用户主目录即用户的起始工作目录，默认为“/home/用户名”。

5. 用户 Shell

用户登录后，将启动一个进程，负责将用户的操作传给内核。这个进程是用户登录系统后运行的命令解释器或某个特定的程序。

3.1.2 用户与组

Linux 操作系统对用户的管理采用组的形式，用户组是相同特性的用户的集合体。例如，通过用户组可以让多个用户具有相同的权限。

用户与用户组的对应关系一般为以下 4 种情况。

（1）一对一：某一个用户是某个组的唯一成员。

（2）多对一：多个用户是某个唯一的组的成员，成员不归属其他用户组。

（3）一对多：某个用户可以是多个用户组的成员。

（4）多对多：多个用户对应多个用户组。

3.1.3 与用户相关的配置文件

1. /etc/passwd

Linux 操作系统中的每个用户都在“/etc/passwd”文件中有一个对应的记录行，它记录了这个用户的基本属性。当用户登录时，系统会查询这个文件，确认用户的 UID 并验证用户口令。文件中的内容如下所示。

```
1   root:x:0:0:root:/root:/bin/bash
2   daemon:x:1:1:daemon:/usr/sbin:/bin/sh
3   bin:x:2:2:bin:/bin:/bin/sh
4   sys:x:3:3:sys:/dev:/bin/sh
5   sync:x:4:65534:sync:/bin:/bin/sync
```

```
6   games:x:5:60:games:/usr/games:/bin/sh
7   man:x:6:12:man:/var/cache/man:/bin/sh
```

文件中的字段以“:”分隔开，这些字段分别是登录名、加密口令、UID、默认的组标识号（GID）、个人信息、主目录、登录 Shell。这个文件对所有用户都是可读的。

2. /etc/shadow

文件“/etc/shadow”与“/etc/passwd”类似，由若干个字段组成，字段用“:”分隔开。由于文件“/etc/shadow”中的记录行是根据“/etc/passwd”中的数据自动产生的，因此其记录行与“/etc/passwd”中的记录行一一对应。文件内容如下所示。

```
1   root:$6$GMHQekE1$pNihRE/eZd9cG9l9HbOX3qKzsElk/VMQIKEzMvxxYxCb5uDCioFkwR33
tWZJgQFOsgw6MxzsP6M/Boo/yk0600:16983:0:99999:7::: //字段显示较长，此处为换行显示
2   daemon:*:15455:0:99999:7:::
3   bin:*:15455:0:99999:7:::
4   sys:*:15455:0:99999:7:::
5   sync:*:15455:0:99999:7:::
6   games:*:15455:0:99999:7:::
7   man:*:15455:0:99999:7:::
```

这些字段分别是：登录名、加密口令、最后一次修改时间、最小时间间隔、最大时间间隔、警告时间、不活动时间、失效时间、标志。具体解释如下。

（1）登录名：与“/etc/passwd”文件中的登录名一致的用户账号。

（2）加密口令：加密后的用户口令，如果为空，则对应用户没有口令，登录时不需要口令。

（3）最后一次修改时间：从某个时间起点到用户最后一次修改口令时的天数。时间起点对不同的系统可能不一样。在 Linux 操作系统中，这个时间起点是 1970 年 1 月 1 日。

（4）最小时间间隔：两次修改口令之间所需的最小天数。

（5）最大时间间隔：口令保持有效的最大天数。

（6）警告时间：从系统开始警告用户到用户密码正式失效之间的天数。

（7）不活动时间：用户没有登录活动，但账号仍然保持有效的最大天数。

（8）失效时间：如果使用该字段，则相应账号的生存期期满后，该账号将不再是一个合法的账号，无法登录。

（9）标志：保留，目前不使用。

3. /etc/group

将用户分组是 Linux 系统中对用户进行管理及控制访问权限的一种手段。每个用户都属于某个用户组；一个组中可以有多个用户，一个用户也可以属于不同的组。

如果一个用户同时是多个组中的成员，则在“/etc/passwd”文件中记录的是用户所属的主组，也就是登录时所属的默认组，而其他组称为附加组。用户要访问属于附加组的文件时，必须先使用 newgrp 命令使自己成为所要访问的组中的成员。

用户组的所有信息都存放在“/etc/group”文件中。此文件的格式也类似于“/etc/passwd”文件，字段用“:”分隔开。文件中的内容如下所示。

```
1   root:x:0:
2   daemon:x:1:
3   bin:x:2:
4   sys:x:3:
5   adm:x:4:linux
6   tty:x:5:
```

这些字段分别是：组名、口令、组标识号、组内用户列表。具体解释如下。

（1）组名：用户组的名称，由字母或数字构成。与“/etc/passwd”中的登录名一样，组名不应重复。

（2）口令：加密后的用户组口令。一般 Linux 系统的用户组没有口令，即这个字段一般为空，或者是“*”。

（3）组标识号：组标识号（GID）与用户标识号类似，也是一个整数，在系统内部用来标识用户组。

（4）组内用户列表：属于这个组的所有用户的列表，不同用户用“,”分隔。这个用户组可能是用户的主组，也可能是附加组。

3.2　用户管理命令

用户管理命令

3.2.1　用户管理

用户管理主要体现在如下几个方面。

（1）用户的添加、删除与修改。

（2）用户口令的管理。

1. 添加用户

添加新用户使用 useradd 命令或 adduser 命令。其语法格式如下所示。

```
useradd [选项] 用户名
```

命令 useradd 附加选项如表 3.1 所示。

表 3.1　　　　命令 useradd 附加选项

选项	功能
-c	指定注释性描述
-d	指定用户主目录，使用-m 可以创建主目录（主目录不存在的情况下）
-g	指定用户所属的用户组
-G	指定用户所属的附加组
-s	指定用户的登录 Shell
-u	指定用户标识号

如例 3-1 所示，使用命令 useradd 添加新用户，用户名为 qianfeng，该用户的默认主目录为“/home/qianfeng”，当前所在的功能目录为“/home/linux”，因此切换到“/home”目录下，可见在该目录下生成了新的目录“qianfeng”。

例 3-1　useradd 添加新用户。

```
linux@ubuntu:~$ sudo useradd -d /home/qianfeng -m qianfeng
[sudo] password for linux:
linux@ubuntu:~$ pwd
/home/linux
linux@ubuntu:~$ cd ..
linux@ubuntu:/home$ ls
linux  qianfeng
linux@ubuntu:/home$
```

2. 用户口令

用户管理的一项重要内容是用户口令的管理。用户账号在开始创建时没有口令，并且被系统锁定，无法使用，只有为其指定口令后才能使用。指定和修改用户口令的 Shell 命令是 passwd。超级用户（管理员）可以为自己和其他用户指定口令，普通用户只能修改自己的口令。其语法格式如下所示。

```
passwd [选项] 用户名
```

命令 passwd 附加选项如表 3.2 所示。

表 3.2　　　　命令 passwd 附加选项

选项	功能
-f	强制用户下次登录时修改口令
-d	不使用口令
-u	口令解锁
-l	锁定口令，禁用账号

例 3-2 使用创建的新用户 qianfeng 作为实验对象，展示命令 passwd 的使用。

例 3-2 passwd 修改用户口令。

```
linux@ubuntu:~$ sudo su
[sudo] password for linux:
root@ubuntu:/home/linux# passwd qianfeng
输入新的 UNIX 密码:
重新输入新的 UNIX 密码:
passwd: 已成功更新密码
root@ubuntu:/home/linux#
```

例 3-2 将用户切换为超级用户，使用超级用户可以为系统中的普通用户设置口令，且不需要知道用户的原口令。注意，在输入口令时输入内容是不可见的。

普通用户则只能修改自己的口令，在修改口令前需要切换到该用户，如例 3-3 所示。

例 3-3 普通用户修改自己的口令。

```
root@ubuntu:/home/linux# exit
exit
linux@ubuntu:~$ su - qianfeng
密码:
$ pwd              //显示当前用户主目录
/home/qianfeng
$ passwd
更改 qianfeng 的密码。
(当前) UNIX 密码:
输入新的 UNIX 密码:
重新输入新的 UNIX 密码:
必须选择更长的密码        //输入密码太短，系统提示需要重新输入
输入新的 UNIX 密码:
重新输入新的 UNIX 密码:
passwd: 已成功更新密码
$ su - linux
密码:
linux@ubuntu:~$
```

例 3-3 中，当切换为新用户 qianfeng 时，命令行提示符并没有显示出用户名以及主机名，原因是该用户没有在配置文件中声明，此处无须关注。不同于超级用户的是，普通用户在修改自己的口令时，需要确认用户的原口令。

3. 属性修改

更改用户的属性，主要包括修改用户名、主目录、用户组、登录 Shell 等信息。修改已有用户的信息使用命令 usermod，其语法格式如下所示。

```
usermod [选项] 用户名
```

其附加选项与命令 adduser 一致，具体如表 3.1 所示。

例 3-4 仍然选择前面创建的新用户 qianfeng 作为展示对象。使用命令 usermod 将用户 qianfeng 登录时使用的 Shell 修改为“/bin/sh”，修改用户所属的组为 linux。

例 3-4 usermod 修改用户属性。

```
linux@ubuntu:~$ sudo usermod -s /bin/sh -g linux qianfeng
[sudo] password for linux:
linux@ubuntu:~$
```

4. 删除用户

如果一个用户的账号不再使用，那么可以考虑将其从系统中删除。删除一个已存在的用户使用命令 userdel，其语法格式如下所示。

```
userdel [选项] 用户名
```

常用的附加选项为“-r”，其功能为将用户主目录一并删除。具体使用如例 3-5 所示。

例 3-5 userdel 删除用户。

```
linux@ubuntu:~$ sudo userdel -r qianfeng
```

例 3-5 删除了用户 qianfeng 在系统文件中（如“/etc/passwd”“/etc/shadow”“/etc/group”等）的记录，同时删除了用户主目录。

有时在删除用户时，会遇到显示用户已登录的情况，如例 3-6 所示。

例 3-6 删除用户失败的情况。

```
linux@ubuntu:~$ sudo userdel -r qianfeng
userdel: 用户 qianfeng 目前已登录
linux@ubuntu:~$
```

例 3-6 中，用户无法删除，此时需要考虑查看用户连接状态。如例 3-7 所示，使用命令 w 查看。可以看出用户 qianfeng 并没有连接信息，因此并不是登录的问题。

例 3-7 查看用户连接状态。

```
linux@ubuntu:~$ w
 16:33:33 up 11:51,  1 user,  load average: 1.12, 0.26, 0.20
USER     TTY      FROM             LOGIN@   IDLE   JCPU   PCPU WHAT
```

```
linux    pts/1    :0.0              15:56    1.00s  0.49s  0.10s w
linux@ubuntu:~$
```

针对这种情况，除了查看登录状态以外，还需要考虑该用户是否开启了进程，如例 3-8 所示，使用命令 ps 查看。可以看出有与用户 qianfeng 相关的进程存在。退出这些进程，即可删除用户。退出进程可使用命令 kill 来完成。

例 3-8　查看与用户相关的进程。

```
linux@ubuntu:~$ ps axj
/*省略其他进程显示*/
5349  5490  5490  5349 pts/1     5694 S    1001   0:00 su - qianfeng
5490  5499  5499  5349 pts/1     5694 S    1001   0:00 -su
linux@ubuntu:~$ sudo kill -SIGKILL 5490
linux@ubuntu:~$ sudo userdel -r qianfeng
[sudo] password for linux:
linux@ubuntu:~$
```

3.2.2　用户组管理

Linux 操作系统中的每一个用户都有一个用户组。一般情况下，Linux 操作系统下的用户属于与它同名的用户组，这个用户组一般是在创建用户时同时创建的。用户组的管理包括添加、删除以及修改用户组。这些实质上是对“/etc/group”文件的更新。

1. 用户组的添加

增加一个新的用户组使用命令 groupadd，其语法格式如下所示。

```
groupadd [选项] 用户组
```

其附加选项如表 3.3 所示。

表 3.3　命令 groupadd 附加选项

选项	功能
-g	指定新用户组标识号（GID）
-o	与-g 同时使用，表示新指定的 GID 可以与系统中已存在的 GID 相同

具体使用如例 3-9 所示。其功能为增加一个新的用户组 qianfeng，同时指定新用户组的 GID 为 130。

例 3-9　新增用户组。

```
linux@ubuntu:~$ sudo groupadd -g 130 qianfeng
```

2. 用户组的删除

删除一个已存在的用户组使用命令 groupdel，其语法格式如下所示。

```
groupdel 用户组
```

其使用如例 3-10 所示。

例 3-10 删除用户组。

```
linux@ubuntu:~$ sudo groupdel qianfeng
```

3. 用户组的修改

修改用户组的属性使用命令 groupmod，其语法格式如下所示。

```
groupmod [选项] 用户组
```

其附加选项如表 3.4 所示。

表 3.4 命令 groupmod 附加选项

选项	功能
-g	指定新的组标识号（GID）
-o	与-g 同时使用，表示新指定的 GID 可以与系统中已存在的 GID 相同
-n	将用户组的名字改为新名字

groupmod 命令的使用如例 3-11 所示，创建新的用户组 qianfeng，使用 groupmod 修改用户标识号为 131，并修改用户名 qianfeng 为 1000phone。

例 3-11 修改用户组属性。

```
linux@ubuntu:~$ sudo groupadd -g 130 qianfeng
[sudo] password for linux:
linux@ubuntu:~$ sudo groupmod -g 131 qianfeng
linux@ubuntu:~$ sudo groupmod -n 1000phone qianfeng
linux@ubuntu:~$
```

如果一个用户同时属于多个用户组，那么该用户可以在用户组之间切换，以获得其他用户组的权限。用户在登录后，使用命令 newgrp 切换到其他用户组。其使用如例 3-12 所示，表示将当前用户切换到 root 用户组，注意，root 用户组必须是该用户的主组或附加组。

例 3-12 切换用户组。

```
linux@ubuntu:~$ newgrp root
```

3.3 磁盘配额

磁盘配额

3.3.1 磁盘配额概述

磁盘配额即限制磁盘资源使用。通常情况下，超级用户可以对本域中的每个用户所能使用的磁盘空间进行配额限制，从而使得每个用户只能使用最大配额范围内的磁盘空间。

之所以需要限制磁盘使用，是因为 Linux 操作系统是多用户多任务的操作系统，多个用户共享磁盘空间，而这些资源不是无限使用的。例如，系统中的 home 目录存放着普通用户的工作目录，假设 home 目录一共有 10GB 空间，而 home 下一共有四个用户，那么正常划分，每个用户应该分得大概 2.5GB 空间。但是其中有个用户在工作目录下存放了很多音频文件，占了 8GB 的空间，这对其他用户不公平。想要将磁盘容量公平分配，就要通过命令 quota 来实现。

磁盘配额有以下两种情况。

（1）软限制，即设定一个用户可拥有的最大磁盘空间以及最大文件数量，在某个特定时期可以暂时超过这个限制。

（2）硬限制，即设定一个用户可拥有的最大磁盘空间以及最大文件数量，绝对不允许超过这个限制。

3.3.2 磁盘配额命令

磁盘配额命令可以分为两种：一种用于用户查询，如 quota、quotacheck、quotastats、warnquota、requota 等；另一种用于编辑磁盘配额，如 edquota、setquota。

1. quota

命令 quota 可显示磁盘使用情况和限制情况，限超级用户使用，其语法格式如下所示。

```
quota [选项] 用户名/组名
```

其附加选项如表 3.5 所示。

表 3.5 命令 quota 附加选项

选项	功能
-q	显示简明列表信息，只列出超过限制的部分
-v	显示用户或群组，在存储设备的空间限制
-u	显示用户的磁盘空间使用限制
-g	显示用户所在组的磁盘空间使用限制

2. quotacheck

命令 quotacheck 用于检查磁盘的使用空间与限制。执行 quotacheck 命令，将会扫描磁盘分区，并在各分区挂载的文件系统根目录下生成 quota.user 文件与 quota.group 文件，设置用户与群组的磁盘空间限制。其语法格式如下所示。

```
quotacheck [选项] [文件系统]
```

其附加选项如表 3.6 所示。

表 3.6　　命令 quotacheck 附加选项

选项	功能
-a	扫描支持磁盘配额的所有分区
-d	详细显示指令执行过程，便于了解程序执行情况
-g	扫描磁盘时，计算用户组文件及目录的使用情况，建立 quota.group 文件
-u	扫描磁盘时，计算用户文件及目录的使用情况，建立 quota.user 文件
-v	显示命令执行过程
-c	必选项，表示创建新文件

3. edquota

命令 edquota 用于编辑用户或用户组的磁盘配额，其语法格式如下所示。

```
edquota [选项] 用户/用户组
```

其附加选项如表 3.7 所示。

表 3.7　　命令 edquota 附加选项

选项	功能
-u	配置用户的磁盘配额
-g	配置用户组的磁盘配额
-p	将源用户的磁盘配额设置套用到其他用户，语法格式为“edquota-p 源用户 [选项] 用户/用户组”
-t	设置宽限时间

4. quotaon

命令 quotaon 用于启动磁盘配额，启动 quota.user 与 quota.group。其语法格式如下所示。

```
quotaon [选项] [文件系统]
```

其附加选项如表 3.8 所示。

表 3.8 命令 quotaon 附加选项

选项	功能
-a	对全部文件系统设置启动相关的磁盘配额，若不加此项，则需要指定具体的文件系统
-g	启动用户组的磁盘配额
-v	显示启动过程的相关信息
-u	启动用户的磁盘配额

5. quotaoff

命令 quotaoff 用于关闭磁盘配额。其语法格式如下所示。

```
quotaoff [选项] [文件系统]
```

其附加选项如表 3.9 所示。

表 3.9 命令 quotaoff 附加选项

选项	功能
-a	关闭全部文件系统的磁盘配额
-u	关闭用户的磁盘配额
-g	关闭用户组的磁盘配额
-v	显示指令执行过程

3.3.3 磁盘配额操作

磁盘配额的目的是限制用户对磁盘分区的使用，其限制主要包括两个方面：用户使用磁盘空间大小的限制；用户创建文件数量（inode 数量）的限制。

下面通过具体的案例展示如何实现磁盘配额，案例设计原理如图 3.1 所示。

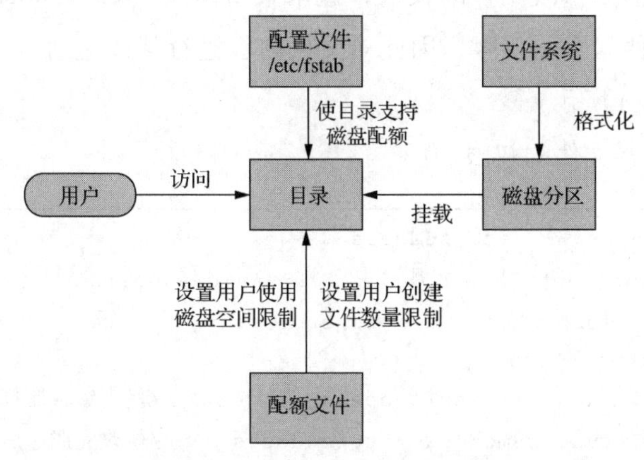

图 3.1 磁盘配额案例设计原理

将实际的磁盘分区挂载到指定目录后，用户访问目录就等同于访问该磁盘分区。

1. 设置磁盘配额的步骤

设置磁盘配额的主要步骤如下。

（1）创建新用户，作为演示对象。

（2）quota 安装，支持 quota 命令。

（3）磁盘分区挂载到指定目录。

（4）在指定目录中创建配额文件。

（5）设置配额文件，限制用户访问目录（磁盘分区）。

（6）启动磁盘配额，测试。

（7）设计开机启动磁盘配额（可选）。

2. 磁盘配额演示

（1）安装 quota。quota 在 Ubuntu 中并不是默认安装的。如果系统未安装，则可以选择在线安装。使用超级用户权限执行“apt-get install quota”完成安装（软件包安装后续章节将详细介绍）。

（2）创建普通用户。创建一个新普通用户作为本次演示的对象，因为命令 quota 对 root 是无效的。如例 3-13 所示，添加新用户，并在 home 目录下创建用户主目录“qianfeng”。

例 3-13 添加新用户。

```
linux@ubuntu:~$ sudo useradd -r -m -s /bin/bash qianfeng
[sudo] password for linux:
linux@ubuntu:~$ cd ..
linux@ubuntu:/home$ ls
linux  qianfeng
```

创建用户之后，需要修改用户的权限，这里采用修改“/etc/sudoers”文件的方式分配用户权限。由于该文件只有 r 权限，因此对文件内容进行修改之前，需要先修改其访问权限。具体操作如例 3-14 所示。

例 3-14 修改配置文件的权限。

```
linux@ubuntu:~$ ls -l /etc/sudoers
-r--r----- 1 root root 723  1 月 31  2012 /etc/sudoers
linux@ubuntu:~$ sudo chmod +w /etc/sudoers
[sudo] password for linux:
linux@ubuntu:~$ sudo vi /etc/sudoers           //使用编辑器打开文件进行修改
linux@ubuntu:~$ sudo chmod -w /etc/sudoers     //修改完成之后，恢复文件原有权限
linux@ubuntu:~$
```

使用编辑器打开文件进行修改，如例 3-15 所示，添加第 20 行代码。

例 3-15 通过配置文件修改用户权限。

```
18 # User privilege specification
19 root    ALL=(ALL:ALL) ALL
20 qianfeng ALL=(ALL:ALL) ALL
```

因为创建用户时，系统不会自动提示设置口令密码，所以在最后需要指定用户登录口令，如例 3-16 所示。

例 3-16 设置用户口令。

```
linux@ubuntu:~$ sudo passwd qianfeng
输入新的 UNIX 密码:
重新输入新的 UNIX 密码:
passwd:已成功更新密码
linux@ubuntu:~$
```

（3）将磁盘分区挂载到系统目录。创建普通用户完成之后，选择磁盘分区进行配额操作，并查看该分区是否支持 quota。使用命令 mount 即可查看 Ubuntu 系统中文件系统挂载的具体情况，如例 3-17 所示。

例 3-17 将磁盘文件挂载到系统目录。

```
root@ubuntu:/home/linux# mount
/dev/sda1 on / type ext4 (rw,errors=remount-ro)
proc on /proc type proc (rw,noexec,nosuid,nodev)
sysfs on /sys type sysfs (rw,noexec,nosuid,nodev)
udev on /dev type devtmpfs (rw,mode=0755)
tmpfs on /run type tmpfs (rw,noexec,nosuid,size=10%,mode=0755)
/*省略部分显示内容*/
nfsd on /proc/fs/nfsd type nfsd (rw)
.host:/ on /mnt/hgfs type vmhgfs (rw,ttl=1)
VMware-vmblock on /run/vmblock-fuse type fuse.VMware-vmblock (rw,nosuid,
nodev,default_permissions,allow_other)
gvfs-fuse-daemon on /home/linux/.gvfs type fuse.gvfs-fuse-daemon (rw,nosuid,
nodev,user=linux)
root@ubuntu:/home/linux#
```

本次选择连接到 Ubuntu 系统的 U 盘设备来演示磁盘分区，其原因在于如果对 Ubuntu 系统自身所使用的硬盘空间进行操作，一旦操作不当，可能会导致系统损坏。

将 U 盘设备连接到计算机，U 盘被 Ubuntu 系统识别（此步骤可参考 2.3.1 节中图 2.13）。使用命令 fdisk 查看 U 盘在 Ubuntu 系统中的设备文件名。如例 3-18 所示，设备分区名为“sdb1”，大小为 15MB。

例 3-18 查看 U 盘设备。

```
root@ubuntu:/# fdisk -l
/*省略部分显示内容*/
Disk /dev/sdb: 15.9 GB, 15938355200 bytes
64 heads, 32 sectors/track, 15200 cylinders, total 31129600 sectors
Units = sectors of 1 * 512 = 512 bytes
Sector size (logical/physical): 512 bytes / 512 bytes
I/O size (minimum/optimal): 512 bytes / 512 bytes
Disk identifier: 0x00000000

   Device Boot      Start         End      Blocks   Id  System
/dev/sdb1            2048       32767       15360   83  Linux
/dev/sdb2           32768    31129599    15548416   83  Linux
```

接下来将设备分区“sdb1”挂载到 Ubuntu 系统指定目录下即可。如例 3-19 所示，创建“/mnt/quotadir”目录，并将设备分区挂载到该目录下，此时对该目录进行访问，等同于访问磁盘分区“sdb1”。

例 3-19 挂载设备分区到目录中。

```
root@ubuntu:/# mkdir /mnt/quotadir
root@ubuntu:/# mount /dev/sdb1 /mnt/quotadir/   //执行挂载
root@ubuntu:/# mount | grep sdb1   //查询挂载情况
/dev/sdb1 on /mnt/quotadir type ext4 (rw)
root@ubuntu:/#
```

由于目录“/mnt/quotadir”并没有支持 quota，因此需要为此目录设置配额，并且重新挂载，使修改生效。为了在重启 Ubuntu 操作系统后仍然能保持此次修改的状态，可以选择将挂载信息写入“/etc/fstab”（此文件用于记录系统使用的分区以及各分区所挂载的文件系统，系统启动时会读取该文件，并根据该文件描述自动将文件系统挂载到对应的分区）。

本次实验选择修改“/etc/fstab”文件来设置配额，如例 3-20 所示，在文件末尾添加关于目录“/mnt/quotadir”的挂载信息。

例 3-20 修改挂载的配置文件。

```
1  # /etc/fstab: static file system information.
2  #
3  # Use 'blkid' to print the universally unique identifier for a
4  # device; this may be used with UUID= as a more robust way to name devices
5  # that works even if disks are added and removed. See fstab(5).
6  #
7  # <file system> <mount point>   <type>  <options>       <dump>  <pass>
8  proc            /proc           proc    nodev,noexec,nosuid 0       0
9     ......省略部分显示内容
```

```
10 /dev/sdb1      /mnt/quotadir vfat    rw,usrquota,grpquota 0   0
```

如例 3-21 所示，添加信息完毕后，选择执行重新挂载，发现挂载信息已经生效。

例 3-21 执行重新挂载。

```
root@ubuntu:/home/linux# mount -o remount /mnt/quotadir
root@ubuntu:/# mount | grep sdb1
/dev/sdb1 on /mnt/quotadir type ext4 (rw,usrquota,grpquota)
root@ubuntu:/#
```

（4）创建配额文件。完成上述步骤之后，开始进行磁盘配额操作。首先需要生成配额文件 aquota.group 与 aquota.user（这两个文件分别是用户组以及用户磁盘配额需要的配置文件），从而实现设置配额限制。创建配额文件如例 3-22 所示。

例 3-22 创建配额文件。

```
root@ubuntu:~# quotacheck -cumg /mnt/quotadir/  //创建配额文件
root@ubuntu:~# cd /mnt/quotadir/
root@ubuntu:/mnt/quotadir# ls
aquota.group aquota.user  lost+found
root@ubuntu:/mnt/quotadir#
```

查询目录“/mnt/quotadir”，即可发现配额文件 aquota.user 与 aquota.group 创建成功。

修改目录“/mnt/quotadir”的用户访问权限，使 root 用户以外的其他用户对该目录具备可写权限，否则例 3-13 中创建的新用户无法对该目录进行修改。修改目录权限如例 3-23 所示。

例 3-23 修改目录权限。

```
root@ubuntu:/# cd /mnt
root@ubuntu:/mnt# chmod 757 quotadir
root@ubuntu:/mnt# cd ..
root@ubuntu:/# ls -l /mnt
drwxr-xrwx 3 root root 1024 11月  6 14:56 quotadir
```

（5）设置配额权限。生成磁盘配额所需的配置文件后，即可开始设置配额权限，如例 3-24 所示。

例 3-24 设置配额权限。

```
root@ubuntu:/home/linux# edquota -u qianfeng
```

使用上述命令进入编辑界面，其内容如下所示。

```
Disk quotas for user qianfeng (uid 999):
```

```
Filesystem    blocks   soft    hard   inodes    soft    hard
/dev/sdb1         0    8000   10000        0       3       5
```

修改限制值：设置分区对用户（qianfeng）的空间软限额为 8MB（估算值），硬限额为 10MB（估算值）；设置分区对用户创建文件数量的软限额为 3，硬限额为 5。根据界面提示，使用 Ctrl+O 键保存修改，使用 Ctrl+X 键退出设置界面。

（6）启用 quota 的配额限制。完成分区对用户创建文件数量与使用空间的限制后，需要启用 quota 使限额生效，如例 3-25 所示。

例 3-25　启动配额限制。

```
root@ubuntu:/# quotaon -avug
/dev/sdb1 [/mnt/quotadir]: group 配额已开启
/dev/sdb1 [/mnt/quotadir]: user 配额已开启
root@ubuntu:/#
```

（7）测试配额限制。在上述步骤中，已经设置了分区“sdb1”（/mnt/quotadir）对用户创建文件数量与使用空间的限制，接下来对这两部分设置分别进行测试。

测试前需要将当前用户切换为 qianfeng，并进入分区挂载的目录“/mnt/quotadir”。测试文件数量限制如例 3-26 所示。

例 3-26　测试配额限制的文件数量。

```
root@ubuntu:/# su qianfeng                          //切换用户
qianfeng@ubuntu:/$ cd /mnt/quotadir/                //进入挂载目录
qianfeng@ubuntu:/mnt/quotadir$ ls                   //查看目录
aquota.group aquota.user  lost+found
qianfeng@ubuntu:/mnt/quotadir$ touch test1 test2 test3 test4 test5
qianfeng@ubuntu:/mnt/quotadir$ ls
aquota.group aquota.user  lost+found  test1  test2  test3  test4 test5
qianfeng@ubuntu:/mnt/quotadir$ touch test6 //创建第 6 个文件
touch: 无法创建"test6": 超出磁盘限额
qianfeng@ubuntu:/mnt/quotadir$
```

例 3-26 中，用户 qianfeng 在分区挂载目录下直接创建 5 个文件后，系统未出现任何提示，此时创建的文件数量超过设置的软限额；当执行创建第 6 个文件时，系统提示超出磁盘限额，表明创建文件失败（文件数量硬限额为 5）。

测试使用空间限制需要用户在目录中创建较大的文件，如例 3-27 所示。

例 3-27　测试配额限制的使用空间。

```
qianfeng@ubuntu:/mnt/quotadir$ ls
aquota.group aquota.user  lost+found
```

```
qianfeng@ubuntu:/mnt/quotadir$ dd if=/dev/zero of=test1 bs=1M count=6
记录了 6+0 的读入
记录了 6+0 的写出
6291456 字节(6.3 MB)已复制, 0.040647 秒, 155 MB/秒
qianfeng@ubuntu:/mnt/quotadir$ dd if=/dev/zero of=test2 bs=1M count=6
dd: 正在写入"test2": 超出磁盘限额
记录了 4+0 的读入
记录了 3+0 的写出
3944448 字节(3.9 MB)已复制, 0.0100995 秒, 391 MB/秒
qianfeng@ubuntu:/mnt/quotadir$
```

例 3-27 中，使用命令 dd 在分区挂载目录下创建一个大小约为 6MB 的文件“test1”，创建成功，此时占用空间并未超过硬限额（10MB）；再次使用命令 dd 创建大小约为 6MB 的文件“test2”，系统提示超出磁盘限额。

命令 dd 的功能为复制文件，同时转换文件格式。if（input file）表示输入文件；of（output file）表示输出文件；bs（block size）表示块的大小；count 表示块的数量。因此，例 3-27 中的命令可解读为从文件“/dev/zero”中复制内容到文件“test1”中，其大小为 6MB。

（8）设置开机启动配额。如果用户希望每次开机时，磁盘配额立即生效（无须手动开启），则需要将启动磁盘配额的命令添加到系统的自启动脚本文件中。如例 3-28 所示，使用 gedit 编辑器打开脚本文件。

例 3-28 设置开机启动配额。

```
root@ubuntu:/# gedit /etc/rc.local
```

在文件末尾行（内容为“exit 0”）的上一行添加如下命令即可。

```
/sbin/quotaon -avug
```

3.4 本章小结

本章主要针对 Linux 操作系统中的用户管理展开讨论：首先介绍了 Linux 操作系统用户的基本概念；接着着重讨论了与用户相关的命令，包括用户的创建、属性修改、用户的删除，用户组的创建、用户组的修改、用户组的删除等；最后一部分从命令着手，介绍了用户磁盘配额的设置，从概念介绍到最后的实际操作，主要目的是帮助读者对用户磁盘资源进行合理分配。用户管理作为学习 Linux 操作系统的基础，可以帮助读者合理利用系统资源，更好地搭建 Linux 操作系统。

3.5 习题

1. 填空题

（1）Linux 是一个多任务________的操作系统。

（2）系统管理员的 UID 为________。

（3）一般情况下，Linux 操作系统中用户主目录为________。

（4）相同特性的用户的集合体称为________。

（5）修改用户的属性的命令为________。

2. 选择题

（1）"/etc/passwd" 文件中的记录不包括（　　）字段。

A. 登录名　　B. 加密口令　　C. UID　　D. 修改时间

（2）"/etc/shadow" 文件中的记录不包括（　　）字段。

A. 登录名　　B. 加密口令　　C. 主目录　　D. 最小时间间隔

（3）添加 Linux 用户时，（　　）选项用来指定用户所属用户组。

A. -u　　B. -g　　C. -G　　D. -c

（4）使用 passwd 修改用户口令时，（　　）选项用来强制用户登录时修改口令。

A. -d　　B. -f　　C. -l　　D. -u

（5）使用 groupmod 修改用户组属性时，（　　）选项用来修改用户组的名字。

A. -n　　B. -o　　C. -g　　D. -u

3. 思考题

（1）简述磁盘配额的基本概念。

（2）简述磁盘配额的操作步骤。

04

第 4 章　Linux 软件管理

本章学习目标

- 了解 Linux 操作系统的软件管理机制
- 掌握 Linux 操作系统 dpkg 软件包管理工具
- 掌握 Linux 操作系统 APT 高级软件包管理工具

本章将介绍 Linux 操作系统中一项重要的配置管理——软件包管理。不同于 Windows 操作系统中的软件安装，Linux 操作系统经常需要在没有图形界面的情况下完成软件的安装、卸载、配置等操作，而这些操作都需要借助相应的工具来完成。本章将着重介绍两种命令行模式下的软件包管理工具——dpkg 与 APT，二者分别实现了软件包的本地以及在线安装配置。这两种工具在 Linux 操作系统开发中应用十分普遍，望读者可以熟练使用。

软件包管理工具概述

4.1　软件包管理工具概述

Linux 操作系统主要支持 RPM 和 Deb 两种软件包管理工具。RPM（Redhat Package Manager）是一种用于互联网下载包的打包及安装工具，其原始设计理念是开放的，不仅可以在 Redhat 平台上使用，也可以在 SUSE 上使用。RPM 包的依赖性很强，安装也较烦琐，因此本章将着重介绍常用的 Deb 软件包管理工具。

Linux 操作系统为用户提供了各种不同层次和类型的软件包管理工具。按照与用户交互的方式可将这些软件包管理工具分为 3 类，如表 4.1 所示。

表 4.1 软件包管理工具

工具类别	常用工具举例	描述
命令行	dpkg、APT	命令行模式下完成软件包管理任务，包括软件包的获取、查询、依赖性检查、安装、卸载等，需要使用不同命令参数完成
图形界面	Synaptic	新立得（Synaptic）是 Ubuntu 操作系统软件包管理工具 APT 的图形化前端，操作简单，可以进行软件包的安装、删除、配置、升级等操作
文本窗口界面	aptitude	Debian Linux 操作系统中的软件包管理器，基于 APT 机制，且处理软件包的依赖问题更加优异，当需要删除一个包时，aptitude 会同时删除本身所依赖的包，保证系统中无残留无用的包

表 4.1 中展示的基于不同交互方式的软件包管理工具中，最常用的是命令行模式下的管理工具，即 dpkg 与 APT。

1. dpkg

dpkg 创建于 1993 年，是最早的 Deb 包管理工具，可用于安装、编译、卸载和查询 Deb 软件包。dpkg 不能从镜像站点获取软件包，主要用于对已下载到本地和已安装的软件包进行管理。dpkg 在安装软件包时，无法检查软件包的依赖关系，因此在对一个软件的依赖关系不清楚的情况下，使用 dpkg 对用户的开发工作不太友好。为了帮助用户获取软件包（获取存在依赖关系的软件包），则出现了更高级的 APT 软件包管理工具。

2. APT

APT（Advanced Packaging Tool）是一种快速、实用、高效的软件包管理工具。当软件包更新时，APT 能自动管理关联文件和维护已有的配置文件。Ubuntu 将所有的开发软件包存放在 Internet 上的镜像站点中，用户可以选择合适的镜像站点作为软件源，然后利用 APT 工具的帮助，完成对软件包的管理维护工作，包括从软件镜像站点获取相关软件包、安装升级软件包、自动检测软件包依赖关系等。最常用的 APT 实用程序有 apt-get、apt-cache 等。

4.2 dpkg 软件包管理工具

dpkg 软件包管理工具

4.2.1 dpkg 命令介绍

软件包管理命令 dpkg 的语法格式如下所示。

```
dpkg [选项] <package>
```

其附加选项如表 4.2 所示。

表 4.2　　命令 dpkg 附加选项

选项	功能
-i	安装一个已经下载至本地的 Deb 软件包
-s	检测软件包的安装状态
-r	移除一个已安装成功的软件包
-L	列出安装的软件包清单
-P	移除已经安装的软件包以及配置文件

1. 软件的安装

如果已经获取 Deb 软件包，并且确定需要安装该软件包，就可以使用命令“dpkg-i”进行安装。该命令并不能自动解决 Deb 软件包的依赖性问题。选择已经下载的本地安装包进行测试，如例 4-1 所示，其中使用通配符“*”，表示将两个 Deb 软件包一并安装。

例 4-1　软件包的安装。

```
linux@ubuntu:~/1000phone$ ls    //目录中保存的后缀名为.deb 的软件包
manpages-posix_2.16-1_all.deb  manpages-posix-dev_2.16-1_all.deb
linux@ubuntu:~/1000phone$ sudo dpkg -i *.deb  //安装软件包
[sudo] password for linux:
Selecting previously unselected package manpages-posix.
(正在读取数据库 ...系统当前共安装有 182316 个文件和目录。)
正在解压缩 manpages-posix (从 manpages-posix_2.16-1_all.deb) ...
Selecting previously unselected package manpages-posix-dev.
正在解压缩 manpages-posix-dev (从 manpages-posix-dev_2.16-1_all.deb) ...
正在设置 manpages-posix (2.16-1) ...
正在处理用于 man-db 的触发器...
正在设置 manpages-posix-dev (2.16-1) ...
/*省略部分显示内容*/
linux@ubuntu:~/1000phone$
```

例 4-1 中，第 1 行和第 3 行代码为用户输入命令，非程序输出。根据输出结果可以看出，软件包首先会被解压缩，解压缩完成后开始进行本地安装。

2. 软件的状态

用户在不确定某一软件包是否已安装的情况下，为了避免出现软件包重复安装或者软件包未安装导致系统服务无法使用，可以使用命令“dpkg -s”检测软件包的安装状态。如例 4-2 所示，检测系统中编译器 gcc 软件包的状态。检测软件包的前提是一定要知道软件包的名称。

例 4-2　查询软件状态。

```
linux@ubuntu:~/1000phone$ sudo dpkg -s gcc    //检测软件包 gcc 是否安装
```

```
    Package: gcc
    Status: install ok installed                 //安装状态
    Priority: optional                           //软件包优先级
    Section: devel
    Installed-Size: 41                           //安装大小
    Maintainer: Ubuntu Developers <ubuntu-devel-discuss@lists.ubuntu.com>
    Architecture: amd64                          //架构
    Source: gcc-defaults (1.112ubuntu5)
    Version: 4:4.6.3-1ubuntu5                    //版本信息
    Provides: c-compiler                         //提供者
    Depends: cpp (>= 4:4.6.3-1ubuntu5), gcc-4.6 (>= 4.6.3-1~)
    Recommends: libc6-dev | libc-dev
    Suggests: gcc-multilib, make, manpages-dev, autoconf, automake1.9, libtool, flex,
bison, gdb, gcc-doc
    Conflicts: gcc-doc (<< 1:2.95.3)
    Description: GNU C compiler
     This is the GNU C compiler, a fairly portable optimizing compiler for C.
    /*省略部分显示内容*/
    linux@ubuntu:~/1000phone$
```

例 4-2 中，第 1 行代码为用户输入命令，非程序输出。根据输出结果可以看出，软件包已安装，除此之外，还可以看到该软件包的各种属性信息。

3. 软件的卸载

用户不再需要使用某个软件包时，可以考虑将其从系统中移除，从而减少磁盘空间的占用。命令“**dpkg -r**”与“**dpkg -P**”都可以实现对软件包的卸载。其中“**dpkg -r**”只卸载软件包安装到系统中的文件，但保留原有的配置文件，如果重新安装该软件，仍然可以使用原有的配置；命令“**dpkg -P**”删除软件的同时清除原有的配置文件。

上述两种方式在卸载文件时都不解决软件包的依赖性问题，只会显示相应的提示。因此使用时需要慎重考虑依赖性问题，避免出现卸载失败，导致产生垃圾文件。

4. 系统软件查询

用户需要查询与某个系统功能相关的软件包是否安装，但又不确定软件包的具体名称与信息时，可以使用命令“**dpkg -l**”进行查询，其功能为查看当前系统中已经安装的所有软件包信息。一般可以借助管道符号“|”进行分页查询，如例 4-3 所示。

例 4-3 查询与系统功能相关的软件包。

```
    linux@ubuntu:~/1000phone$ sudo dpkg -l | less     //查看软件包信息
    期望状态=未知(u)/安装(i)/删除(r)/清除(p)/保持(h)
    | 状态=未安装(n)/已安装(i)/仅存配置(c)/仅解压缩(U)/配置失败(F)/不完全安装(H)/触发器等
待(W)/触发器未决(T)
    |/ 错误?=(无)/须重装(R) (状态，错误：大写=故障)
```

```
||/ 名称                          版本                                描述
+++-==================================================================
ii  g++                   4:4.6.3-1ubuntu5                   GNU C++ compiler
rc  gdb               7.4-2012.02-0ubuntu2                 The GNU Debugger
ii  gzip                  1.4-1ubuntu2            GNU compression utilities
/*省略部分显示内容*/
```

例 4-3 中，第 1 行代码为用户输入命令，非程序输出；第 2 行到第 4 行代码为软件包状态标识符的说明。根据输出结果可以看出，显示内容为软件包的版本以及软件包的安装配置状态。

5. 软件包文件列表

用户需要获取软件包安装到系统中的文件列表时，可以使用命令“dpkg -L”。通俗地说，软件包安装到系统中之后，其产生的各种配置文件可能会分布在系统的各个子目录中，用户需要对某些配置文件进行重新设置时，即可通过此命令进行寻找，如例 4-4 所示。

例 4-4 查询软件包安装后产生的文件列表。

```
linux@ubuntu:~/1000phone$ sudo dpkg -L gcc  //查看编译器的安装配置文件所在目录
/.
/usr
/usr/bin
/usr/bin/c89-gcc
/usr/bin/c99-gcc
/usr/share
/*省略部分显示内容*/
/usr/share/doc/cpp/README.Bugs
/usr/share/doc/gcc
linux@ubuntu:~/1000phone$
```

例 4-4 中，第 1 行代码为用户输入命令，非程序输出。根据输出结果可以看出，软件包的配置文件分布在根目录的各个子目录中。

4.2.2 静态软件包的管理

1. 软件包的命名规则

软件包并非随意命名，而是遵循一定的规范，一般约定的命名格式如下所示。

```
Filename_Version-Reversion_Architechure.deb
```

其中“Filename”代表软件包的名字；“Version”代表软件版本；“Reversion”代表修订版本；“Architechure”代表体系结构。版本修订由系统开发者或软件创建人指定。

2. 软件包的优先级

Linux 操作系统为每一个软件包设置了优先级，用来作为软件包管理器进行安装或卸载的依据。在 Linux 操作系统中，任何高优先级的软件包都不能依赖于低优先级的软件包。试想如果一个用来维护整个系统运行的软件包却依赖于一个可选择安装的软件包，那么被依赖的软件包如果不安装，系统必然将无法运行。

Ubuntu 系统定义的软件包优先级如表 4.3 所示。

表 4.3　　软件包的优先级

类别	定义
required（必需）	该级别软件包为保证系统正常运行所必需的
important（重要）	该级别软件包实现系统底层功能，若缺少将会影响系统正常使用
standard（基本）	该级别软件包是操作系统的标准件
optional（可选）	该级别软件包是否安装不影响系统的正常运行
extra（额外）	该级别软件包可能与高级别软件包产生冲突

3. 软件包的状态

例 4-3 中，使用命令“dpkg -l”除了可以显示已经安装的软件包以外，还可以显示软件包的状态，这些状态记录了用户的安装行为。Ubuntu 对软件包定义了两种状态。

（1）期望状态：用户希望某个软件包处于的状态。

（2）当前状态：用户操作软件包后的状态。

具体的软件包状态如表 4.4 所示。

表 4.4　　软件包的状态

类别	状态	状态符	描述
期望状态	未知（unknown）	u	用户对软件包未定义具体的操作
	已安装（install）	i	软件包已安装或升级
	删除（remove）	r	软件包已删除，不删除配置文件
	清除（purge）	p	软件包完全删除，包括配置文件
	保持（hold）	h	软件包保持现有状态
当前状态	未安装（not）	n	软件包的描述信息已知，未在系统中安装
	已安装（installed）	i	已完全安装配置了该软件包
	仅存配置（config-file）	c	软件包已删除，配置文件依然保留
	仅解压缩（unpacked）	U	已将软件包中的所有文件释放，但未执行安装和配置
	配置失败（failed-config）	F	尝试安装此软件，但由于错误没有完成安装
	不完全安装（half-installed）	H	已经开始提取后的配置工作，但由于错误没有完成安装

4. 软件包的依赖性关系

Linux 操作系统中有大量的软件组件，这些组件必须密切配合成为一个整体，支持 Linux 操作系统的正常运转。通俗地说，即某个软件组件能否正常运行，依赖于其他一些软件组件的存在。这样做的优势在于可以使系统更加紧密，减少中间环节引发的错误，但是容易导致软件组件依赖和冲突的问题。

为了解决这一问题，Debian 提出了程序依赖性机制，即规定独立运行程序与当前系统中的程序之间的关联程度。软件包管理器将依据软件包依赖关系完成组件的安装或卸载。Ubuntu 系统中软件包的依赖关系如表 4.5 所示。

表 4.5　　软件包的依赖关系

依赖关系	关系描述
依赖（depends）	运行软件包 A 必须安装软件包 B，可能还需要软件包 B 的特定版本
推荐（recommends）	软件包 A 缺少的用户需要使用的功能可以由软件包 B 提供
建议（suggests）	软件包 B 能够增强软件包 A 的功能
替换（replaces）	软件包 B 安装的文件被软件包 A 的文件删除或覆盖
冲突（conflicts）	如果系统中安装了软件包 B，则软件包 A 将无法运行
提供（provides）	软件包 A 包含了软件包 B 的所有文件和功能

4.2.3 Deb 软件包的制作

1. Deb 软件包的结构

制作 Deb 软件包，首先需要了解 Deb 软件包的结构。Deb 软件包的结构如图 4.1 所示，其中文件 control 是 Deb 包必须包括的描述性文件，用于软件的安装管理，其他文件则可能存在。

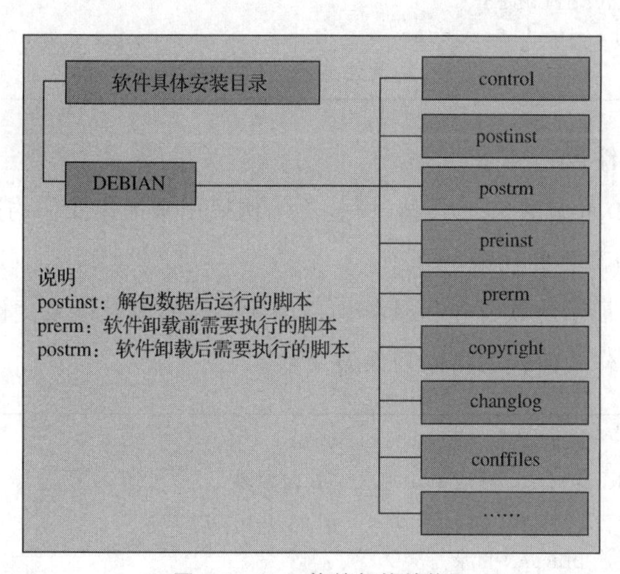

图 4.1　Deb 软件包的结构

control 文件描述了软件包的名称、版本等信息，说明如下。

（1）Section：声明软件的类别，如 text、mail 等。

（2）Priority：声明软件包的优先级，如 required、standard、optional 等。

（3）Essential：声明是否为系统的基本软件包，如果是，则表明该软件包是维持系统稳定和运行的，不允许卸载。

（4）Architecture：软件包支持架构，如 i386、PowerPC 等。

（5）Source：软件包的源代码名称。

（6）Depends：软件依赖的其他软件包和库文件。

（7）Pre-Depends：软件安装前必须安装、配置依赖性的软件包和库文件。

（8）Recommends：推荐安装的其他软件包和库文件。

（9）Suggests：建议安装的其他软件包和库文件。

control 文件的完整模板如例 4-5 所示。

例 4-5 control 文件的信息。

```
1   Package: mysoftware
2   Version: 2019-08-27
3   Section: free
4   Priority: optional
5   Depends: libssl.0.0.so, libstdc++2.10-glibc2.2
6   Suggests: Openssl
7   Architecture: amd64
8   Installed-Size: 111111
9   Maintainer:***
10  Provides: mysoftware
11  Description: just for test
12                                  //此处必须空一行再结束
```

2. 制作 Deb 软件包

下面展示制作 Deb 软件包的具体过程。（示例只用来描述操作的过程，其生成的软件包在系统中并不会有真正的功能。）

（1）按照图 4.1 展示的软件包目录结构，创建必要的目录以及文件，如例 4-6 所示。

例 4-6 创建制作软件包必备的目录及文件。

```
linux@ubuntu:~/1000phone$ mkdir mydeb
//创建一个整体的工作目录，存放 Deb 包的文件及目录
linux@ubuntu:~/1000phone$ mkdir -p mydeb/DEBIAN
//在工作目录下创建 DEBIAN 目录
linux@ubuntu:~/1000phone$ mkdir -p mydeb/boot
//在工作目录下创建 boot 目录，表示将文件安装到此目录下
linux@ubuntu:~/1000phone$ touch mydeb/DEBIAN/control
//创建 control 空文件，必须存在的文件
```

```
linux@ubuntu:~/1000phone$ touch mydeb/DEBIAN/postinst
//创建 postinst 空文件，软件安装完成后，执行该 Shell 脚本
linux@ubuntu:~/1000phone$ touch mydeb/DEBIAN/postrm
//创建 postrm 空文件，软件卸载后，执行该 Shell 脚本
linux@ubuntu:~/1000phone$ touch mydeb/boot/mysoftware
//创建 mysoftware 空文件，表示的是软件程序
```

（2）在 control 文件中，添加描述性信息，使用 gedit 编辑器打开文件进行编辑，如例 4-7 所示。

例 4-7　编辑 control 文件。

```
linux@ubuntu:~/1000phone$ gedit mydeb/DEBIAN/control    //打开文件
```

输入各个字段的内容。需要注意的是，文件中数据的末尾处需要空一行。编写完毕后单击“保存”按钮，再关闭窗口即可，如图 4.2 所示。

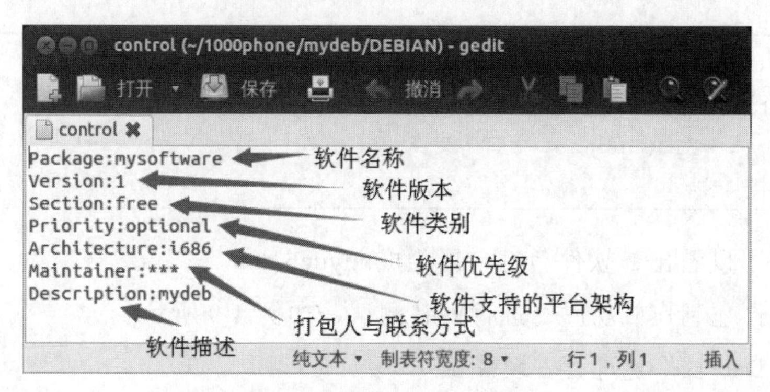

图 4.2　编辑 control 文件

（3）采用与上一步相同的方式编辑文件 postinst 与 postrm 的内容。编辑 postinst 文件如图 4.3 所示。

图 4.3　编辑 postinst 文件

保存文件并退出以后，需要赋予该脚本文件可执行权限，使用命令“sudo chmod a+x postinst”即可。图 4.3 中，“#! /bin/sh”表示脚本使用的 Shell 的类型，类似于 C 语言程序

的头文件。“echo”表示输出数据到标准输出上，这里使用了重定向符号“>”，表示将字符串“my deb”输出到文件“/home/linux/1000phone/mydeb.log”中。

文件 postrm 与 postinst 一致，同样需要修改权限，编辑内容如图 4.4 所示。

图 4.4　编辑 postrm 文件

（4）完成上述步骤后，将整个工作目录 mydeb 打包，生成 Deb 包。如例 4-8 所示，命令 dpkg 传递的第一个参数为被打包的目录名，第二个参数为生成的包名称。

例 4-8　对目录进行打包。

```
linux@ubuntu:~/1000phone$ sudo dpkg -b mydeb mydeb.deb
dpkg-deb: 正在新建软件包 mysoftware:i686，包文件为 mydeb.deb。
linux@ubuntu:~/1000phone$ ls
mydeb mydeb.deb
```

从输出结果可以看出，软件包打包后生成 mydeb.deb。

（5）Deb 软件包制作成功后，进行安装测试，如例 4-9 所示。

例 4-9　对 Deb 软件包进行安装测试。

```
linux@ubuntu:~/1000phone$ sudo dpkg -i mydeb.deb
Selecting previously unselected package mysoftware.
(正在读取数据库 ...系统当前共安装有 183781 个文件和目录。)
正在解压缩 mysoftware (从 mydeb.deb) ...
正在设置 mysoftware (1) ...
linux@ubuntu:~/1000phone$
```

完成安装后，postinst 脚本将会被执行并生成含有 mysoftware 字符的 mydeb.log 文件，如例 4-10 所示。

例 4-10　查看文件内容。

```
linux@ubuntu:~/1000phone$ cat mydeb.log  //查看文件中的内容
my deb
```

（6）卸载 Deb 包，注意，这里卸载的包名为 control 文件中 Package 字段定义的软件程序名 mysoftware，如例 4-11 所示。

例 4-11 卸载 Deb 包。

```
linux@ubuntu:~/1000phone$ sudo dpkg -r mysoftware
[sudo] password for linux:
(正在读取数据库 ...系统当前共安装有 183781 个文件和目录。)
正在卸载 mysoftware ...
linux@ubuntu:~/1000phone$ ls
mydeb mydeb.deb
linux@ubuntu:~/1000phone$
```

从输出结果可以看出，postrm 脚本将 1000phone 目录下的 mydeb.log 文件删除。

4.3 APT 软件包管理工具

APT 软件包管理工具

4.3.1 APT 运行机制

1. APT 软件管理

APT 软件包管理工具不同于 dpkg，其解决了一个重要的问题，就是软件卸载过程中的软件包依赖性问题。Ubuntu 系统采用集中式的软件仓库机制，将各种类型的软件包存放在软件仓库中，然后将仓库置于各种镜像服务器中，并保持一致。对于用户而言，这些散布在互联网中的服务器就是软件源（Reposity），或者称为镜像站点。服务器会定期上传软件包的最新版本，这样 Ubuntu 的用户就可以随时获取最新版本的软件包。APT 软件管理如图 4.5 所示。

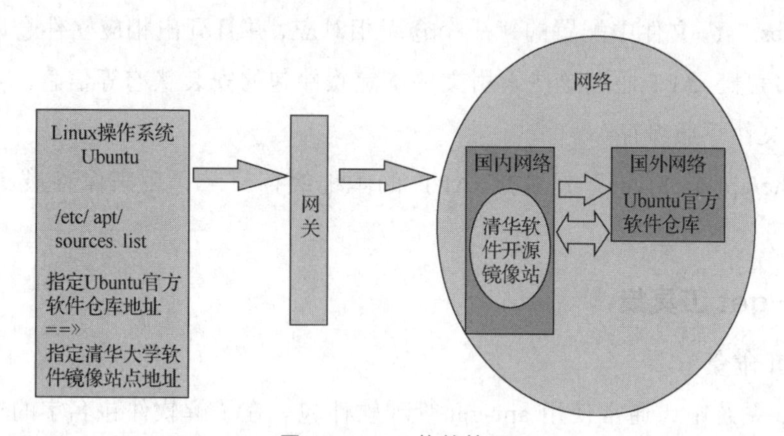

图 4.5 APT 软件管理

由于每个用户所处的网络环境不同，因此用户并不是随意地访问镜像站点。Ubuntu 系统使用软件源配置文件“/etc/apt/sources.list”列出最适合访问的镜像站点地址，从而保证用户可以有选择地访问。

软件源配置文件只是列出了 Ubuntu 系统可以访问的镜像站点地址，并没有明确镜像站点中的软件资源。因此，安装软件包会导致查询整个服务器上的所有资源，工作效率是很低的。于是就有必要为这些软件资源建立索引文件，以便于主机进行查询。

2. APT 相关配置文件

（1）镜像站点配置文件

“/etc/apt/sources.list”是 APT 镜像站点配置文件，初始存放的是 Ubuntu 的官方镜像站点地址，用户从该地址获取所需的软件包资源。其典型格式如例 4-12 所示。

例 4-12 镜像站点配置文件。

```
linux@ubuntu:~/1000phone$ cat /etc/apt/sources.list    //查看配置文件
# See http://help.ubuntu.com/community/UpgradeNotes for how to upgrade to
/*省略部分显示内容*/
## Uncomment the following two lines to add software from Ubuntu's
## 'extras' repository.
## This software is not part of Ubuntu, but is offered by third-party
## developers who want to ship their latest software.
# deb http://extras.ubuntu.com/ubuntu precise main
deb http://archive.ubuntu.com/ubuntu precise main universe restricted
multiverse
deb-src http://archive.ubuntu.com/ubuntu precise main universe restricted
multiverse #Added by software-properties
# deb-src http://extras.ubuntu.com/ubuntu precise main
```

（2）本地索引列表

“/var/lib/apt/lists”目录中存放的是 APT 本地软件包的索引文件。每一个索引文件与“/etc/apt/sources.list”文件中配置的每一个仓库相对应，并且列出相应软件仓库中每一个软件的最新版本信息。APT 通过这些索引文件确定软件包的安装状态等信息。

（3）本地文件下载缓存

“/var/cache/apt/archives”目录是 APT 的本地缓存目录，用来保存最新下载的 Deb 软件包。

4.3.2 apt-get 工具集

1. apt-get 命令

在 Ubuntu 系统中，通常使用 apt-get 管理软件包。在了解软件包名字的情况下，通过 apt-get 可以自动完成软件包的获取、更新、编译、卸载等，并检测软件包的依赖关系。apt-get 会自动下载安装与原软件包具有依赖关系的软件包，但不会下载安装与原软件包存在推荐和建议关系的软件包。

需要注意的是，apt-get 本身不具备管理软件功能，只提供一个软件包管理的命令行平台。通过在该平台执行各种子命令，可完成具体的管理任务。

apt-get 的语法格式如下所示。

```
apt-get [子命令] [子选项] 软件包名
```

其子命令如表 4.6 所示。

表 4.6　　apt-get 子命令

子命令	描述
update	下载更新软件包列表信息
upgrade	将系统中所有软件包升级到最新版本
install	下载所需安装包并安装配置
remove	卸载软件包
autoremove	将不满足依赖关系的软件包自动卸载
source	下载源代码包
build-dep	为源代码包构建编译环境
dist-upgrade	发布版升级
dselect-upgrade	根据 dselect 的选择来进行软件包升级
clean	删除缓存区中所有已经下载的包文件
autoclean	删除缓存区中老版本的已下载的包文件
check	检查系统中依赖关系的完整性

其子选项如表 4.7 所示。

表 4.7　　apt-get 子选项

子选项	描述
-d	仅下载软件包，不安装或解压
-f	修复系统中存在的软件包依赖性问题
-m	当缺少关联软件包时，仍试图继续进行
-q	将输出作为日志保留，不获取命令执行进度
-purge	与 remove 子命令一起使用，删除软件包以及配置文件（完全删除）
-reinstall	与 install 子命令一起使用，重新安装软件包
-b	在下载完源代码包后，编译生成相应的软件包
-s	不做实际操作，只模拟命令执行结果
-y	对执行过程中的所有询问都执行肯定回答，不用手动输入回应
-u	获取已升级的软件包列表
-h	获取帮助信息
-v	获取 apt-get 版本号

将表 4.6 与表 4.7 所示的子命令和子选项合理搭配即可实现不同的需求。其中“apt-get

check”与“apt-get install -f”通常组合使用，即检查软件包依赖关系之后，进行依赖关系修复。

2. 刷新软件源

使用命令“apt-get update”可刷新软件源，并建立一个更新软件包列表。具体而言，执行命令“apt-get update”会扫描软件源服务器，为该服务器的软件包资源建立索引文件，并保存在“/var/lib/apt/lists”目录中。当用户需要安装、更新软件时，系统将根据这些索引文件，向服务器申请资源。刷新软件源如图 4.6 所示。

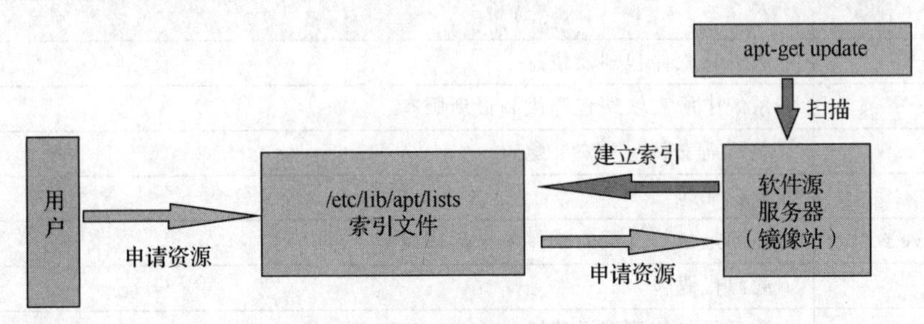

图 4.6 刷新软件源

因此，在计算机空闲情况下，可经常使用“apt-get update”进行软件源刷新，以便于用户获取或更新需要的软件服务，如例 4-13 所示。

例 4-13 刷新软件源。

```
linux@ubuntu:~$ sudo apt-get update
[sudo] password for linux:
命中 http://archive.ubuntu.com precise Release.gpg
/*省略部分显示内容*/
获取：1 http://ppa.launchpad.net precise Release.gpg [316 B]
命中 http://archive.ubuntu.com precise/main Sources
获取：2 http://ppa.launchpad.net precise Release [12.9 kB]
命中 http://archive.ubuntu.com precise/universe Sources
获取：7 http://ppa.launchpad.net precise/main Translation-en [12.7 kB]
下载 88.7 kB，耗时 14 秒 (6,162 B/s)
正在读取软件包列表...完成
```

用户通过 apt-get 下载软件时，经常会遇到下载慢或卡顿停止的现象，这与 Ubuntu 系统的默认镜像站点有很大关系。一般情况下“/etc/apt/sources.list”中设置的站点为 Ubuntu 官方镜像站点，这会导致默认从国外下载软件。

针对上述情况，用户可选择将软件源更换为国内的镜像站点，这样软件下载速度会变得更快。读者可自行在网络中搜索，最好选择与自己所使用的 Ubuntu 版本一致的镜像源。

例如，输入“Ubuntu 16.04 更新源”进行搜索，即可获取网易云、阿里云、高等院校等各种开源镜像站点链接。图 4.7 所示为某高校的开源软件镜像站。

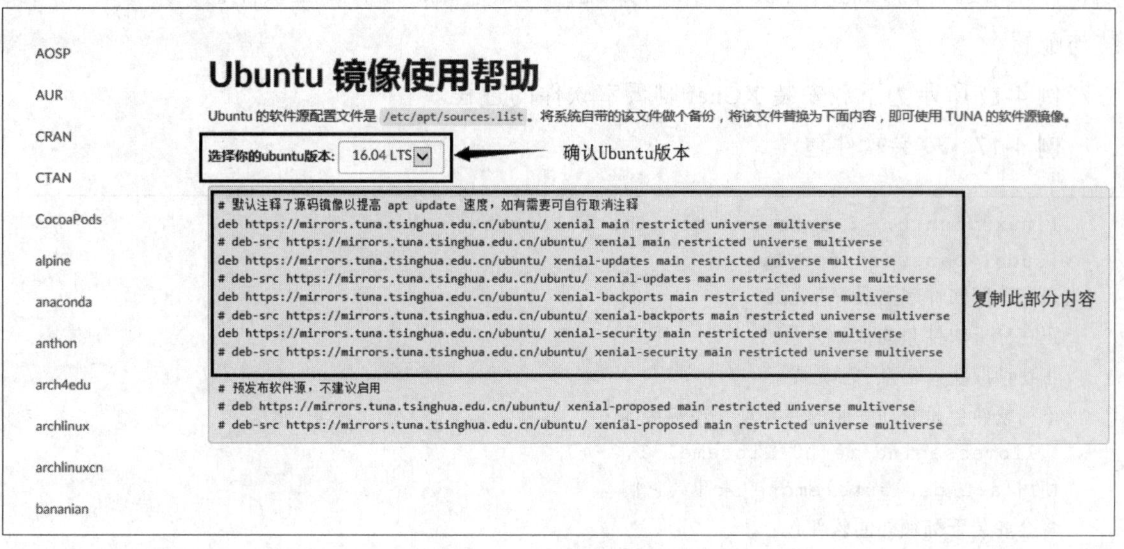

图 4.7 开源软件镜像站

更换镜像源的步骤如下所示。

（1）对镜像站点配置文件进行备份，避免出现修改失误导致文件损坏的情况，如例 4-14 所示。

例 4-14 复制镜像站点配置文件。

```
linux@ubuntu:~$ sudo cp /etc/apt/sources.list /etc/apt/sources.list.old
```

（2）通过 gedit 编辑器打开配置文件，并将文件中的内容全部删除，如例 4-15 所示。

例 4-15 编辑镜像站点配置文件。

```
linux@ubuntu:~$ sudo gedit /etc/apt/sources.list
```

（3）将图 4.7 中指示复制的部分，复制到配置文件中，保存退出。

（4）刷新软件源，获取服务器中软件资源并建立索引，如例 4-16 所示。

例 4-16 刷新软件源。

```
linux@ubuntu:~$ sudo apt-get update
```

3. 安装软件包

在 Ubuntu 系统中，使用命令“apt-get upgrade”即可将系统中所有软件包一次性升级到最新版（如需获取软件包并安装，则使用“apt-get install”）。此时系统将会扫描软件包更新列表（update 刷新列表），找到最新版软件包；然后检查软件包的依赖关系，找到支持该软件正常运行的其他所有软件包，并从镜像站点下载；最后解压软件包，并自动完成安装与配置。

例 4-17 所示为下载安装 XChat 聊天室软件的过程。

例 4-17 安装软件包。

```
linux@ubuntu:~$ sudo apt-get install xchat
[sudo] password for linux:
正在读取软件包列表...完成
正在分析软件包的依赖关系树
正在读取状态信息...完成
下列软件包是自动安装的并且现在不需要了:
  libmessaging-menu0 libcamel-1.2-40
使用'apt-get autoremove'来卸载它们
将会安装下列额外的软件包:
  liblaunchpad-integration1 libsexy2 tcl8.5 xchat-common
建议安装的软件包:
  tclreadline
下列【新】软件包将被安装:
  liblaunchpad-integration1 libsexy2 tcl8.5 xchat xchat-common
升级了 0 个软件包，新安装了 5 个软件包，要卸载 0 个软件包，有 17 个软件包未被升级。
需要下载 2,630 kB 的软件包。
解压缩后会消耗掉 8,212 kB 的额外空间。
您希望继续执行吗？[Y/n]
获取：1 http://archive.ubuntu.com/ubuntu/ precise/main liblaunchpad-
integration1 amd64 0.1.56 [8,728 B]
/*省略部分显示内容*/
下载 2,630 kB，耗时 13 秒 (191 kB/s)
Selecting previously unselected package liblaunchpad-integration1.
(正在读取数据库 ...系统当前共安装有 183781 个文件和目录。)
正在解压缩 liblaunchpad-integration1
(从 .../liblaunchpad-integration1_0.1.56_amd64.deb) ...
Selecting previously unselected package libsexy2.
正在解压缩 libsexy2 (从 .../libsexy2_0.1.11-2build2_amd64.deb) ...
Selecting previously unselected package tcl8.5.
/*省略部分显示内容*/
正在处理用于 man-db 的触发器...
正在处理用于 gconf2 的触发器...
正在处理用于 desktop-file-utils 的触发器...
正在处理用于 bamfdaemon 的触发器...
Rebuilding /usr/share/applications/bamf.index...
```

```
正在处理用于 gnome-menus 的触发器...
正在设置 liblaunchpad-integration1 (0.1.56) ...
/*省略部分显示内容*/
正在设置 xchat (2.8.8-3ubuntu12) ...
正在处理用于 libc-bin 的触发器...
ldconfig deferred processing now taking place
linux@ubuntu:~$
```

从软件下载的输出结果可以看出，软件包列表读取完成后，apt-get 开始检查 xchat 软件包的依赖关系，可以看到与 xchat 存在依赖关系的软件包有 4 个，分别是 tcl8.5、liblaunchpad-integration1、libsexy2、xchat-common。选择继续执行后，开始下载软件包，全部下载结束后，软件包开始解压缩，并按照依赖关系的先后顺序，依次完成安装与配置。

4. **卸载软件包**

（1）不完全卸载

命令“apt-get remove”删除一个软件包时，也会删除与该软件包有依赖关系的其他软件包，如例 4-18 所示，注意输出的提示信息。

例 4-18 不完全卸载软件包。

```
linux@ubuntu:~$ sudo apt-get remove xchat
[sudo] password for linux:
正在读取软件包列表...完成
正在分析软件包的依赖关系树
正在读取状态信息...完成
下列软件包是自动安装的并且现在不需要了:
libsexy2 libmessaging-menu0 libcamel-1.2-40 xchat-common liblaunchpad-
integration1
使用'apt-get autoremove'来卸载它们
下列软件包将被【卸载】:
  xchat
升级了 0 个软件包，新安装了 0 个软件包，要卸载 1 个软件包，有 17 个软件包未被升级。
解压缩后将会空出 909 kB 的空间。
您希望继续执行吗? [Y/n]y
(正在读取数据库 ...系统当前共安装有 184091 个文件和目录。)
正在卸载 xchat ...
/*省略部分显示内容*/
linux@ubuntu:~$
```

（2）完全卸载

命令“apt-get --purge remove”在卸载软件包文件的同时，删除该软件包所使用的配置文件，如例 4-19 所示，注意输出的提示信息。

例 4-19 完全卸载软件包。

```
linux@ubuntu:~$ sudo apt-get --purge remove xchat
正在读取软件包列表...完成
正在分析软件包的依赖关系树
正在读取状态信息...完成
下列软件包是自动安装的并且现在不需要了：
  libsexy2 libmessaging-menu0 libcamel-1.2-40 xchat-common liblaunchpad-integration1
使用'apt-get autoremove'来卸载它们
下列软件包将被【卸载】：
  xchat*
升级了 0 个软件包，新安装了 0 个软件包，要卸载 1 个软件包，有 17 个软件包未被升级。
解压缩后将会空出 909 kB 的空间。
您希望继续执行吗？ [Y/n]y
(正在读取数据库 ...系统当前共安装有 184091 个文件和目录。)
正在卸载 xchat ...
正在清除 xchat 的配置文件 ...
/*省略部分显示内容*/
linux@ubuntu:~$
```

从输出结果可以看出，不同于例 4-18，此次卸载将 XChat 的配置文件也一并删除。

5. **重新安装软件包**

当已经安装的软件包出现损坏的情况需要修复，或者需要更新软件包中的文件到最新版本，可以使用命令“apt-get --reinstall install”进行软件包的重新安装，如例 4-20 所示，注意提示信息，新软件包将被安装。

例 4-20 重新安装软件包。

```
linux@ubuntu:~$ sudo apt-get --reinstall install xchat
正在读取软件包列表...完成
正在分析软件包的依赖关系树
正在读取状态信息...完成
下列软件包是自动安装的并且现在不需要了：
  libmessaging-menu0 libcamel-1.2-40
使用'apt-get autoremove'来卸载它们
下列【新】软件包将被安装：
  xchat
升级了 0 个软件包，新安装了 1 个软件包，要卸载 0 个软件包，有 17 个软件包未被升级。
需要下载 0 B/361 kB 的软件包。
解压缩后会消耗掉 909 kB 的额外空间。
Selecting previously unselected package xchat.
```

```
(正在读取数据库 ...系统当前共安装有 184077 个文件和目录。)
正在解压缩 xchat (从 .../xchat_2.8.8-3ubuntu12_amd64.deb) ...
正在处理用于 man-db 的触发器...
正在处理用于 desktop-file-utils 的触发器...
正在处理用于 bamfdaemon 的触发器...
Rebuilding /usr/share/applications/bamf.index...
正在处理用于 gnome-menus 的触发器...
正在设置 xchat (2.8.8-3ubuntu12) ...
linux@ubuntu:~$
```

6. 修复软件包依赖关系

如果软件包安装过程中产生故障导致安装中断，则可能会造成关联的软件包只安装了一部分。此时可能会出现安装包既不能重新安装也不能删除的情况。如出现该情况，则可以使用“apt-get -f install”命令修复软件包依赖关系。另外，也可以使用“apt-get check”检查依赖关系。

7. 清理软件包缓存区

如果用户认为软件包缓存区中的文件没有任何价值，则可以选择将其删除。命令“apt-get clean”用于清理整个软件包缓存区。如果用户希望保留最新版本的软件包，只删除其余版本的软件包，则可以使用“apt-get autoclean”。如例 4-21 所示。

例 4-21 清理软件包缓存区。

```
linux@ubuntu:~$ ls /var/cache/apt/archives/
liblaunchpad-integration1_0.1.56_amd64.deb lockquota_4.00-3_amd64.deb
xchat_2.8.8-3ubuntu12_amd64.deb
libsexy2_0.1.11-2build2_amd64.deb partial tcl8.5_8.5.11-1ubuntu1_amd64.deb
xchat-common_2.8.8-3ubuntu12_all.deb
linux@ubuntu:~$ sudo apt-get autoclean    //清理软件包
[sudo] password for linux:
正在读取软件包列表...完成
正在分析软件包的依赖关系树
正在读取状态信息...完成
linux@ubuntu:~$
```

4.3.3 apt-cache 工具集

1. apt-cache 命令

apt-cache 是 APT 软件包管理工具的另一个工具集。不同的子命令与子选项配合使用，可实现查询软件源和软件包的相关信息以及软件包依赖关系。

apt-cache 命令的语法格式如下所示。

```
apt-cache [子选项][子命令]
```

其子选项如表 4.8 所示。

表 4.8　　apt-cache 子选项

子选项	描述
-p	软件包缓存
-s	源代码包缓存
-q	关闭进度获取
-i	与 unmet 命令一起使用，获取重要的依赖关系
-c	读取指定的配置文件
-h	获取帮助信息

其子命令如表 4.9 所示。

表 4.9　　apt-cache 子命令

子命令	描述
showpkg	获取二进制软件包的常规描述符信息
showsrc	获取源代码包的详细描述信息
show	获取二进制软件包的详细描述信息
stats	获取软件源的基本统计信息
dump	获取软件源的所有软件包的简要信息
dumpavail	获取当前系统中已安装的所有软件包的描述信息
unmet	显示所有未满足的依赖关系
search	根据正则表达式检索软件包
depends	获取该软件包的依赖信息
rdepends	获取所有依赖于该软件包的软件包
pkgnames	列出所有已安装软件包的名字
policy	获取软件包当前的安装状态

2. 查询数据源统计信息

命令“apt-cache stats”用来查询数据源的统计信息，如例 4-22 所示。

例 4-22　查询数据源的统计信息。

```
linux@ubuntu:~$ sudo apt-cache stats
[sudo] password for linux:
软件包名称总数：49940 (999 k)
全部软件包结构：84410 (4,727 k)
  普通软件包：57939
  完全虚拟软件包：747
  单虚拟软件包：6807
```

```
  混合虚拟软件包：1390
  缺失：17527
/*省略部分显示内容*/
提供映射共计：11973 (239 k)
Glob 字串共计：203 (2,416 )
依赖关系版本名所占空间共计：2,021 k
Slack 空间共计：44.5 k
总占用空间：23.2 M
linux@ubuntu:~$
```

3. 关键字查询软件包

命令“apt-cache search”可以实现通过关键字查询软件包信息。如例 4-23 所示，查询 XChat 相关的所有软件包。

例 4-23 通过关键字查询软件包。

```
linux@ubuntu:~$ sudo apt-cache search xchat
xchat-gnome - simple and featureful IRC client for GNOME
xchat-gnome-common - data files for XChat-GNOME
xchat-common - Common files for X-Chat
/*省略部分显示内容*/
xchat-guile - Guile scripting plugin for XChat
xchat - X 图形环境下类似 AmIRC 的 IRC 客户端
linux@ubuntu:~$
```

4. 软件包的详细信息

命令“apt-cache show”用来获取指定软件包的详细信息，包括安装状态、优先级、版本、功能描述等信息，如例 4-24 所示。命令“apt-cache dumpavail”与“apt-cache showpkg”同样也可以获取软件包信息。

例 4-24 获取软件包的详细信息。

```
linux@ubuntu:~$ sudo apt-cache show gcc
[sudo] password for linux:
Package: gcc                 //软件包名
Priority: optional           //优先级
Installed-Size: 41
Maintainer: Ubuntu Developers <ubuntu-devel-discuss@lists.ubuntu.com>
Original-Maintainer: Debian GCC Maintainers <debian-gcc@lists.debian.org>
Architecture: amd64
/*省略部分信息*/
Version: 4:4.6.3-1ubuntu5  //版本
Depends: cpp (>= 4:4.6.3-1ubuntu5), gcc-4.6 (>= 4.6.3-1~)
```

```
Filename: pool/main/g/gcc-defaults/gcc_4.6.3-1ubuntu5_amd64.deb
This is the GNU C compiler, a fairly portable optimizing compiler for C.
This is a dependency package providing the default GNU C compiler.
```

5. 软件包安装状态

命令“apt-cache policy”用来获取软件包当前的安装状态，确认软件包的版本，如例4-25所示。

例 4-25 获取软件包的安装状态。

```
linux@ubuntu:~$ sudo apt-cache policy quota
quota:
  已安装：  4.00-3
  候选软件包：4.00-3
  版本列表：
 *** 4.00-3 0
        500 http://archive.ubuntu.com/ubuntu/ precise/main amd64 Packages
        100 /var/lib/dpkg/status
linux@ubuntu:~$
```

从输出结果可以看出，软件 quota 已经被安装，其版本号为 4.0。

4.4 本章小结

本章介绍的是 Linux 操作系统的软件包管理工具。不同的操作系统使用的软件包管理工具也不相同。本章重点讲述了 Ubuntu 系统中 Deb 软件包的两种常用命令行管理工具，即实现本地软件包管理的 dpkg 以及实现在线软件包管理的 APT。通常情况下，如果软件包已经下载至本地，并且不用考虑软件包的依赖关系，则选择 dpkg；如果希望系统自动完成下载安装软件并解决软件包的依赖性关系，则选择 APT。这两种工具功能丰富，命令繁多，望读者可以熟练应用。

4.5 习题

1. 填空题

（1）Linux 操作系统主要支持 RPM、________两种软件包管理工具。

（2）dpkg 与 APT 最明显的不同点是________。

（3）按照与用户的交互方式可将软件包管理工具分为________、图形界面、文本窗口界面三种类型。

（4）使用 dpkg 实现软件包安装的命令为________。

（5）使用 apt-get 工具集下载安装软件包的命令为________。

2. 选择题

（1）使用 dpkg 命令实现检测软件包状态的选项为（　　）。

A. -s　　B. -i　　C. -l　　D. -r

（2）软件包的优先级中最高级的是（　　）。

A. required　　B. standard　　C. important　　D. optional

（3）软件包的依赖性关系不包括（　　）。

A. 依赖　　B. 推荐　　C. 冲突　　D. 保持

（4）Deb 软件包的结构中描述软件包名称、版本等信息，且必不可少的文件是（　　）。

A. changlog　　B. control　　C. copyright　　D. postrm

（5）Ubuntu 系统用来记录镜像站点地址的配置文件是（　　）。

A. /var/lib/apt/lists　　B. /var/cache/apt/archives

C. /etc/apt/sources.list　　D. /boot

3. 思考题

（1）简述 APT 软件包管理工具的运行机制。

（2）简述 Ubuntu 系统更新镜像源的步骤。

05

第 5 章　Linux 编程环境

本章学习目标

- 掌握 Vim 编辑器的使用方法
- 掌握 GCC 编译器的使用方法
- 掌握 GDB 调试器的使用方法
- 掌握 Make 工程管理器的使用方法

对于程序开发者来说，熟练使用 Linux 操作系统开发工具是编程开发的前提，因此本章将对 Linux 操作系统中常用的编程开发工具（文本编辑器、程序编译器、调试器、Make 工程管理器）分别进行介绍。通过学习环境配置和相关的使用技巧，读者应提升对原始操作系统的环境搭建能力，熟练使用操作系统工具进行开发工作。

5.1　文本编辑器 Vim

文本编辑器 Vim

5.1.1　文本编辑器简介

文本编辑器在操作系统中扮演着十分重要的角色，不论是配置系统文件还是编写程序代码，都需要借助于文本编辑器来完成。不同的操作系统中存在不同的文本编辑器，如 TextMate（Mac 操作系统）、Notepad++（Windows 操作系统）等。虽然这些文本编辑器都是用来编辑文件的，但其内部设计的细节不尽相同，因此也形成了各自的特色。

Linux 操作系统中有许多非常优秀的文本编辑器，按照其功能可以分为 4 类，分别为行编辑器、全屏编辑器、字符界面编辑器和图形界面编辑器。

（1）行编辑器：每次只能处理文本中的一行，使用较为不便。

（2）全屏编辑器：可以实现对整个屏幕的编辑，用户编辑的文件直接显示在屏幕上，从而解决行编辑器的不直观问题。

（3）字符界面编辑器：早期的编辑器，运行在字符界面中，不支持鼠标操作。由于现在的服务器都运行在字符界面下，因此字符界面编辑器也十分重要。

（4）图形界面编辑器：操作方法与 Windows 操作系统中的记事本类似，同时提供了语法高亮显示功能。

大部分版本的 Ubuntu 系统默认安装全屏编辑器 Vim，以及图形界面编辑器 gedit。这两种编辑器由于功能性强，与用户交互十分友好，因此使用较为普遍。

gedit 是一种在 GNOME 桌面环境下兼容 UTF-8 的文本编辑器，同时具有语法高亮和编辑多个文件的功能，为自由软件。图形界面编辑器 gedit 打开文件的界面如图 5.1 所示。

Vim 是由 vi 命令发展而成的一种文本编辑器，具有代码补充、错误跳转等功能。Vim 的设计理念是命令的组合。各种各样的文本间移动、跳转命令与其他普通模式的编辑命令可灵活地组合使用，更加高效地进行文本编辑，因此这种编辑器被程序员广泛使用。全屏编辑器 Vim 打开文件的界面如图 5.2 所示。

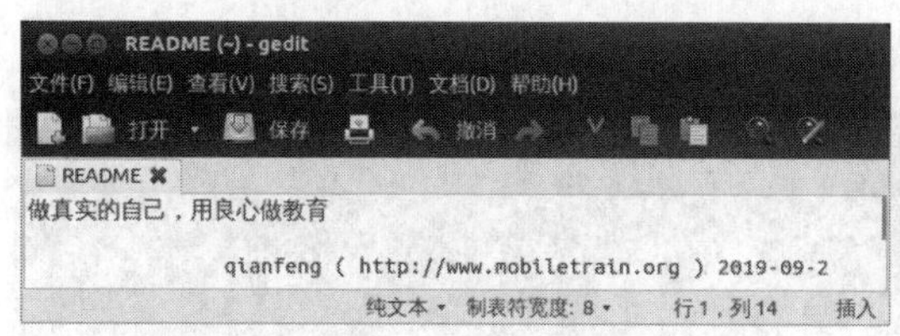

图 5.1 gedit 打开文件的界面

图 5.2 Vim 打开文件的界面

5.1.2 Vim 的安装与配置

1. Vim 的安装

如果读者使用的 Ubuntu 系统中没有 Vim 编辑器，则需要自行安装并配置。检测、安装 Vim 的过程如例 5-1 所示。

例 5-1 检测 Vim 是否安装。

```
linux@ubuntu:~$ sudo apt-cache policy vim  //检测是否安装
vim:
  Installed: (none)
  Candidate: 2:7.4.1689-3ubuntu1.3
  Version table:
     2:7.4.1689-3ubuntu1.3 500
  500 http://cn.archive.ubuntu.com/ubuntu xenial-updates/main amd64 Packages
  500 http://security.ubuntu.com/ubuntu xenial-security/main amd64 Packages
  2:7.4.1689-3ubuntu1 500
  500 http://cn.archive.ubuntu.com/ubuntu xenial/main amd64 Packages
```

```
linux@ubuntu:~$ sudo apt-get install vim  //安装 Vim 编辑器
Reading package lists... Done
Building dependency tree
Reading state information... Done
The following additional packages will be installed:
  vim-common vim-runtime vim-tiny
/*省略部分显示内容*/
After this operation, 30.0 MB of additional disk space will be used.
Do you want to continue? [Y/n] y
Get:1 http://cn.archive.ubuntu.com/ubuntu xenial-updates/main amd64 vim-tiny
amd64 2:7.4.1689-3ubuntu1.3 [446 kB]
/*省略部分显示内容*/
Setting up vim-common (2:7.4.1689-3ubuntu1.3) ...
Setting up vim-tiny (2:7.4.1689-3ubuntu1.3) ...
Setting up vim-runtime (2:7.4.1689-3ubuntu1.3) ...
Setting up vim (2:7.4.1689-3ubuntu1.3) ...
linux@ubuntu:~$
```

例 5-1 显示的结果表示 Vim 编辑器安装成功。此时的 Vim 编辑器已经可以实现文本的编辑，但是由于缺少一些人性化的配置，其用户体验不佳，因此需要对 Vim 编辑器进行一些配置工作。

2. Vim 的配置

未经过配置的 Vim 编辑器使用不方便且不美观。如图 5.3 所示，使用未经过配置的 Vim 编辑器编写一段 C 语言程序代码。

图 5.3 未经过配置的 Vim 编辑器

Vim 的全局配置一般在文件“/etc/vim/vimrc”或者“/etc/vimrc”中，且对所有用户生效。如果只是针对特定的用户进行个性配置，则选择为文件“~/.vimrc”（用户主目录下的隐藏文件.vimrc）进行配置。

本小节选择文件“~/.vimrc”进行配置演示，需要声明的是，配置文件内容仅供参考。读者如果直接复制使用可能会因为未安装 Vim 相关插件而出现警告提示，此时只需要将提示出错的具体代码行注释掉即可，注释代码使用符号“"”（英文双引号）即可。使用 gedit 打开新文件.vimrc（命令为 gedit~/.vimrc），将例 5-2 所示的内容全部复制到文件中。

例 5-2 .vimrc 文件详细信息。

```
1   syn on
2   set helplang=cn                "使用中文帮助文档
3   set backspace=2
4   set tabstop=4
5   set softtabstop=4              "按键缩进
6   set shiftwidth=4
```

```
7  set autoindent                "自动缩进
8  set cindent
9  set number                    "显示行号
10 set showmatch
11 set mouse=a
12 set ruler                     "在右下角显示光标位置
13 set showcmd                   "显示未敲完的命令
14 set incsearch                 "在输入搜索的字符串同时就开始搜索已经输入的部分
15 set nowrap                    " 一行即一行，不要跳到第二行去
16 set sidescroll=1              "屏幕显示不全时，按一次屏幕移动一个字符
17 set whichwrap=b,s,<,>,[,]     "跨行移动
18 "set list                     "制表符可见
19 "set listchars=tab:>.,trail:-
20 filetype plugin indent on "自动识别文件类型，用文件类型 plugin 脚本，
21 使用缩进定义文件
22 "slet g:netrw_winsize = 20et guioptions+=b " 滚动条开启
23 "set backup "修改文件时备份
24 "set path=.,/usr/include,/$HOME/.vim,
25 "选择代码折叠类型
26 "启动 vim 时不要自动折叠代码
27
28 """""""""""""
29 " map
30 """""""""""""
31 "imap <C-P> <C-X><C-P>
32 "imap <C-F> <C-X><C-F>
33 "imap <C-I> <C-X><C-I>
34 "imap <C-D> <C-X><C-D>
35 "imap <C-L> <C-X><C-L>
36 set completeopt=longest,menu
37 vnoremap p <Esc>:let current_reg = @"<CR>gvs<C-R>=current_reg<CR><Esc>
38 "p 命令可以使用剪切板上的内容来替换选中的内容
39
40 nmap<F2> :nohlsearch<CR>
41 map <F3> :copen<CR>:grep -R
42 map <F7> :w<CR><CR>:copen<CR>:make<CR><CR>
43 imap <F7> <Esc>:w<CR><CR>:copen<CR>:make<CR><CR>
44 map <F8> :cclose<CR>
45 map <F9> :TlistToggle<CR>
46
47 """"""""""""""""""""""""""""""""""""""""""""""""""""""""""""""""""""""
48 """""新文件标题
49 """"""""""""""""""""""""""""""""""""""""""""""""""""""""""""""""""""""
50 "新建.c、.h、.sh、.java 文件，自动插入文件头
51 autocmd BufNewFile *.cpp,*.[ch],*.sh,*.java exec ":call SetTitle()"
52 ""定义函数 SetTitle，自动插入文件头
```

```
53 func SetTitle()
54 "如果文件类型为.sh文件
55 if &filetype == 'sh'
56     call setline(1, "##############################################")
57     call append(line("."), "# File Name: ".expand("%"))
58     call append(line(".")+1, "# Author: 1000phone")
59     call append(line(".")+2, "# Net: www.mobiletrain.org")
60     call append(line(".")+3, "# Created Time: ".strftime("%c"))
61     call append(line(".")+4, "##############################################")
62     call append(line(".")+5, "#!/bin/zsh")
63     call append(line(".")+6, "PATH=/home/edison/bin:/home/edison/.local/
bin:/usr/local/sbin:/usr/local/bin:/usr/sbin:/usr/bin:/sbin:/bin:/usr/games:/usr
/local/games:/snap/bin:/work/tools/gcc-3.4.5-glibc-2.3.6/bin")
64     call append(line(".")+7, "export PATH")
65     call append(line(".")+8, "")
66 else
67     call setline(1, "/*********************************************")
68     call append(line("."), "    > File Name: ".expand("%"))
69     call append(line(".")+1, " > Author: 1000phone")
70     call append(line(".")+2, " > Mail: www.mobiletrain.org")
71     call append(line(".")+3, " > Created Time: ".strftime("%c"))
72     call append(line(".")+4, "*************************************/")
73     call append(line(".")+5, "")
74 endif
75 if &filetype == 'cpp'
76     call append(line(".")+6, "#include <iostream>")
77     call append(line(".")+7, "using namespace std;")
78     call append(line(".")+8, "")
79 endif
80 if &filetype == 'c'
81     call append(line(".")+6, "#include <stdio.h>")
82     call append(line(".")+7, "")
83 endif
84 "   if &filetype == 'java'
85 "       call append(line(".")+6,"public class ".expand("%"))
86 "       call append(line(".")+7,"")
87 "   endif
88 "新建文件后，自动定位到文件末尾
89 autocmdBufNewFile * normal G
90 endfunc
91
92 """"""""""""""""""""""""""""""""""
93 " netrw setting
94 """"""""""""""""""""""""""""""""""""
95 let g:netrw_winsize = 20
96 "nmap <silent> <leader>fe :Sexplore!<cr>
97 map <silent> <F5> : Vexplore<CR>
98 "开 fileexploer，S代表当前分隔一个横向的窗口，V代表纵向
99
100 """"""""""""""""""""""""
101 "Tag Lisg(ctags)
```

```
    102 """"""""""""""""""""""""""
    103 "au BufWritePost *c,*cpp,*h !ctags -R --c++-kinds=+p --fields=+iaS
--extra=+q .
    104 let Tlist_Ctags_Cmd = 'ctags'
    105 "let Tlist_Show_One_File = 1
    106 let Tlist_Auto_Open = 1
    107 let Tlist_Exit_OnlyWindow = 1
    108 let Tlist_Use_Lift_Window = 1
    109 let Tlist_WinWidth = 25
    110 set tags=./tags,/usr/include/tags,$HOME/
    111 .vim/gtk_tags/tags_glib_gobject,$HOME/
    112 .vim/gtk_tags/tags_gdk_xlib,$HOME/
    113 .vim/gtk_tags/tags_gtk,$HOME/
    114 .vim/gtk_tags/tags_gdk,$HOME/
    115 .vim/gtk_tags/tags_glib_gio,$HOME/
    116 .vim/gtk_tags/tags_glib_glib,$HOME/
    117 .vim/gtk_tags/tags_gdk_pixbuf,$HOME/
    118 .vim/gtk_tags/tags_cairo,$HOME/
    119 .vim/gtk_tags/tags_pango,
    120 filetype plugin indent on
    121 " % 括号匹配
    122 " gd 跳转到局部变量定义
    123
    124 "Space to command mode.
    125 nnoremap <space> :
    126 vnoremap <space> :
    127
    128 " 状态栏
    129 set laststatus=2     " 总是显示状态栏
    130 highlight StatusLine cterm=bold ctermfg=yellow ctermbg=blue
    131 " 获取当前路径，将$HOME转化为~
    132 function! CurDir()
    133         let curdir = substitute(getcwd(), $HOME, "~", "g")
    134         return curdir
    135 endfunction
    136 set statusline=[%n]\ %f%m%r%h\ \|\ \ pwd:\ %{CurDir()}\ \ \|%=\|\ %l,%c\ %p%%\
\|\  ascii=%b,hex=%b%{((&fenc==\"\")?\"\":\"\  \|\  \".&fenc)}\  \|\  %{$USER}\  @\
%{hostname()}\
    137
    138 "使用ctags显示查找到的所有文件
    139 "cscope.vim
    140 if has("cscope")
    141 set csto=1
    142 set cst
    143 set nocsverb
    144 if filereadable("cscope.out")
    145 cs add cscope.out
    146 endif
    147 set csverb
    148 endif
    149
```

```
150 " 按下 F3 自动补全代码，注意该映射语句后不能有其他字符，包括 Tab；否则按下 F3 会自动补全一些乱码
151 imap <F3><C-X><C-O>
152 " 按下 F2 根据头文件内关键字补全
153 imap <F2><C-X><C-I>
154 set completeopt=menu,menuone " 关掉智能补全时的预览窗口
155 let OmniCpp_MayCompleteDot = 1 " autocomplete with .
156 let OmniCpp_MayCompleteArrow = 1 " autocomplete with ->
157 let OmniCpp_MayCompleteScope = 1 " autocomplete with ::
158 let OmniCpp_SelectFirstItem = 2 " select first item (but don't insert)
159 let OmniCpp_NamespaceSearch = 2
160 " search namespaces in this and included files
161 let OmniCpp_ShowPrototypeInAbbr = 1
162 " show function prototype in popup window
163 let OmniCpp_GlobalScopeSearch=1 " enable the global scope search
164 let OmniCpp_DisplayMode=1
165 " Class scope completion mode: always show all members
166 "let OmniCpp_DefaultNamespaces=["std"]
167 let OmniCpp_ShowScopeInAbbr=1
168 " show scope in abbreviation and remove the last column
169 let OmniCpp_ShowAccess=1
```

例 5-2 为配置文件添加的内容，读者不必过多解读，如需要个性定制可以根据自身需求在网络中搜索 Vim 配置方案，参考优秀示例进行修改。Vim 的一些配置依赖 Vim 的插件产生作用，这些插件一般保存在“～/.vim”目录中。读者在使用网络中其他程序开发者的.vimrc 配置文件时，如需要具体的 Vim 插件，可以选择去其个人的 GitHub 仓库中下载，或者使用 Vundle 插件管理器进行安装。

保存例 5-2 中的配置文件，关闭终端，再重新打开终端，配置即可生效。图 5.4 所示为配置生效后编写代码的新效果，Vim 自动实现添加文件信息显示，并且可以实现 Tab 键自动补齐。

图 5.4 经过配置的 Vim 编辑器

5.1.3 Vim 的工作模式

Vim 的工作模式有 3 种，分别为命令模式、插入模式、底行模式。

1. 命令模式

使用命令 vim 打开文件，这个初始状态就属于命令模式。如例 5-3 所示，打开文件 README。

例 5-3 vim 打开文件。

```
linux@ubuntu:~/1000phone$ vim README
```

在这种模式下，用户可以使用按键移动光标，完成文本的字符甚至整行的删除、复制、粘贴等操作。此状态下按键输入会被 Vim 识别为命令，而非字符。打开文件进入命令模式，如图 5.5 所示。

linux@ubuntu: ~
1 做真实的自己，用良心做教育
2
3 qianfeng (http://www.mobiletrain.org) 2019-09-2
4
README 2,0-1 顶端
"README" 6L, 96C

图 5.5 Vim 命令模式

2. 插入模式

在命令模式下，无法实现对文件的编辑操作，因此需要进行模式切换。在命令模式下输入 i、I、o、O、a、A、r、R 中任意一个字母即可进入插入模式，此时用户对文件进行操作可参考 Windows 记事本操作方法。如果需要切换回命令模式，按 Esc 键即可。Vim 插入模式如图 5.6 所示。

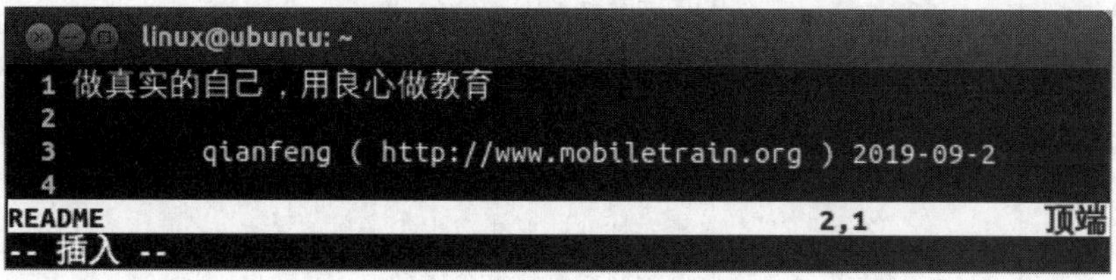

linux@ubuntu: ~
1 做真实的自己，用良心做教育
2
3 qianfeng (http://www.mobiletrain.org) 2019-09-2
4
README 2,1 顶端
-- 插入 --

图 5.6 Vim 插入模式

3. 底行模式

在命令模式下，按快捷键“Shift + ：”或“Shift + /”即可进入底行模式。在此模式下，可以实现查找、存盘（保存文件）、替换字符、保存退出等一系列操作。Vim 底行模式如图 5.7 所示。

图 5.7 Vim 底行模式

以上 3 种模式可以根据用户的需求切换使用，切换的方式如图 5.8 所示。

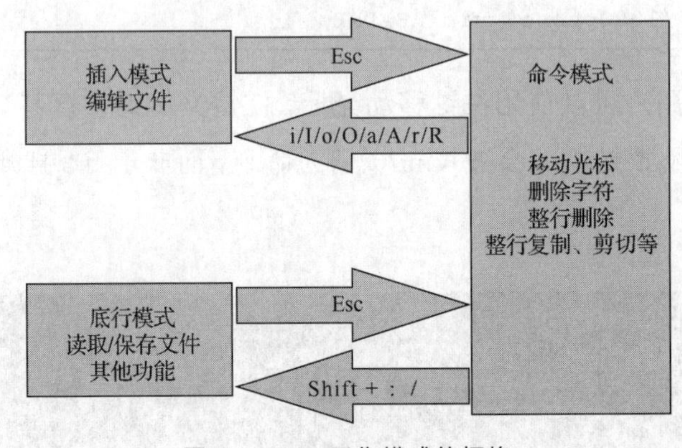

图 5.8 Vim 工作模式的切换

5.1.4 Vim 按键说明

命令模式下，用户可根据情况灵活使用各种按键进行文本的快捷操作，其常用的按键及说明如表 5.1 所示。

表 5.1 Vim 命令模式按键操作

功能	按键	按键说明
移动光标	h、j、k、l	分别表示移动光标向左、向下、向上、向右
	Home、End	移动光标到光标所在行的开头或末尾
	w	移动光标到下一个词
	G	移动光标到文件的最后一行
	gg	移动光标到文件的第一行
剪切、复制、粘贴	x	从光标处向后删除 1 个字符
	X	从光标处向前删除 1 个字符
	n（数字）x	连续向后删除 *n* 个字符
	dd	剪切光标所在行
	n（数字）dd	剪切光标所在位置以下的 *n* 行
	yy	复制光标所在的行
	n（数字）yy	复制光标所在位置以下的 *n* 行
	p	将复制或剪切的内容粘贴到光标所在位置的下一行
	P	将复制或剪切的内容粘贴到光标所在位置的上一行

续表

功能	按键	按键说明
剪切、复制、粘贴	u	恢复文件到上一次修改时的状态
查找	/word	自光标处向下寻找名为 word 的字符串
	? word	自光标处向上寻找名为 word 的字符串

使用某些特定的字符按键即可将 Vim 从命令模式切换到插入模式，其常用的按键及说明如表 5.2 所示。

表 5.2　Vim 插入模式按键操作

按键	按键说明
i	从光标所在位置开始输入（切换为插入模式）
a	从光标所在位置的下一个字符处开始输入（切换为插入模式）
o	从光标所在位置的下一行开始输入（切换为插入模式）
r	取代光标所在的字符，并进行输入（只能插入一次）
Esc	切换到命令模式（退出插入模式）

底行模式常用的按键及说明如表 5.3 所示。

表 5.3　Vim 底行模式按键操作

功能	按键	按键说明
内容替换	Shift + :n_1,n_2s/word1/word2/g	将 n_1 行到 n_2 行内容中的字符串 word1 替换为 word2
	Shift + :n_1,$s/word1/word2/g	将 n_1 行到最后一行内容中的字符串 word1 替换为 word2
保存与关闭	Shift + :w	保存编辑的内容
	Shift + :q	不保存编辑内容关闭文件
	Shift + :q!	不保存编辑内容强制关闭文件
	Shift + :wq	保存文件后关闭文件
	Shift + :x	保存文件后关闭文件
	ZZ	保存文件后关闭文件

5.2 GCC 编译器

5.2.1 GCC 编译器简介

GCC 编译器

GCC（GNU Compiler Collection）是一款编译语言编译器，此项目最早由 GNU 计划的发起者理查德·斯托曼开始实施。第一版 GCC 于 1987 年发行，最初 GCC 代表 GNU C Compiler，即 GNU 的 C 语言编译器。后来经过不断的发展，GCC 适应了 C++、Objective-C、Java、Go 等更多编译语言。GCC 最重要的特点为实现了跨硬件平台编译，即可在当前的 CPU 平台上为其他体系结构的硬件平台（ARM、MIPS、X86、PowerPC）开发软件。目前这一方式被广泛应用于嵌入式开发。

GCC 编译器的工作目的就是将开发者编写的代码变成可以被机器识别的二进制码。

一个完整的编译器主要由以下 4 部分组成，它们可称为编译器的主要组件。

（1）分析器：将源程序代码转换为汇编语言。

（2）汇编器：将汇编语言的代码转换为 CPU 可以执行的字节码。

（3）链接器：将汇编器生成的单独的目标文件组合成可执行的应用程序。

（4）标准 C 库：提供对核心函数的支持，如果应用程序使用到 C 库中的函数，C 库就会通过链接器与源代码连接，来生成最终的可执行程序。

例 5-4 使用 Vim 编辑器编辑 C 语言代码。

```
 1 /*************************************************************
 2     > File Name: test.c
 3     > Author: 1000phone
 4     > Mail: www.mobiletrain.org
 5     > Created Time: 2019年09月04日星期三 09时31分09秒
 6 ************************************************************/
 7
 8 #include <stdio.h>
 9
10 int main(int argc, const char *argv[])
11 {
12     printf("hello world\n");
13     return 0;
14 }
```

保存例 5-4 中的文件，通过 GCC 编译器进行编译，如例 5-5 所示。

例 5-5 使用 GCC 编译器编译 C 语言代码。

```
linux@ubuntu:~/1000phone$ ls
test.c
linux@ubuntu:~/1000phone$ gcc test.c    //执行编译
linux@ubuntu:~/1000phone$ ls
a.out  test.c                            //生成二进制文件 a.out
linux@ubuntu:~/1000phone$ ./a.out
hello world
linux@ubuntu:~/1000phone$
```

例 5-5 将 C 语言代码文件 test.c 通过 gcc 命令执行编译，生成编译后的执行代码 a.out，执行 a.out 得到程序的运行结果。

使用 GCC 编译器编译代码时，用户可直接使用命令 gcc，不附加任何选项，指定需要编译的文件名即可。

5.2.2 GCC 编译流程

例 5-4 中的示例代码（体积小），虽然编译时间很短，但是从源代码 test.c 到执行代码 a.out，总共经历了 4 个编译必不可少的步骤，分别是预处理（Pre-Processing）、编译（Compiling）、汇编（Assembling）、链接（Linking），如图 5.9 所示。

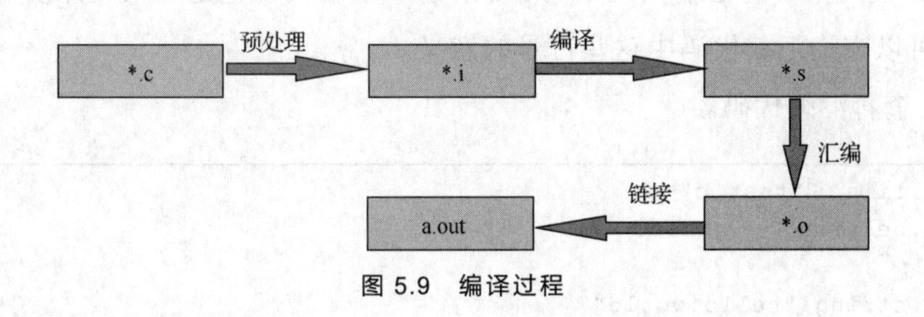

图 5.9　编译过程

1. 预处理

在预处理阶段 GCC 主要处理带“#”的指令，如#include（头文件）、#define（宏定义）等，并删除注释、添加行号和文件名标识。例如，例 5-4 中，在预处理阶段把包含的头文件 stdio.h 添加进来（解析头文件），然后生成预处理文件 test.i。

预处理可以通过 GCC 编译器单步编译实现，只需在命令 gcc 中添加选项“-E”即可。该选项的作用就是让编译器执行完预处理后停止编译过程。

如例 5-6 所示，单步执行编译（只执行预处理过程），生成预处理文件。其中“-o”表示指定生成的新文件的名称。

例 5-6　使用 GCC 编译器执行预处理过程。

```
linux@ubuntu:~/1000phone$ ls
a.out  test.c
linux@ubuntu:~/1000phone$ gcc -E test.c -o test.i //指定生成预处理文件 test.i
linux@ubuntu:~/1000phone$ ls
a.out  test.c  test.i
linux@ubuntu:~/1000phone$
```

2. 编译

编译阶段中，GCC 对预处理文件进行词法分析、语法分析、语义分析，检查代码的规范性。确认无误后，GCC 将代码翻译为汇编语言。同样，编译也可以使用 GCC 编译器进行单步操作。添加选项“-S”即可完成编译操作，而不会继续执行汇编处理。

例 5-7 单步执行编译（只执行编译过程），生成汇编文件。

例 5-7　使用 GCC 编译器执行编译过程。

```
linux@ubuntu:~/1000phone$ ls
```

```
a.out  test.c  test.i
linux@ubuntu:~/1000phone$ gcc -S test.i -o test.s //指定生成汇编文件 test.s
linux@ubuntu:~/1000phone$ ls
a.out  test.c  test.i  test.s
linux@ubuntu:~/1000phone$
```

由 C 语言代码生成的汇编代码如例 5-8 所示。汇编代码也是嵌入式开发的一部分，感兴趣的读者可以查询汇编代码中这些符号的意义。

例 5-8　查看汇编代码。

```
1       .file   "test.c"
2       .section    .rodata
3   .LC0:
4       .string "hello world"
5       .text
6   .globl main
7       .type   main, @function
8   main:
9   .LFB0:
10      .cfi_startproc
11      pushq   %rbp
12      .cfi_def_cfa_offset 16
13      movq    %rsp, %rbp
14      .cfi_offset 6, -16
15      .cfi_def_cfa_register 6
16      subq    $16, %rsp
17      movl    %edi, -4(%rbp)
18      movq    %rsi, -16(%rbp)
19      movl    $.LC0, %edi
20      call    puts
21      movl    $0, %eax
22      leave
23      ret
24     .cfi_endproc
25  .LFE0:
26      .size   main, .-main
27      .ident  "GCC: (Ubuntu/Linaro 4.4.7-1ubuntu2) 4.4.7"
28      .section    .note.GNU-stack,"",@progbits
```

3. 汇编

汇编阶段汇编代码被转换为机器可以执行的指令。使用编译器进行单步操作，通过添加选项“-c”即可指定生成二进制的目标文件。例 5-9 生成二进制目标文件 test.o。

例 5-9　使用 GCC 编译器执行汇编过程。

```
linux@ubuntu:~/1000phone$ ls
a.out  test.c  test.i  test.s
```

```
linux@ubuntu:~/1000phone$ gcc -c test.s -o test.o //指定生成二进制文件 test.o
linux@ubuntu:~/1000phone$ ls
a.out  test.c  test.i  test.o  test.s
linux@ubuntu:~/1000phone$
```

4. 链接

链接是一个复杂的过程，包括符号地址确定、符号解析与重定位、指令修正等。链接阶段有一项重要的工作，就是链接库文件。程序代码中经常会出现一些函数接口，这些函数并不需要开发者自己实现，其功能已经被写好并编译到函数库中，开发者只需要调用库函数即可。

函数库分为静态库与动态库两种。对静态库而言，编译链接时会把库文件代码加载到执行文件中，因此生成的文件体积较大，但运行时不需要库文件。动态库则刚好相反，在编译链接时并不会将库文件加载到执行文件，而是在程序执行时加载库文件。

完成链接操作即可生成可执行文件，如例 5-10 所示。

例 5-10 使用 GCC 编译器生成可执行文件。

```
linux@ubuntu:~/1000phone$ ls
a.out  test.c  test.i  test.o  test.s
linux@ubuntu:~/1000phone$ gcc test.o -o test  //指定生成可执行文件 test
linux@ubuntu:~/1000phone$ ls
a.out  test  test.c  test.i  test.o  test.s
linux@ubuntu:~/1000phone$ ./test      //执行程序
hello world
linux@ubuntu:~/1000phone$
```

当需要获取特定的编译文件时，可以考虑单步执行编译处理，也可以一次性执行多个步骤，如例 5-11 所示，将源程序代码直接编译生成二进制的目标文件。本次编译经历预处理、编译、汇编 3 个阶段，读者也可以根据情况，灵活执行编译处理。

例 5-11 使用 GCC 编译器合并单步执行。

```
linux@ubuntu:~/1000phone$ ls
test.c
linux@ubuntu:~/1000phone$ gcc -c test.c -o test.o   //执行编译处理
linux@ubuntu:~/1000phone$ ls
test.c  test.o
linux@ubuntu:~/1000phone$
```

5.2.3 GCC 编译选项

GCC 有很多附加选项可以使用，包括总体选项、警告选项、优化选项以及体系结构相关选项。其中常用附加选项如表 5.4 所示。

表 5.4　　GCC 编译常用附加选项

选项类型	选项	选项功能
总体选项	-E	只执行预处理，不进行编译、汇编、链接处理
	-S	生成汇编语言，不进行汇编、链接处理
	-c	编译生成执行文件的依赖文件（.o 文件）
	-o	指定生成的新文件的名称
	-shared	生成动态库
	-l	链接库文件时，指定库的名称
	-L	链接库文件时，指定库所在的路径
警告选项	-Wall	打开所有类型语法警告，建议经常使用
	-w	禁止所有警告信息
优化选项	-O、-O1	优化编译，缩减目标文件的大小以及编译时间
	-O2	包含-O1 的优化，增强目标文件的执行性能

表 5.4 中的警告选项与优化选项在编译代码时经常被使用。如例 5-12 所示，该程序第 5 行代码中定义的变量在整个程序中并未使用，但是并不影响代码的运行。

例 5-12　错误代码展示。

```
1   #include <stdio.h>
2
3   int main(int argc, const char *argv[])
4   {
5       int a;
6       printf("hello world\n");
7       return 0;
8   }
```

对例 5-12 所示的代码分别执行普通编译以及严格编译，如例 5-13 所示。

例 5-13　执行严格编译。

```
linux@ubuntu:~/1000phone$ ls
test.c
linux@ubuntu:~/1000phone$ gcc test.c -o test   //普通编译
linux@ubuntu:~/1000phone$ ./test
hello world
linux@ubuntu:~/1000phone$ gcc -Wall -O2 test.c -o test //严格编译并优化
test.c: In function 'main':
test.c:12:6: warning: unused variable 'a' [-Wunused-variable]
  int a;
      ^
linux@ubuntu:~/1000phone$ ls
test  test.c
linux@ubuntu:~/1000phone$
```

从输出结果可以看出，如果采用普通编译，则编译无误，并且执行成功；而如果添加“-Wall”进行严格编译，则出现警告，提示定义的变量 a 并未在代码中使用。严格编译在程序开发中建议经常使用，以提高代码编写规范程度，优化代码质量。

5.2.4　GCC 编译器版本切换

不同版本的编译器，在对源程序进行编译时，可能会产生不同的结果。例如，使用新版本的 GCC 链接旧程序时，由于旧程序的.o 文件对函数的修饰可能与新版本不同，编译时可能会出现一些新的警告。不同版本的 GCC 配置的库也不尽相同，这可能导致文件编译时出现意想不到的错误。

鉴于上述情况，开发者在为操作系统搭建编译器时，一般会选择最适合当前开发的编译器版本，而非版本越新越好。

接下来将展示如何在 Ubuntu 系统中配置多个版本的 GCC 编译器并切换使用，从而保证系统在任何时候都可以快速进行编译开发。

（1）查看系统原装的 GCC 版本，使用命令“gcc -v”（C 语言编译）或“g++ -v”（C++语言编译），如例 5-14 所示，gcc 与 g++的版本号一致，都为 5.4.0。

例 5-14　查看编译器版本。

```
linux@ubuntu:~$ gcc -v  //查看版本
Using built-in specs.
COLLECT_GCC=gcc
COLLECT_LTO_WRAPPER=/usr/lib/gcc/x86_64-linux-gnu/5/lto-wrapper
Target: x86_64-linux-gnu
/*省略部分显示内容*/
Thread model: posix
gcc version 5.4.0 20160609 (Ubuntu 5.4.0-6ubuntu1~16.04.11) //版本信息
linux@ubuntu64:~$ g++ -v  //查看版本
Using built-in specs.
COLLECT_GCC=g++
COLLECT_LTO_WRAPPER=/usr/lib/gcc/x86_64-linux-gnu/5/lto-wrapper
Target: x86_64-linux-gnu
/*省略部分显示内容*/
Thread model: posix
gcc version 5.4.0 20160609 (Ubuntu 5.4.0-6ubuntu1~16.04.11) //版本信息
linux@ubuntu64:~$
```

（2）安装其他版本的 GCC，如例 5-15 所示，选择在线安装 GCC 4.8。

例 5-15　安装其他版本的编译器。

```
linux@ubuntu64:~$ sudo apt-get install gcc-4.8 g++-4.8
[sudo] password for linux:
```

```
Reading package lists... Done   //读取包列表
Building dependency tree      //读取依赖关系
Reading state information... Done  //读取状态信息
The following additional packages will be installed:  //需要被安装的包
  cpp-4.8 gcc-4.8-base libasan0 libcloog-isl4 libgcc-4.8-dev libstdc++-4.8-dev
/*省略部分显示内容*/
After this operation, 76.7 MB of additional disk space will be used.
Do you want to continue? [Y/n]
Setting up gcc-4.8 (4.8.5-4ubuntu2) ...  //配置安装
Setting up libstdc++-4.8-dev:amd64 (4.8.5-4ubuntu2) ...
Setting up g++-4.8 (4.8.5-4ubuntu2) ...
Processing triggers for libc-bin (2.23-0ubuntu11) ...
linux@ubuntu64:~$
```

安装完成后，查看当前系统中安装的所有 gcc 与 g++版本。如例 5-16 所示，当前系统支持 4.8 与 5（5.4.0）两个版本。

例 5-16 查看当前系统中所有的编译器版本。

```
linux@ubuntu:~$ ls /usr/bin/gcc*
/usr/bin/gcc /usr/bin/gcc-5/usr/bin/gcc-ar-4.8/usr/bin/gcc-nm      /usr/bin/gcc-nm-5   /usr/bin/gcc-ranlib-4.8
/usr/bin/gcc-4.8  /usr/bin/gcc-ar   /usr/bin/gcc-ar-5     /usr/bin/gcc-nm-4.8 /usr/bin/gcc-ranlib  /usr/bin/gcc-ranlib-5
linux@ubuntu:~$ ls /usr/bin/g++*
/usr/bin/g++  /usr/bin/g++-4.8  /usr/bin/g++-5
linux@ubuntu:~$
```

（3）将下载的 4.8 版本的 gcc 与 g++加入候补名单，并设置优先级，优先级设置为 100，如例 5-17 所示。

例 5-17 设置其中一个版本 gcc 的优先级。

```
linux@ubuntu64:~$  sudo  update-alternatives  --install  /usr/bin/gcc  gcc /usr/bin/gcc-4.8 100
[sudo] password for linux:
update-alternatives: using /usr/bin/gcc-4.8 to provide /usr/bin/gcc (gcc) in auto mode
linux@ubuntu64:~$
```

将系统中原有的 5.4 版本的 gcc 优先级同样也设置为 100，避免在选择完使用版本之后系统恢复默认优先级的版本，如例 5-18 所示。

例 5-18 设置另一个版本 gcc 的优先级。

```
linux@ubuntu64:~$  sudo  update-alternatives  --install  /usr/bin/gcc  gcc /usr/bin/gcc-5 100
[sudo] password for linux:
```

```
linux@ubuntu64:~$
```

g++的设置与例 5-17、例 5-18 中展示的 gcc 一致，如例 5-19 所示。

例 5-19 设置 g++的优先级。

```
linux@ubuntu64:~$  sudo  update-alternatives  --install  /usr/bin/g++  g++ /usr/bin/g++-4.8 100  //修改下载的 g++4.8 版本的优先级为 100
update-alternatives: using /usr/bin/g++-4.8 to provide /usr/bin/g++ (g++) in auto mode
linux@ubuntu64:~$  sudo  update-alternatives  --install  /usr/bin/g++  g++ /usr/bin/g++-5 100   //修改系统原有的 g++5.4 版本的优先级为 100
```

（4）通过指令切换不同版本的 gcc，如例 5-20 所示，可直接输入序号（这里选择 1）。

例 5-20 切换不同版本的 gcc。

```
linux@ubuntu64:~$ sudo update-alternatives --config gcc
There are 2 choices for the alternative gcc (providing /usr/bin/gcc).
  Selection    Path              Priority  Status
------------------------------------------------------------
* 0            /usr/bin/gcc-4.8   100       auto mode
  1            /usr/bin/gcc-4.8   100       manual mode
  2            /usr/bin/gcc-5     100       manual mode
Press <enter> to keep the current choice[*], or type selection number: 1
linux@ubuntu64:~$
```

g++与 gcc 切换版本的方式一致，如例 5-21 所示，直接输入序号选择（这里选择 1）。

例 5-21 切换不同版本的 g++。

```
linux@ubuntu64:~$ sudo update-alternatives --config g++  //切换版本
There are 2 choices for the alternative g++ (providing /usr/bin/g++).
  Selection    Path              Priority  Status
------------------------------------------------------------
* 0            /usr/bin/g++-4.8   100       auto mode
  1            /usr/bin/g++-4.8   100       manual mode
  2            /usr/bin/g++-5     100       manual mode
Press <enter> to keep the current choice[*], or type selection number: 1
linux@ubuntu64:~$
```

（5）检查 gcc 与 g++版本，查看是否切换成功。如例 5-22、例 5-23 所示，gcc 与 g++成功切换为 4.8.5 版本。

例 5-22 查看 gcc 的版本信息。

```
linux@ubuntu64:~$ gcc -v
Using built-in specs.
COLLECT_GCC=gcc
```

```
COLLECT_LTO_WRAPPER=/usr/lib/gcc/x86_64-linux-gnu/4.8/lto-wrapper
Target: x86_64-linux-gnu
......省略部分显示内容
Thread model: posix
gcc version 4.8.5 (Ubuntu 4.8.5-4ubuntu2)    //版本信息
linux@ubuntu64:~$
```

例 5-23 查看 g++的版本信息。

```
linux@ubuntu64:~$ g++ -v
Using built-in specs.
COLLECT_GCC=g++
COLLECT_LTO_WRAPPER=/usr/lib/gcc/x86_64-linux-gnu/4.8/lto-wrapper
Target: x86_64-linux-gnu
Thread model: posix
gcc version 4.8.5 (Ubuntu 4.8.5-4ubuntu2)    //版本信息
linux@ubuntu64:~$
```

结合以上步骤，读者可根据系统需求进行编译器的合理切换，完成编译工作。

5.3 GDB 调试器

5.3.1 GDB 调试器简介

GDB 调试器

1. GDB 调试器概念

GDB（GNU Symbolic Debugger）是 GNU 开源组织发布的一款程序调试工具。与 Windows 的 IDE 不同，GDB 是纯命令执行，没有图形界面，但是其功能却比图形界面调试器更加强大。调试工作在产品研发中占有很重要的位置，一款产品从制定需求到成熟上线，可能需要做完成性测试、单元测试等，这些都离不开调试工具的使用。

GDB 可以帮助用户完成查看程序的内部结构、查看自定义程序的启动方式、设置条件断点、单步调试源代码等各种调试工作。

2. GDB 调试器展示

下面将通过一个示例展示 GDB 调试器的使用。编写一段完整的 C 语言示例代码，如例 5-24 所示。代码的功能本意为通过 change 子函数将变量 a、b 中的值进行交换，但实际的情况是 change 函数中的形式参数（形参）a、b 的值进行了交换，与 main 函数中的实际参数（实参）a、b 没有任何关系（形参 a、b 与实参 a、b 分别占有各自的内存地址，互不影响）。因此，最终的运行结果为交换前与交换后打印输出的 a、b 的值没有变化。本节将通过 GDB 调试器对例 5-24 的代码进行调试，并查看程序运行过程中变量的值，从而更好地解释交换失败的原因。

例 5-24 测试调试器的代码。

```
 1  #include <stdio.h>
 2
 3  void change(int a, int b)       //子函数
 4  {
 5      int temp;
 6      temp = a;
 7      a = b;
 8      b = temp;
 9
10      return ;
11  }
12  int main(int argc, const char *argv[])
13  {
14      int a = 10, b = 20;
15
16      printf("交换前: \n");
17      printf("a = %d, b = %d\n", a, b);
18
19      change(a, b);    //子函数实现交换
20
21      printf("交换后: \n");
22      printf("a = %d, b = %d\n", a, b);
23
24      return 0;
25  }
```

保存例 5-24 所示的文件，使用 GCC 编译器进行编译。编译时需要添加“-g”选项，从而保证生成的可执行代码包含调试信息，否则无法使用 GDB 调试器进行调试，如例 5-25 所示。

例 5-25 生成可调试的可执行文件。

```
linux@ubuntu:~/1000phone$ ls
test.c
linux@ubuntu:~/1000phone$ gcc -g test.c -o test  //编译程序，并指定调试
linux@ubuntu:~/1000phone$ ls
test test.c
linux@ubuntu:~/1000phone$
```

GDB 调试的目标为生成可执行文件。如例 5-26 所示，使用命令“gdb 可执行文件名”即可启动 GDB 调试。

例 5-26 启动 GDB 调试。

```
linux@ubuntu:~/1000phone$ gdb test      //执行调试，进入调试界面
GNU gdb (GDB) 7.5.91.20130417-cvs-ubuntu
Copyright (C) 2013 Free Software Foundation, Inc.
License GPLv3+: GNU GPL version 3 or later <http://gnu.org/licenses/gpl.html>
This is free software: you are free to change and redistribute it.
There is NO WARRANTY, to the extent permitted by law.  Type "show copying"
and "show warranty" for details.
This GDB was configured as "x86_64-linux-gnu".
For bug reporting instructions, please see:
<http://www.gnu.org/software/gdb/bugs/>...
Reading symbols from /home/linux/1000phone/test...done.
(gdb)       //GDB 命令行输入区域
```

例 5-26 所示的调试界面中，显示了 GDB 调试器的版本信息以及当前调试文件所在的绝对路径。在提示符“(gdb)”后可进行命令行输入，开始调试工作。如果用户对当前的输入命令不确定，可以进行查询，在命令行输入 **help** 即可显示命令帮助，如例 5-27 所示。

例 5-27 查看 GDB 调试器帮助文档。

```
(gdb) help
List of classes of commands:
aliases -- Aliases of other commands
breakpoints -- Making program stop at certain points //设置断点
data -- Examining data    //检查数据
files -- Specifying and examining files //指定与检查文件
internals -- Maintenance commands   //维护命令
obscure -- Obscure features
running -- Running the program  //运行程序
stack -- Examining the stack    //检查堆栈
status -- Status inquiries      //状态查询
support -- Support facilities
tracepoints -- Tracing of program execution without stopping the program
user-defined -- User-defined commands

Type "help" followed by a class name for a list of commands in that class.
Type "help all" for the list of all commands.  //查询指定列表
Type "help" followed by command name for full documentation.
Type "apropos word" to search for commands related to "word".
Command name abbreviations are allowed if unambiguous.
(gdb)
```

5.3.2 GDB 调试器的使用

1. 查看文件内容

在调试代码之前，可以先通过 GDB 查看代码中的内容（代码见例 5-24）。在 GDB 命

令行输入区域输入 list 即可查看调试的文件。如例 5-28 所示，一次只能显示部分内容（默认 10 行），直到显示结束为止。

例 5-28 list 查看调试文件。

```
(gdb) list 1  //从第一行开始查看
1   #include <stdio.h>
2
3   void change(int a, int b)
4   {
5       int temp;
6       temp = a;
7       a = b;
8       b = temp;
9
10      return ;
(gdb) list   //继续显示文件内容
11  }
12
13  int main(int argc, const char *argv[])
14  {
15      int a = 10, b = 20;
16
17      printf("交换前: \n");
18      printf("a = %d, b = %d\n", a, b);
19
20      change(a, b);
(gdb)
```

2. 设置断点

设置断点在代码调试过程中十分关键。在代码的某一处设置断点后，程序运行到该断点处就会停止，即只运行断点之前的代码。使用命令 break 设置断点，设置方式有很多，具体如表 5.5 所示。

表 5.5　　设置断点

语法格式	功能说明
break [function]	在指定的函数 function 处设置断点
break [line]	在指定的行号 line 处设置断点
break [+offset]/[-offset]	在当前行号的前 offset 或后 offset 行设置断点
break [filename:line]	在源文件 filename 的第 line 行设置断点
break [filename:function]	在源文件 filename 的 function 函数处设置断点
break [*address]	在程序运行的内存地址 address 处设置断点
break	没有参数，默认在下一条指令处设置断点
break if [condition]	在条件 condition 成立时设置断点

在例 5-24 所示的代码中，选择第 7、8、9、19、21、24 行设置断点，如例 5-29 所示。

例 5-29 对调试文件设置断点。

```
(gdb) break 7          //第 7 行设置断点
Breakpoint 1 at 0x400564: file test.c, line 7.
(gdb) break 8
Breakpoint 2 at 0x40056a: file test.c, line 8.
(gdb) break 9
Breakpoint 3 at 0x400570: file test.c, line 9.
(gdb) break 19
Breakpoint 4 at 0x4005b3: file test.c, line 19.
(gdb) break 21
Breakpoint 5 at 0x4005c2: file test.c, line 21.
(gdb) break 24
Breakpoint 6 at 0x4005e6: file test.c, line 24.
(gdb)
```

3. 查看断点

查看断点使用 info 命令，常用的语法格式如下所示。

```
info break [n]（n 表示断点号）
```

如例 5-30 所示，查看断点 2 的信息，即代码第 8 行。

例 5-30 查看断点。

```
(gdb) info break 2
Num     Type           Disp Enb Address            What
2       breakpoint     keep y   0x000000000040056a in change at test.c:8
(gdb)
```

4. 运行代码

断点设置完成后即可运行代码，输入 r（run）开始运行（GDB 默认从首行开始运行，如果需要从程序中指定的行开始运行，在 r 后添加行号即可）。如例 5-31 所示，程序开始运行，到断点 4（不包括第 20 行）停止。此时 main 函数中变量 a、b 的值分别为 10、20。

例 5-31 运行代码。

```
(gdb) r
Starting program: /home/linux/1000phone/test
交换前:
a = 10, b = 20    //变量被赋值成功
Breakpoint 4, main (argc=1, argv=0x7fffffffe238) at test.c:20
20      change(a, b);
(gdb)
```

5. 查看变量值

使用命令 p 查看程序运行到断点时变量的值，其常用的语法格式如下所示。

```
p + 变量名
```

如例 5-32 所示，程序运行到例 5-31 中所示的断点时，查看结果。变量 a、b 的值分别为 10、20，子函数中变量 temp 显示无符号（此时子函数并未调用）。

例 5-32 查看运行到断点时变量的值。

```
(gdb) p a            //查看变量 a
$1 = 10
(gdb) p b
$2 = 20
(gdb) p temp
No symbol "temp" in current context.
(gdb)
```

6. 恢复程序运行及单步执行

当程序在断点处停止时，使用命令 continue 可以恢复程序运行，一直到下一个断点处或程序结束。如例 5-33 所示，继续运行代码，直到下一个断点处。

例 5-33 恢复程序运行至断点 1。

```
(gdb) continue   //继续运行代码
Continuing.

Breakpoint 1, change (a=10, b=20) at test.c:7
7         a = b;
(gdb) p temp
$3 = 10
(gdb)
```

例 5-33 中，程序调用子函数 change，运行到断点 1。局部变量 temp 已经被赋值，形参 a、b 的值分别为 10、20，实参 a、b 的值分别为 10、20。如例 5-34 所示，继续运行到断点 2，可见形参的值发生变化，形参 a 的值变为 20，形参 b 的值未变化，仍为 20。

例 5-34 恢复程序运行至断点 2。

```
(gdb) continue
Continuing.

Breakpoint 2, change (a=20, b=20) at test.c:8
8         b = temp;
(gdb)
```

如例 5-35 所示，继续运行到断点 3，此时子函数执行完成。查看变量的值，可见子函数中形参 a、b 的值确实发生了交换。

例 5-35 恢复程序运行至断点 3。

```
(gdb) continue
Continuing.

Breakpoint 3, change (a=20, b=10) at test.c:11  //断点 3
11  }
(gdb) p a
$4 = 20
(gdb) p b
$5 = 10
(gdb) p temp
$6 = 10
(gdb)
```

如例 5-36 所示，继续运行到断点 4。查看变量的值，可见变量 a、b 的值未发生交换（a、b 为实参）。子函数结束，变量 temp 的生命周期已经结束，因此显示无符号。

例 5-36 恢复程序运行至断点 4。

```
(gdb) continue
Continuing.

Breakpoint 4, main (argc=1, argv=0x7fffffffe238) at test.c:22
22      printf("交换后: \n");
(gdb) p a
$7 = 10
(gdb) p b
$8 = 20
(gdb) p temp
No symbol "temp" in current context.      //显示无符号
(gdb)
```

如例 5-37 所示，继续运行到断点 5。打印变量 a、b 的值，可见在执行交换后并未发生变化，这验证了形参的转变与实参没有任何关系。因此，例 5-24 的代码是错误的，无法实现交换值的需求。

例 5-37 恢复程序运行至断点 5。

```
(gdb) continue
Continuing.
交换后:
a = 10, b = 20
```

```
Breakpoint 5, main (argc=1, argv=0x7fffffffe238) at test.c:25
25        return 0;
(gdb)
```

上述运行也可以使用命令 step 或命令 next 进行单步操作。单步执行的语法格式如下所示。

```
step/next [count]
```

其中选项 count 可选择性设置，如果不添加 count，每次执行一条指令；如果添加 count，则代码一次执行 count 条指令，然后再停止。二者的本质区别为单步执行的指令数量不同。

命令 step 与命令 next 虽同为单步执行，但命令 step 在执行单步操作时，如果出现函数调用，则会进入该函数；命令 next 与之相反，在执行单步操作时，如果出现函数调用，不会进入该函数。

最后给出例 5-24 修改后的代码示例，读者可参考对比。如例 5-38 所示，通过地址传递实现变量值的交换。

例 5-38 通过地址传递实现变量值变换。

```
1   #include <stdio.h>
2
3   void change(int *a, int *b)
4   {
5       int temp;
6       temp = *a; //操作地址中的值
7       *a = *b;
8       *b = temp;
9
10      return ;
11  }
12
13  int main(int argc, const char *argv[])
14  {
15      int a = 10, b = 20;
16
17      printf("交换前: \n");
18      printf("a = %d, b = %d\n", a, b);
19      //传递变量的地址给形参
20      change(&a, &b);
21
22      printf("交换后: \n");
23      printf("a = %d, b = %d\n", a, b);
24
25      return 0;
26  }
```

5.3.3 GDB 基本命令

5.3.2 节通过一个完整的示例展示了如何使用 GDB 调试器对代码进行基本的调试。其中用到了一些 GDB 调试器的基本命令，这些命令还不能满足实际开发的调试需求。GDB 作为一款强大的调试工具，支持的调试命令还有很多。下面将对这些命令进行说明，如表 5.6 所示。

表 5.6　GDB 调试命令

命令	描述
help	列出 GDB 帮助信息
help [command]	列出命令 command 描述信息
info args	列出运行程序的命令行参数
info breakpoints	列出断点
info break	列出断点号
info break [n]	列出指定断点的信息
info watchpoints	列出观察点
info registers	列出使用的寄存器
info threads	列出当前的线程
info set	列出可以设置的选项
break [function]	在指定函数处设置断点
break [line]	在指定行号处设置断点
break [±offset]	在当前停止处前面或后面的 offset 行处设置断点
break [file:func]	在指定文件 file 中的 func 函数处设置断点
break [file:line]	在指定文件 file 中的第 line 行处设置断点
break *address	在指定的内存地址处设置断点，一般在没有源代码时使用
break line if condition	如果条件满足，在指定位置设置断点
break line thread [tn]	在指定线程中设置断点
tbreak	设置临时断点，中断一次后断点失效
watch condition	当条件满足时设置观察点
clear [func]、clear [line]	清除函数 func 处的断点，清除第 line 行处的断点
delete、delete [n]	删除所有断点和观察点，删除指定断点号的断点
disable [n]、enable[n]	将断点设置为无效或有效
finish	继续执行到函数结束
step、next	单步执行（单行）
until [line]	继续运行到 line 行为止
stepi、nexti	执行下一条汇编或 CPU 指令
where	显示当前的行号与所处的函数
list	列出源代码
continue	继续执行直到下一个断点或观察点
kill	停止程序执行
quit	退出 GDB 调试

GDB 调试器的命令还有很多，包括对堆栈、变量、数组等的操作，这里不再展示。读者可根据需求在网络中查询具体的命令。

5.4 Make 工程管理器

5.4.1 Make 工程管理器简介

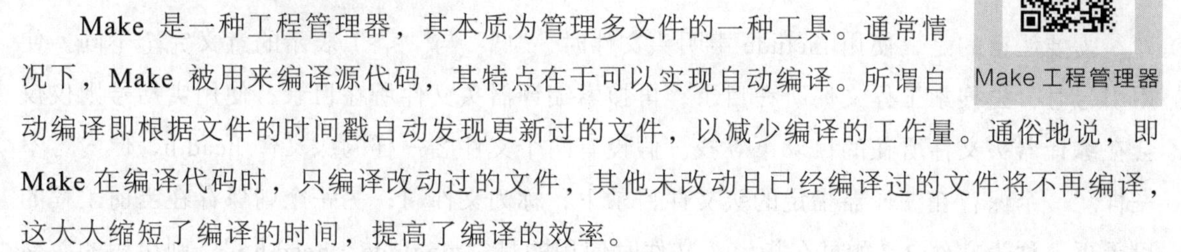

Make 工程管理器

Make 是一种工程管理器，其本质为管理多文件的一种工具。通常情况下，Make 被用来编译源代码，其特点在于可以实现自动编译。所谓自动编译即根据文件的时间戳自动发现更新过的文件，以减少编译的工作量。通俗地说，即 Make 在编译代码时，只编译改动过的文件，其他未改动且已经编译过的文件将不再编译，这大大缩短了编译的时间，提高了编译的效率。

Make 工程管理器的核心文件为 Makefile。Makefile 中有 3 个关键元素：目标（Target）、依赖（Dependency）、命令（Command）。Makefile 解释了如何通过相关命令将依赖文件变为目标文件，而这些命令需传递给 Shell 去执行。因此，Makefile 所使用的语言为脚本语言。

Makefile 中最常用的语法格式如下所示。

```
target :  dependency_file
<TAB> command
```

其中“<TAB>”表示通过 Tab 键进行缩进，注意，不能使用空格键代替。

5.4.2 Makefile 的使用

Makefile 的编写需要开发者具备一定的 Shell 编程能力，但是在实际开发中，编写 Makefile 进行代码管理的情况比较少。一般情况下，开发者能调试 Makefile 代码，读懂较复杂的 Makefile 代码即可。Linux 操作系统内核源代码中的 Makefile 编写十分经典，是众多嵌入式开发者学习开发的模板。下面主要通过一个示例来展示 Makefile 的基本使用。

首先创建一个项目仓库（目录），并创建文件 main.c、func.c、func.h，如例 5-39 所示。

例 5-39 通过 touch 创建文件。

```
linux@ubuntu:~/1000phone$ touch main.c func.c func.h  //创建文件
linux@ubuntu:~/1000phone$ ls
func.c  func.h  main.c
linux@ubuntu:~/1000phone$
```

使用 Vim 编辑器编写文件内容，其中 main.c 文件内容如例 5-40 所示，可见其功能为调用封装函数 func。

例 5-40 主函数所在的代码。

```
1   #include "func.h"
2
3   int main(int argc, const char *argv[])
4   {
5       func();        //调用封装函数 func
6       return 0;
7   }
```

需要注意的是，使用 include 声明头文件时，“""”与“<>”表示的意义完全不同。使用引号时，先搜索工程文件所在目录，再搜索编译器头文件所在目录；使用尖括号则仅仅会在编译器头文件所在的目录下寻找。假设有两个文件名一样的头文件 head.h，但内容不一样。一个保存在编译器指定的头文件目录下，称为文件 1；另一个则保存在当前工程的目录下，称为文件 2。如果在指定头文件时使用的是“#include <head.h>”，则引用的头文件是文件 1。如果在指定头文件时使用的是“#include"head.h"”，则引用的头文件是文件 2。

func.c 文件的内容如例 5-41 所示，可见代码 func.c 实现了函数 func 的功能。

例 5-41 功能函数所在的代码。

```
 1 void func(){
 2     puts("hello world");
 3 }
```

main.c 中指定了头文件 func.h，其文件内容如例 5-42 所示，用来声明函数 func。这样编写的意思是，如果没有定义_FUNC_H，则定义_FUNC_H，并编译下面的代码，直到遇到#endif。这样，当重复引用时，由于_FUNC_H 已经被定义，下面的代码将不会被编译，避免了重复定义。

例 5-42 头文件的定义。

```
1   #ifndef _FUNC_H
2   #define _FUNC_H
3
4   void func();
5
6   #endif
```

综合以上示例代码，可知 main.c 中调用了函数 func，func.c 中实现了函数 func 的功能，func.h 中声明了封装函数 func。使用 GCC 编译器编译上述代码，如例 5-43 所示。

例 5-43 GCC 编译器编译代码。

```
linux@ubuntu:~/1000phone$ ls
func.c  func.h  main.c
```

```
linux@ubuntu:~/1000phone$ gcc main.c -o main  //只编译主函数所在的文件
/tmp/ccPIks04.o: In function 'main':
main.c:(.text+0x15): undefined reference to 'func'
//编译失败，显示 main 函数中调用的子函数 func 未定义
collect2: ld 返回 1
linux@ubuntu:~/1000phone$ gcc *.c -o main
//因此编译时需要将定义子函数功能的文件与主函数所在的文件一同编译
linux@ubuntu:~/1000phone$ ls
func.c  func.h  main  main.c
linux@ubuntu:~/1000phone$ ./main    //执行结果
hello world
linux@ubuntu:~/1000phone$
```

例 5-43 中，最终编译时，需要将实现子函数功能的代码与主函数所在的代码一同编译。如果封装的子函数较少，或者封装的文件较少，这种编译方式并没有太大的问题。但是如果程序调用的子函数较多，且这些子函数在不同的文件中实现，那么在执行编译命令时，则会显得十分笨拙。因此，通过 Makefile 实现多文件的编译管理更加方便。

运用 5.4.1 节中介绍的 Makefile 基本语法格式，结合例 5-43 的编译情况，编写一个基本的 Makefile 来实现代码的编译，如例 5-44 所示。

例 5-44 Makefile 内容。

```
1   main : main.o func.o                  #目标：依赖
2       gcc main.o func.o -o main         #指定依赖如何生成目标
3   main.o : main.c                       #.o 文件依赖于.c 文件
4       gcc -c main.c -o main.o           #由.c 文件生成.o 文件
5   func.o : func.c
6       gcc -c func.c -o func.o
7
8   .PHONY:clean #伪目标，避免出现符号 clean 与文件 clean 重名的情况，导致执行 make clean
清除操作失败
9
10  clean:
11      rm *.o main
```

例 5-44 所示的 Makefile，如果需要进行编译处理，则只需要执行 make，如例 5-45 所示。

例 5-45 通过 Makefile 完成工程编译。

```
linux@ubuntu:~/1000phone$ ls
func.c  func.h  main.c  Makefile
linux@ubuntu:~/1000phone$ make  //执行编译
gcc -c main.c -o main.o
gcc -c func.c -o func.o
gcc main.o func.o -o main     //编译过程
```

```
linux@ubuntu:~/1000phone$ ls    //生成执行文件以及.o 文件
func.c  func.h func.o  main  main.c  main.o  Makefile
linux@ubuntu:~/1000phone$ ./main   //执行程序
hello world
linux@ubuntu:~/1000phone$
```

如需要删除编译生成的目标文件，则执行 make clean 即可。执行此命令，意味着执行 Makefile（例 5-44）中 clean 关键字下的删除操作。如例 5-46 所示，执行删除操作。

例 5-46 删除编译产生的目标文件。

```
linux@ubuntu:~/1000phone$ ls
func.c  func.h func.o  main  main.c  main.o  Makefile
linux@ubuntu:~/1000phone$ make clean  //清除处理，删除目标文件
rm *.o main
linux@ubuntu:~/1000phone$ ls
func.c  func.h  main.c  Makefile
linux@ubuntu:~/1000phone$
```

例 5-44 中展示的 Makefile 显然不是一个合理的版本，因为一旦编译涉及的文件名发生变化，则 Makefile 同样需要修改，这样的 Makefile 通用性并不高。因此可以考虑将 Makefile 变得更加通用化，这就需要使用 Makefile 中的自动变量。

Makefile 中的变量与 C 语言程序中的变量类似，只是不指定变量的类型。而自动变量可以理解为 Makefile 中系统预定义的变量，无须用户定义，直接使用即可。

使用这些变量的目的就是替换原先文件中的名称或选项，从而减少 Makefile 中需修改的代码量，提高使用 Makefile 的工作效率。

Makefile 中常用的预定义变量与自动变量如表 5.7 所示。

表 5.7　　Makefile 变量

类型	变量名	含义
预定义变量	ARFLAGS	库文件维护程序的选项，无默认值
	ASFLAGS	汇编程序的选项，无默认值
	CFLAGS	C 编译器的选项，无默认值
	CPPFLAGS	C 预编译的选项，无默认值
	CXXFLAGS	C++编译器的选项，无默认值
自动变量	$*	不包括扩展名的目标文件名称
	$+	所有的依赖文件，以空格分开，并以出现的先后为序，可能包含重复的依赖文件
	$<	第一个依赖文件的名称
	$?	所有时间戳比目标文件晚的依赖文件，并以空格分开
	$@	目标文件的完整名称
	$^	所有不重复的目标依赖文件，以空格分开

利用表 5.7 中给定的变量对例 5-44 中的 Makefile 进行修改。如例 5-47 所示，使用自动变量替换原来的文件名。

例 5-47 Makefile 自动变量的使用。

```
1  main : main.o func.o
2     gcc $^ -o $@                 //使用自动变量进行替换
3  main.o : main.c
4     gcc -c $< -o $@
5  func.o : func.c
6     gcc -c $< -o $@
7
8  .PHONY:clean
9
10 clean:
11    rm *.o main
```

例 5-47 所示的 Makefile 仍然不是最理想的。可对 Makefile 添加自定义的变量，再次进行优化，如例 5-48 所示。注意，Shell 编程中引用变量需要使用“$”。

例 5-48 Makefile 自定义变量。

```
1  CC = gcc
2  OBJS = main.o func.o
3  CFLAGS = -Wall -O2 -g
4  OBJ = main                  //定义变量（无类型），并赋值
5
6  $(OBJ) : $(OBJS)            //引用变量需要使用符号$
7     $(CC) $^ -o $@
8  $(OBJ).o : $(OBJ).c
9     $(CC) $(CFLAGS) -c $< -o $@
10 func.o : func.c
11    $(CC) $(CFLAGS) -c $< -o $@
12
13 .PHONY:clean
14
15 clean:
16    rm *.o $(OBJ)
```

例 5-48 所示的代码已基本符合 Makefile 的编写思想。这样，涉及修改 Makefile 中的文件时，只需要修改变量的赋值，明显减少了代码的修改量。

5.4.3 Makefile 的规则

1. 编译 C 程序的隐含规则

隐含规则：“xxx.o”的依赖会自动推导为“xxx.c”，并且其生成的命令为“$（CC）-c

$（CPPFLAGS）$（CFLAGS）”。根据这一规则，再次对例 5-48 的 Makefile 进行优化。如例 5-49 所示，省略“.c”生成“.o”的执行代码，Makefile 同样可以进行编译工作。

例 5-49　Makefile 编译 C 程序的隐含规则。

```
1   CC = gcc
2   OBJS = main.o func.o
3   CFLAGS = -Wall -O2 -g
4   OBJ = main
5
6   $(OBJ) : $(OBJS)
7       $(CC) $^ -o $@
8   #省略执行代码
9   .PHONY:clean
10
11  clean:
12      rm *.o $(OBJ)
```

执行编译，如例 5-50 所示。Makefile 中使用“-Wall”选项执行严格编译，提示 func.c 中使用的 puts 函数未声明头文件。这里的提示可忽略，不影响执行。

例 5-50　执行编译。

```
linux@ubuntu:~/1000phone$ make            //执行编译
gcc -Wall -O2 -g   -c -o main.o main.c
gcc -Wall -O2 -g   -c -o func.o func.c
func.c: 在函数‘func’中:
func.c:2: 警告: 隐式声明函数‘puts’
gcc main.o func.o -o main
linux@ubuntu:~/1000phone$ ls
func.c  func.h func.o  main  main.c  main.o  Makefile
linux@ubuntu:~/1000phone$
```

2. 链接目标文件的隐含规则

隐含规则：可执行文件“xxx”的依赖自动推导为“xxx.o”，如下所示。

```
规则: x : x.o y.o z.o
如果 x.c、y.c、z.c 都存在时，隐含规则将执行如下命令（自动执行以下命令）：
gcc -c x.c -o x.o
gcc -c y.c -o y.o
gcc -c z.c -o z.o
gcc x.o y.o z.o -o x
```

由上述隐含规则可知，例 5-49 的 Makefile 还可以继续优化，优化后的 Makefile 如例 5-51 所示，读者可将其与例 5-49 对比。需要注意的是，生成的可执行文件的名称，必须是依赖的文件的名称之一。例如，生成的文件为 main，依赖文件中有 main.o。

例 5-51 Makefile 链接目标文件的隐含规则。

```
1   CC = gcc
2   OBJS = main.o func.o
3   CFLAGS = -Wall -O2 -g
4   OBJ = main
5
6   $(OBJ) : $(OBJS)
7
8   .PHONY:clean
9
10  clean:
11      rm *.o $(OBJ)
```

3. VPATH 的使用

一些比较大的项目工程中存在大量的源代码。这种情况下，开发者通常的做法是将这些源文件分类，并存放在不同的目录中。因此，Makefile 中应该在文件的前面添加路径，当 make 执行时再找寻文件的依赖关系。特殊变量 VPATH 用于完成该功能：如果没有指定该变量，make 只会在当前目录下寻找依赖文件和目标文件；而如果指定该变量，make 在当前目录下找不到时，会到指定的目录中寻找文件。

为了模拟上述情况，下面在 5.4.2 节展示的项目工程中，分别将项目文件放置到不同的目录下，如例 5-52 所示。

例 5-52 创建目录。

```
linux@ubuntu:~/1000phone$ ls
func.c  func.h  main.c Makefile
linux@ubuntu:~/1000phone$ mkdir test func  //创建目录
linux@ubuntu:~/1000phone$ ls
func func.c func.h  test  main.c  Makefile
linux@ubuntu:~/1000phone$ mv main.c test      //将项目文件移动到对应目录中
linux@ubuntu:~/1000phone$ mv func.c func.h func //同上
linux@ubuntu:~/1000phone$ ls                  //文件已存入对应的目录
func test Makefile
linux@ubuntu:~/1000phone$
```

此时，按照一般的编写规则，会对 Makefile 进行修改，如例 5-53 所示。

例 5-53 Makefile 指定文件路径的情况。

```
1   CC = gcc
2   OBJS = ./main/main.o ./func/func.o  #指定依赖文件的路径
3   CFLAGS = -Wall -O2 -g
```

```
4  OBJ = ./main/main
5
6  $(OBJ) : $(OBJS)
7  $(CC) $^ -o $@
8  ./main/$(OBJ).o : ./main/$(OBJ).c    #目标与依赖文件都需要指定路径
9  $(CC) $(CFLAGS) -c $< -o $@
10 ./func/func.o : ./func/func.c      #指定路径，同上
11 $(CC) $(CFLAGS) -c $< -o $@
12
13 .PHONY:clean
14
15 clean:
16     rm *.o $(OBJ)
```

不同于所有的项目源文件都在同一个目录的情况，例 5-53 中的 Makefile 需要在指定依赖文件或目标文件时，指定这些文件所在的路径。

如果 Makefile 使用 VPATH 变量，则无须为每一个目标或依赖文件设置路径，直接通过 VPATH 指定这些路径即可。当 make 执行时，如果在当前目录下未找到对应的文件，就会到 VPATH 指定的目录下寻找。由此，可结合链接目标文件的隐含规则对例 5-53 所示的代码进行修改，如例 5-54 所示。

例 5-54 Makefile 中 VPATH 的使用。

```
1  CC = gcc
2  OBJS = main.o func.o
3  CFLAGS = -Wall -O2 -g
4  OBJ = main
5  VPATH = ./test ./func         #指定所有的路径
6
7  $(OBJ) : $(OBJS)
8
9  .PHONY:clean
10
11 clean:
12 find ./ -name "*.o" -exec rm {} \;
```

5.5 本章小结

本章主要介绍了 Linux 操作系统中 4 个常用的编程开发工具，分别是文本编辑器 Vim、编译器 GCC、调试器 GDB、工程管理器 Make。其具体的内容分为 4 个部分：Vim 的安装、配置以及 Vim 的具体按键使用；GCC 编译的流程、具体使用以及版本切换；GDB 的使用以及相关命令；Makefile 配置文件的编写。本章注重通过示例展示工具的使用，便于读者从实

践的角度熟练掌握其用法。这些编程开发工具对于 Linux 操作系统而言十分重要。因此，作为一个合格的开发者，首先应该熟练掌握这些工具的用法，然后才能更好地进入开发角色。

5.6　习题

1. 填空题

（1）Vim 的设计理念是________。

（2）Vim 在类型上属于________编辑器。

（3）GCC 编译器的主要组件有________、________、________、________。

（4）GDB 调试器设置断点的命令为________。

（5）Make 工程管理器通过文件的________，发现已经更新的文件，从而减少编译量。

2. 选择题

（1）文本编辑器的类型不包括（　　）。

A. 行编译器　　B. 全屏编译器

C. 图形界面编译器　　D. 分屏编译器

（2）Vim 编辑器的工作模式不包括（　　）。

A. 命令模式　　B. 底行模式　　C. 特权模式　　D. 输入模式

（3）（　　）为正确的 GCC 编译流程。

A. 编译—预处理—汇编—链接　　B. 预处理—汇编—编译—链接

C. 预处理—编译—汇编—链接　　D. 预处理—链接—汇编—编译

（4）Vim 编辑器从插入模式切换为命令模式使用按键（　　）。

A. Esc　　B. i　　C. o　　D. q

（5）Makefile 配置文件的核心不包括（　　）。

A. 目标　　B. 依赖　　C. 规则　　D. 命令

（6）GDB 调试器用于查看断点信息的命令为（　　）。

A. list　　B. info　　C. break　　D. where

3. 思考题

（1）简述 GCC 编译器的编译流程以及每一步的功能。

（2）简述 Makefile 工程管理器。

4. 编程题

编写一个 Makefile，实现将 test1.c、test2.c、test3.c 共同编译生成 test，要求尽可能实现代码的通用化。

06 第 6 章 Linux 网络配置

本章学习目标

- 了解网络基础知识
- 掌握 Linux 操作系统的网络配置方法
- 掌握 Linux 操作系统常用网络服务的配置方法

Linux 操作系统强大的网络功能使其可以完美地支持 TCP/IP 协议。Linux 操作系统中的网络管理工具可以帮助用户实现任何所需的网络服务。本章将主要介绍 Linux 操作系统的基本网络配置和 Linux 操作系统中常用的网络服务搭建。其目的在于帮助读者熟练掌握网络配置的方法，借鉴具体的服务搭建，在实际开发中扩展思维，提高网络模块部分的开发效率。

网络基础知识

6.1 网络基础知识

6.1.1 IP 地址

IP 地址是用于区分同一个网络中的不同主机的唯一标识。Internet 中的主机要与其他机器通信必须具有一个 IP 地址，因为网络中传输的数据包必须携带目的 IP 地址和源 IP 地址，路由器依靠此信息为数据包选择路由。IP 地址可以为 32 位（IPv4，4 字节）或 128 位（IPv6，16 字节），通常 IPv4 地址使用点分十进制表示，例如：172.10.1.10。

IP 地址由网络号和主机号两部分组成，其中网络号的位数直接决定可以分配的网络数，主机号的位数则决定网络中最大的主机数。由于整个互联网所包含的网络规模不太固定，因此 IP 地址空间被划分为不同的类别，每一类具有不同的网络号位数和主机号位数。

IP 地址共分为 5 类，分别为 A、B、C、D、E 类。

A 类 IP 地址，即在 IP 地址的 4 段号码中，第 1 段号码为网络号码，剩下的 3 段号码为本地计算机的号码。如果用二进制数表示 IP 地址，则 A 类 IP 地址由 1 字节的网络地址和 3 字节的主机地址组成。也就是说，A 类 IP 地址中网络标识的长度为 8 位，主机标识的长度为 24 位。A 类 IP 地址的范围为 1.0.0.1 到 127.255.255.254（二进制表示为 00000001 00000000 00000000 00000001 ～ 01111111 11111111 11111111 11111110），最后一个地址为广播地址。

因此 A 类网络数量较少，有 126（2^7-2）个，每个网络可以容纳主机数为 16777214（2^{24}-2）台。

B 类 IP 地址，即在 IP 地址的 4 段号码中，前 2 段号码为网络号码。如果用二进制表示 IP 地址，则 B 类 IP 地址由 2 字节的网络地址和 2 字节主机地址组成，也就是说，B 类 IP 地址中网络标识的长度为 16 位，主机标识的长度为 16 位。B 类 IP 地址范围为 128.0.0.1 到 191.255.255.254（二进制表示为 10000000 00000000 00000000 00000001 ～ 10111111 11111111 11111111 11111110）。

因此 B 类网络有 16383（2^{14}-1）个，每个网络可以容纳 65534（2^{16}-2）台主机。

C 类 IP 地址，即在 IP 地址的 4 段号码中，前 3 段为网络号码，剩下的 1 段为本地计算机的号码。如果用二进制表示 IP 地址，则 C 类 IP 地址由 3 字节的网络地址和 1 字节的主机地址组成，也就是说，C 类 IP 地址中网络标识的长度为 24 位，主机标识的长度为 8 位。C 类 IP 地址范围为 192.0.0.1 到 223.255.255.254（二进制表示为 11000000 00000000 00000000 00000001～11011111 11111111 11111111 11111110）。

因此 C 类网络有 2097152（2^{21}-1）个，每个网络最多可容纳 254（2^8-2）台主机。

D 类 IP 地址被称为多播地址或组播地址。组播地址被用来一次寻址一组计算机，即组播地址标识共享同一协议的一组计算机，其范围为 224.0.0.0 到 239.255.255.255。

E 类 IP 地址不分网络号和主机号，其范围为 240.0.0.0 到 247.255.255.255。E 类地址的第 1 个字节的前 5 位固定为 11110。E 类地址目前为保留状态，供以后使用。

需要注意的是 x.x.x.0 与 x.x.x.255 不可以作为主机的 IP 地址，因为 x.x.x.0 用于表示一个网段，x.x.x.255 用于广播地址。

6.1.2 子网掩码

子网掩码也可称为网络掩码。用户通过子网掩码可以很快确认当前主机 IP 地址所属的网络类型，通常网络地址部分为“1”，主机地址部分为“0”。因此，A 类 IP 地址的子网掩码为 255.0.0.0，B 类 IP 地址的子网掩码为 255.255.0.0，C 类 IP 地址的子网掩码为

255.255.255.0。

子网掩码主要用于判断主机发送的数据包是发送给外网还是内网。主机 A 向主机 B 发送数据包，则主机 A 先将自己的子网掩码与目标主机 B 的 IP 地址执行“与”操作。假设主机 B 的 IP 地址为 192.168.0.100，主机 A 的子网掩码为 255.255.255.0，将 IP 地址与子网掩码进行“与”操作得到网络地址，结果为 192.168.0.0。主机 A 将此网络地址与主机 B 所在的网络地址做对比：如果网络地址相同，则表明主机 A 与主机 B 在同一网络中，数据包向内网发送；如果不同，则向外网发送（发送至网关）。

6.1.3 网关

网关又称为连接器或协议转换器，主要用于实现网络连接（两个上层协议不同的网络互联）。网关的实质是一个网络通向其他网络的 IP 地址。例如，网络 A 与网络 B：网络 A 的 IP 地址范围为 192.168.1.1～192.168.1.254，其子网掩码为 255.255.255.0；网络 B 的 IP 地址范围为 192.168.2.1～192.168.2.254，子网掩码为 255.255.255.0。如果没有路由器，两个网络之间不能进行 TCP/IP 通信，因为 TCP/IP 协议根据子网掩码判定两个网络中的主机处于不同的网络，此时要实现网络间的通信，必须通过网关。这就如同在公司中同一个部门的员工可以直接相互交流，而不同部门的员工要当面聊天，则需要员工走出办公室门，去其他办公室或会议室，此时的“门”就相当于网络中的网关。

如果网络 A 中的主机要向网络 B 中的主机发送数据包，则数据包需要先由主机转发给自己的网关，再由网关转发到网络 B 的网关，网络 B 的网关再将其转发给网络 B 的主机。

6.1.4 DNS 服务器

DNS（Domain Name System，域名系统）是域名与 IP 地址相互映射的一个分布式数据库。其主要的目的是帮助用户更方便地访问互联网。例如，读者想了解千锋的相关信息时，需要在浏览器中输入千锋官方网站地址，这里输入的就是域名。想要成功进入网站，就必须设置 DNS 服务器，因为主机在与千锋服务器连接之前，必须通过域名服务器解析域名，从而得到千锋服务器的实际 IP 地址。这样做的好处在于，当用户需要通过网络访问某些服务时，不需要再去查找该服务的实际 IP 地址，使用固定域名即可。

6.2 Linux 操作系统网络配置

Linux 操作系统网络配置

通过 6.1 节中对网络基础信息的描述可知，计算机连接互联网，必须配置好 IP 地址、子网掩码、网关和 DNS 服务器。在 Linux 操作系统中，网络配置可以采用图形界面或者修改配置文件的方式完成。因此，本节将以 Ubuntu 系统为例，对上述两种网络配置方法做简单的介绍。

6.2.1 图形界面配置网络

在图形界面中进行网络配置对于初学者来说简单快捷。网络配置一般有静态配置与动态配置（自动寻址）两种。如果用户的需求只是利用 Ubuntu 接入互联网获取网络资源，则可以选择自动寻址的方式配置网络。其好处在于用户配置网络时，无须知道当前环境的网络地址、网关等信息，将其全部交由系统分配即可。

1. 自动寻址

在虚拟机 VMware Workstation 15 Player 中，单击“Player”选项，在弹出的菜单中选择“管理”选项，然后选择“虚拟机设置”选项，进入设置界面，如图 6.1 所示。

图 6.1　虚拟机设置

在图 6.1 所示的界面中，选择“网络适配器”一项，网络连接选择“NAT 模式”。选择完成后，单击“确定”按钮。

如图 6.2 所示，在 Ubuntu 系统的桌面中，单击网络配置图标（未配置网络的情况下，为扇形标志）。

在图 6.2 所示的菜单中，选择“编辑连接”选项，进入网络连接界面，如图 6.3 所示。

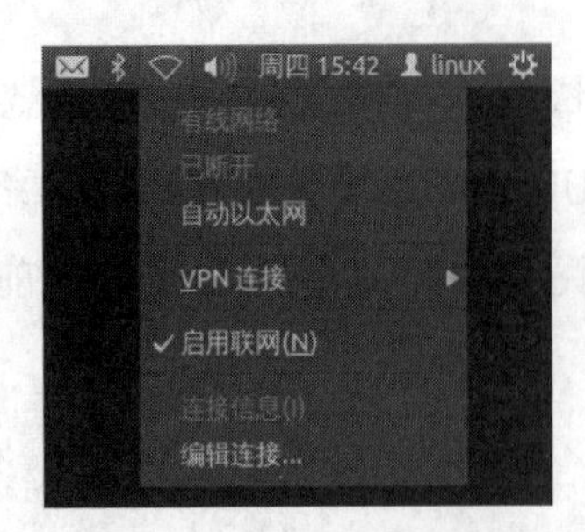

图 6.2　单击网络配置图标

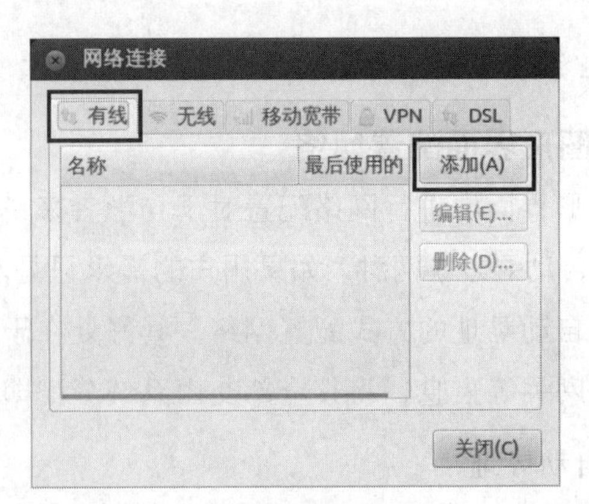

图 6.3　网络连接

在图 6.3 所示的界面中，选择“有线”，然后单击“添加”按钮即可创建新的网络，进入网络配置界面。如图 6.4 所示，选择“IPv4 设置”，方法选择“自动（DHCP）”，然后单击“保存”按钮即可完成网络配置。设置完毕后，需要重启 Ubuntu 系统，使设置生效。

需要特别注意的是，在重启系统之前，务必确认该系统并未进行过网络配置文件的修改。如果系统已经通过修改配置文件创建了新的网络，那么重启系统后，可能会产生网络配置冲突，导致系统无法正常连接网络。

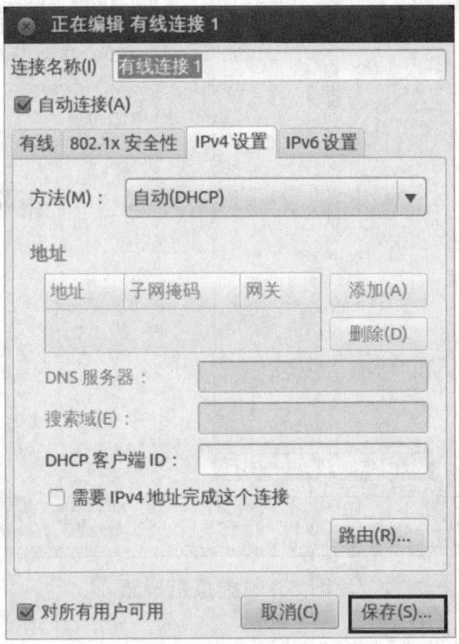

图 6.4　网络配置

重启 Ubuntu 后，即可使用命令 ping 来检测网络配置是否成功，如例 6-1 所示。

例 6-1　命令 ping 检测网络配置是否成功。

```
linux@ubuntu:~/1000phone$ ping www.mobiletrain.org  //选择任一网站即可
```

```
PING 559627.dispatch.spcdntip.com (218.11.11.73) 56(84) bytes of data.
64 bytes from 218.11.11.73: icmp_req=1 ttl=128 time=14.9 ms
64 bytes from 218.11.11.73: icmp_req=2 ttl=128 time=12.9 ms
^C64 bytes from 218.11.11.73: icmp_req=3 ttl=128 time=13.4 ms
/*省略部分显示内容*/
--- 559627.dispatch.spcdntip.com ping statistics ---
3 packets transmitted, 3 received, 0% packet loss, time 10047ms
rtt min/avg/max/mdev = 12.957/13.785/14.960/0.864 ms
linux@ubuntu:~/1000phone$
```

例 6-1 显示的是连接网站后的响应内容，表示可以连接外网，网络配置成功。

2. **静态配置**

在某些特定的情况下，操作系统需要配置固定的 IP 地址，因此只能采用静态的方式进行网络配置。

在图 6.1 所示的设置界面中，网络连接选择“桥接模式”，然后重新配置网络即可。与自动寻址的设置一样，在图 6.2 所示的菜单中，选择“编辑连接”，进入图 6.3 所示的网络连接界面，如果已经有保存过的网络配置，则选择删除，重新创建新的网络，如图 6.5 所示。

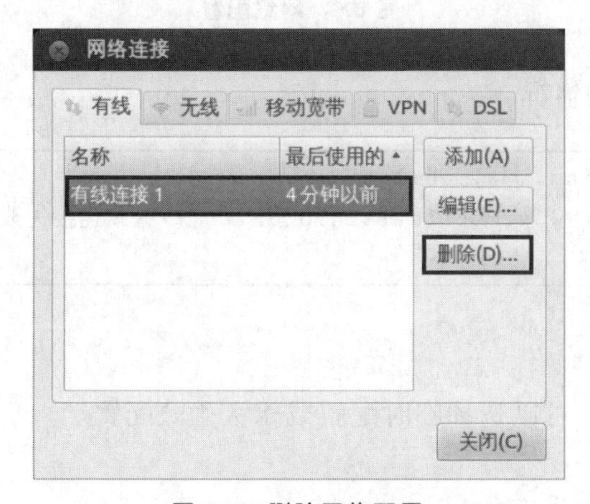

图 6.5 删除网络配置

删除上一次保存的网络配置后，单击“添加”按钮重新创建网络。进入网络配置界面，方法选择“手动”，然后单击“添加”按钮，即可输入具体的网络地址信息。输入完成后，单击“保存”按钮退出界面。如图 6.6 所示，设置固定的本机 IP 地址、子网掩码、网关、DNS 服务器即可。

需要注意的是，IP 地址不能与 Windows 网卡使用的 IP 地址一致（需要保证为同一网段），否则会出现连接失败的情况。

完成配置后，重启 Ubuntu 系统，使用例 6-1 所示的测试方式检测网络是否配置成功。

如例 6-2 所示，如果配置的地址信息错误，则会产生连接失败的情况。

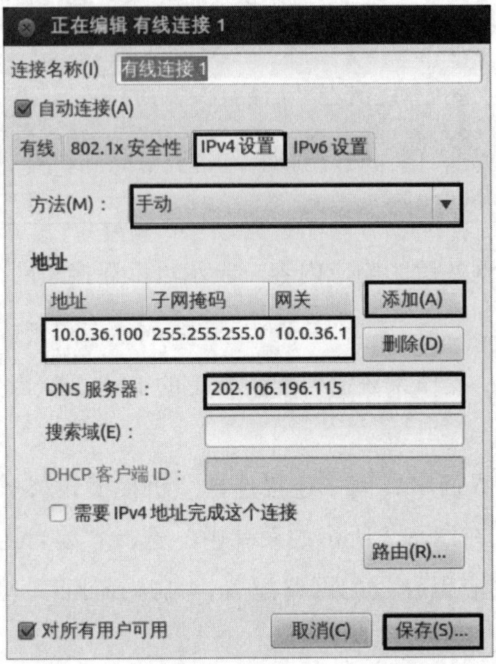

图 6.6 网络配置

例 6-2 连接失败的情况。

```
linux@ubuntu:~$ ping www.mobiletrain.org
ping: unknown host www.mobiletrain.org        //显示连接失败
linux@ubuntu:~$
```

6.2.2 指令配置网络

通过指令配置网络，可以选择临时配置或永久生效配置。

1. 临时配置网络

在 Ubuntu 系统中，使用配置文件进行网络配置比采用图形界面要复杂许多。然而，开发者在搭建一些服务器时，只需要临时设定网络配置，此时则可以使用 Linux 操作系统的相关命令来执行配置。

执行临时的网络配置需要使用 Linux 操作系统配置网卡的基本命令 ifconfig，其可用于显示或设置网卡的配置，如 IP 地址、硬件地址、子网掩码等。

如例 6-3 所示，在终端中输入命令 ifconfig，即可显示当前系统的详细网络信息。

例 6-3 查看当前系统网络信息的详细参数。

```
linux@ubuntu:~$ ifconfig
```

```
eth0      Link encap:以太网 硬件地址 00:0c:29:e6:9e:37
          inet 地址:10.0.36.100  广播:10.0.36.255  掩码:255.255.255.0
          inet6 地址: fe80::20c:29ff:fee6:9e37/64 Scope:Link
          UP BROADCAST RUNNING MULTICAST  MTU:1500  跃点数:1
          接收数据包:8121 错误:0 丢弃:0 过载:0 帧数:0
          发送数据包:695 错误:0 丢弃:0 过载:0 载波:0
          碰撞:0 发送队列长度:1000
          接收字节:1803864 (1.8 MB)  发送字节:57946 (57.9 KB)

lo        Link encap:本地环回
          inet 地址:127.0.0.1  掩码:255.0.0.0
          inet6 地址: ::1/128 Scope:Host
          UP LOOPBACK RUNNING  MTU:16436  跃点数:1
          接收数据包:1036 错误:0 丢弃:0 过载:0 帧数:0
          发送数据包:1036 错误:0 丢弃:0 过载:0 载波:0
          碰撞:0 发送队列长度:0
          接收字节:71176 (71.1 KB)  发送字节:71176 (71.1 KB)

linux@ubuntu:~$
```

从例 6-3 所示的结果可以看出，该主机的网络接口有两个，分别为 eth0、lo。其中，lo 表示本地环回地址，其 IP 地址为 127.0.0.1。eth0 表示主机的第一个以太网卡，网卡的物理地址（MAC 地址）为 00:0c:29:e6:9e:37，IP 地址为 10.0.36.100，广播地址为 10.0.36.255，子网掩码为 255.255.255.0。

通过命令 ifconfig 可以设置临时的 IP 地址，其命令的语法格式如下。

```
ifconfig eth0 [临时 IP]
```

如例 6-4 所示，通过指定临时 IP 地址完成网络配置。

例 6-4 指定临时 IP 完成网络配置。

```
linux@ubuntu:~$ sudo ifconfig eth0 10.0.36.99  //设置临时 IP 地址
[sudo] password for linux:
linux@ubuntu:~$ ifconfig    //查询是否配置成功
eth0      Link encap:以太网 硬件地址 00:0c:29:e6:9e:37
          inet 地址:10.0.36.99  广播:10.255.255.255  掩码:255.0.0.0
          inet6 地址: fe80::20c:29ff:fee6:9e37/64 Scope:Link
          UP BROADCAST RUNNING MULTICAST  MTU:1500  跃点数:1
          接收数据包:12254 错误:0 丢弃:0 过载:0 帧数:0
          发送数据包:1014 错误:0 丢弃:0 过载:0 载波:0
          碰撞:0 发送队列长度:1000
```

```
        接收字节:2734442 (2.7 MB)  发送字节:84175 (84.1 KB)
/*省略部分显示内容*/

linux@ubuntu:~$
```

例 6-4 中，设置网卡的临时 IP 地址为 10.0.36.99。注意，临时 IP 地址在系统重启后将失效。

ifconfig 还可以配置网卡的物理地址，其语法格式如下。

```
ifconfig eth0 hw ether [临时 IP]
```

在修改网卡的物理地址之前，必须先将网卡设备禁用。修改完成后，再重新启动网卡设备，如例 6-5 所示。

例 6-5 网卡设备禁用。

```
linux@ubuntu:~$ sudo ifconfig eth0 down   //网卡设备禁用
[sudo] password for linux:
linux@ubuntu:~$ sudo ifconfig eth0 hw ether 00:11:22:33:44:55 //执行修改
//设置网卡物理地址为 00:11:22:33:44:55
linux@ubuntu:~$ sudo ifconfig eth0 up  //重启网卡设备
linux@ubuntu:~$ ifconfig  //查询修改结果
eth0      Link encap:以太网 硬件地址 00:11:22:33:44:55  //修改成功
          inet 地址:10.0.36.100  广播:10.0.36.255  掩码:255.255.255.0
          inet6 地址: fe80::211:22ff:fe33:4455/64 Scope:Link
          UP BROADCAST RUNNING MULTICAST  MTU:1500  跃点数:1
          接收数据包:23234 错误:0 丢弃:0 过载:0 帧数:0
          发送数据包:1089 错误:0 丢弃:0 过载:0 载波:0
          碰撞:0 发送队列长度:1000
          接收字节:5172536 (5.1 MB)  发送字节:94530 (94.5 KB)
/*省略部分显示内容*/

linux@ubuntu:~$
```

例 6-5 修改网卡的物理地址为 00:11:22:33:44:55。使用命令 ifconfig 查询，可见修改成功。

2. 永久生效配置网络

上一部分主要介绍了通过命令临时设置网络 IP 地址，如果系统重启，则配置将会失效。如果想让配置永久生效，则必须修改系统的配置文件。

Ubuntu 系统中配置网络信息的文件为“/etc/network/interfaces”。在 Ubuntu 启动时可获得 IP 地址的配置信息。如果配置为静态 IP 地址，则从配置文件中读取 IP 地址参数，直接配置网络接口设备；如果配置为动态 IP 地址，就通知主机通过 DHCP 获取网络配置。

在通过修改配置文件设置网络之前，需要确保系统是否有保存过的图形界面配置。如果有已经配置好的网络，则选择删除，否则容易产生地址冲突，导致设置失败。

如果设置网络配置为自动寻址，则需要按照 6.2.1 节中介绍的方式，先将虚拟机设置中的网络连接选为“NAT 模式”。使用 Vim 编辑器打开文件“/etc/network/interfaces”，修改后的内容如例 6-6 所示。

例 6-6 修改配置文件实现自动寻址。

```
1  auto lo
2  iface lo inet loopback
3
4  auto eth0        //eth0 网卡的配置
5  iface eth0 inet dhcp //采用自动寻址
```

例 6-6 中，第 4 行和第 5 行为新增内容，即配置网络为自动寻址。

如果选择静态配置，则先将虚拟机设置中的网络连接选为“桥接模式”。配置文件修改后的内容如例 6-7 所示。

例 6-7 修改配置文件配置静态网络。

```
1  auto lo
2  iface lo inet loopback
3
4  auto eth0
5  iface eth0 inet static      //设置静态 IP 地址
6  address 10.0.36.100        //设置 IP 地址
7  netmask 255.255.255.0      //设置子网掩码
8  gateway 10.0.36.1          //设置网关
```

例 6-7 中，指定网卡的静态 IP 地址、子网掩码以及网关即可。例 6-6、例 6-7 所展示的配置方式可以任选一种，保存后，需要使配置文件生效。如例 6-8 所示，执行命令使配置生效。

例 6-8 重启网络使配置生效。

```
linux@ubuntu:~$ sudo /etc/init.d/networking restart  //使配置生效
[sudo] password for linux:
* Running /etc/init.d/networking restart is deprecated because it may not enable again some interfaces
* Reconfiguring network interfaces...[ OK ]
linux@ubuntu:~$
```

例 6-8 中，显示配置网络接口成功。完成上述配置后，显然还是不能浏览网页。通常情况下，用户登录网站在浏览器地址栏输入的是域名而不是实际的 IP 地址。而域名是需要 DNS 服务器进行解析的，因此，配置网络不能缺少 DNS 服务器的配置。

网络中的每台计算机都是一个 DNS 客户端，它们向 DNS 服务器提交域名解析的请求，DNS 服务器完成域名到 IP 地址的映射。因此，DNS 客户端至少要有一个 DNS 服务器的地址，作为域名解析的开端。

Linux 操作系统将 DNS 服务器地址保存在配置文件“/etc/resolv.conf”中，文件中的内容如例 6-9 所示。

例 6-9 设置 DNS 服务器地址。

```
1   # Dynamic resolv.conf(5) file for glibc resolver(3) generated by resolvconf(8)
2   #DO NOT EDIT THIS FILE BY HAND -- YOUR CHANGES WILL BE OVERWRITTEN
3   nameserver 127.0.0.1
```

将例 6-9 中 nameserver 后的 IP 地址设置为 DNS 服务器地址即可。上述步骤全部完成后，即可重启系统，使更改后的配置生效。可以使用 ping 命令检测配置是否成功。

6.3 Linux 操作系统常用网络服务配置

Linux 操作系统常用网络服务配置

Linux 操作系统支持很多网络服务，例如，通过 SSH 实现远程登录，通过 TFTP 实现文件传输，通过 NFS 实现远程挂载。然而，这些网络服务在默认情况下不会开启，需要开发者手动配置。本节主要介绍在 Ubuntu 系统下如何配置这些服务，供读者参考。

6.3.1 TFTP 服务

TFTP（Trivial File Transfer Protocol）是 TCP/IP 协议簇中的一个用来在客户端与服务器之间进行简单文件传输的协议。

协议的工作原理为客户端发出一个读取或写入文件的请求，服务器如果批准，则打开连接。数据以固定长度 512 字节进行传输。服务器在发出下一个数据包之前必须得到客户对上一个数据包的确认。如果一个数据包的大小小于 512 字节，则表示传输结束。如果数据包在传输过程中丢失，则采用超时机制，即发出方会在超时后重新传输最后一个未被确认的数据包。

TFTP 服务主要应用于传输文件，其使用的模式为 CS 模式（客户端/服务器模式），在嵌入式跨平台开发环境中被广泛使用。

1. 安装、配置TFTP服务

配置TFTP之前，必须安装TFTP软件包，因为Ubuntu系统不会默认安装TFTP。TFTP软件包包括服务器软件和客户端软件，比较常用的是tftpd-hpa（服务器软件）和tftp-hpa（客户端软件）。

（1）检测TFTP相关软件是否安装。使用命令apt-cache，如例6-10所示。

例 6-10 检测TFTP是否安装。

```
linux@ubuntu:~$ sudo apt-cache policy tftp-hpa  //检测客户端软件
tftp-hpa:
  已安装: （无）                          //显示未安装
  候选软件包: 5.2-1ubuntu1
  版本列表:
     5.2-1ubuntu1 0
        500 http://archive.ubuntu.com/ubuntu/ precise/main amd64 Packages
linux@ubuntu:~$ sudo apt-cache policy tftpd-hpa  //检测服务器软件
tftpd-hpa:
  已安装: （无）                          //显示未安装
  候选软件包: 5.2-1ubuntu1
  版本列表:
     5.2-1ubuntu1 0
        500 http://archive.ubuntu.com/ubuntu/ precise/main amd64 Packages
linux@ubuntu:~$
```

（2）安装TFTP客户端与服务器软件。选择在线安装比较方便且不容易出错，如例6-11所示。

例 6-11 安装TFTP软件。

```
linux@ubuntu:~$ sudo apt-get install tftp-hpa tftpd-hpa  //安装软件
[sudo] password for linux:
正在读取软件包列表...完成
正在分析软件包的依赖关系树
正在读取状态信息...完成
下列软件包是自动安装的并且现在不需要了:
  libsexy2 libmessaging-menu0 libcamel-1.2-40 xchat-common
liblaunchpad-integra tion1
使用'apt-get autoremove'来卸载它们
下列【新】软件包将被安装:
  tftp-hpa tftpd-hpa
升级了 0 个软件包，新安装了 2 个软件包，要卸载 2 个软件包，有 17 个软件包未被升级。
需要下载 60.1 kB 的软件包。
解压缩后会消耗掉 56.3 kB 的额外空间。
```

```
您希望继续执行吗? [Y/n]y
获取：1 http://archive.ubuntu.com/ubuntu/ precise/main tftp-hpa amd64 5.2-1ubuntu1 [19.8 kB]
获取：2 http://archive.ubuntu.com/ubuntu/ precise/main tftpd-hpa amd64 5.2-1ubuntu1 [40.3 kB]
下载 60.1 kB，耗时 2 秒 (26.0 kB/s)
正在预设定软件包 ...
(正在读取数据库 ...系统当前共安装有 184076 个文件和目录。)
/*省略部分显示内容*/
正在处理用于 man-db 的触发器...
Selecting previously unselected package tftp-hpa.
(正在读取数据库 ...系统当前共安装有 184063 个文件和目录。)
正在解压缩 tftp-hpa (从 .../tftp-hpa_5.2-1ubuntu1_amd64.deb) ...
Selecting previously unselected package tftpd-hpa.
正在解压缩 tftpd-hpa (从 .../tftpd-hpa_5.2-1ubuntu1_amd64.deb) ...
正在设置 tftp-hpa (5.2-1ubuntu1) ...
正在设置 tftpd-hpa (5.2-1ubuntu1) ...
tftpd-hpa start/running, process 8716
linux@ubuntu:~$
```

（3）完成 TFTP 客户端与服务器软件下载后，需要对 TFTP 进行服务配置。

TFTP 服务配置文件为“/etc/default/tftpd-hpa”。使用 Vim 编辑器打开该文件，其具体内容如例 6-12 所示。

例 6-12　TFTP 服务配置文件内容。

```
1  # /etc/default/tftpd-hpa
2
3  TFTP_USERNAME="tftp"
4  TFTP_DIRECTORY="/var/lib/tftpboot"
5  TFTP_ADDRESS="0.0.0.0:69"
6  TFTP_OPTIONS="--secure"
```

例 6-12 所示的代码中，第 4 行代码设置 TFTP 的工作目录，Ubuntu 系统默认的目录为“/var/lib/tftpboot”。TFTP 的工作目录，即 TFTP 用来保存文件的“仓库”，客户端无论是上传文件还是下载文件，都默认访问该目录。上传文件时，文件保存在该目录中；下载文件时，该文件必须在目录中存在，否则将会下载失败。

第 6 行代码设置 TFTP 的选项参数，Ubuntu 系统默认的参数为“--secure”。该项参数表示对 TFTP 服务的支持。

对例 6-12 所示的参数配置进行重新设置。修改 TFTP 的工作目录以及选项参数，如例 6-13 所示。将 TFTP 的工作目录修改为“/tftpboot”，选项参数修改为“-c -s -l”。“-c”表示可以上传新文件。“-s”表示指定默认的工作目录，即客户端对服务器进行请求时，默认访问的目录为“/tftpboot”。“-l”表示监听。

例 6-13 修改 TFTP 配置文件。

```
1  # /etc/default/tftpd-hpa
2
3  TFTP_USERNAME="tftp"
4  TFTP_DIRECTORY="/tftpboot"
5  TFTP_ADDRESS="0.0.0.0:69"
6  TFTP_OPTIONS="-c -s -l"
```

（4）默认情况下，用户可以自定义 TFTP 的工作目录，并且需要修改目录的访问权限，如例 6-14 所示。

例 6-14 创建 TFTP 所需的传输目录。

```
linux@ubuntu:~$ sudo mkdir /tftpboot  //创建目录
linux@ubuntu:~$ ls -l /
/*省略部分显示内容*/
drwxr-xr-x   2 root  root   4096  9月 17 15:51 tftpboot //创建的tftpboot目录
linux@ubuntu:~$ sudo chmod 777 /tftpboot //修改权限为777
linux@ubuntu:~$
```

例 6-14 中，创建配置文件指定的目录“/tftpboot”，使用 chmod 命令修改其权限为 777。

（5）TFTP 配置完成后，用户可以在必要时启动 TFTP 服务。启动 TFTP 服务的操作如例 6-15 所示。

例 6-15 重启 TFTP 服务。

```
linux@ubuntu:~$ sudo service tftpd-hpa restart  //启动TFTP服务
tftpd-hpa stop/waiting
tftpd-hpa start/running, process 10045     //启动成功，显示进程号
linux@ubuntu:~$
```

例 6-15 中的启动命令较为固定，不会随着软件的升级而改变。

2. 使用 TFTP 服务

TFTP 服务配置成功后，既可以完成从“/tftpboot”目录中下载文件到本地目录，也可以从本地上传文件到“/tftpboot”目录。

TFTP 采用 C/S 架构，主要用于客户端与服务器的交互。在例 6-15 中，使用命令启动 TFTP 的服务器后，即可通过启动客户端向服务器发出请求。

读者可选择两台主机进行测试（保证两台主机网络连接成功且系统都支持 TFTP 服务），分别运行 TFTP 服务器以及 TFTP 客户端。通过 TFTP 客户端向服务器请求上传或下

载文件，具体流程如下。

（1）在主机上输入命令“tftp IP 地址”启动客户端程序，注意 IP 地址为服务器 IP 地址，如例 6-16 所示。

例 6-16　启动 TFTP 客户端程序。

```
linux@ubuntu64:~/1000phone$ tftp 10.0.36.100  //当前为客户端
tftp>
```

（2）向服务器上传文件，上传文件使用命令“put 文件名”，下载文件使用命令“get 文件名”。上传文件时，需要先确认当前目录下该文件存在。

例 6-17　TFTP 上传文件。

```
linux@ubuntu64:~/1000phone$ tftp 10.0.36.100   //当前为客户端
tftp> put test.c              //上传文件
tftp> quit                    //退出
linux@ubuntu64:~/1000phone$
```

如例 6-17 所示，选择将本地文件 test.c 上传到服务器，上传完成后，输入 quit 退出。

（3）查看服务器的 TFTP 工作目录，如果存在上传的文件，则表示操作成功。

例 6-18　查看 TFTP 传输目录。

```
linux@ubuntu:~$ cd /tftpboot    //当前为服务器
linux@ubuntu:/tftpboot$ ls       //查看工作目录
test.c
linux@ubuntu:/tftpboot$
```

如例 6-18 所示，服务器目录中存在上传的文件 test.c，表示上传成功。

（4）如果请求改为客户端从服务器下载文件，则操作与上述步骤相反。

例 6-19　在传输目录中创建新文件。

```
linux@ubuntu:/tftpboot$ ls              //当前为服务器
test.c
linux@ubuntu:/tftpboot$ touch qianfeng.txt   //在 TFTP 工作目录下，创建新文件
linux@ubuntu:/tftpboot$ ls    //创建文件成功
qianfeng.txt  test.c
linux@ubuntu:/tftpboot$
```

如例 6-19 所示，在 TFTP 工作目录下创建一个新文件，然后让客户端请求下载。

（5）在客户端启动 TFTP 客户端程序，请求下载文件，如例 6-20 所示。

例 6-20　TFTP 下载文件。

```
linux@ubuntu64:~/1000phone$ tftp 10.0.36.100  //当前为客户端
tftp> get qianfeng.txt                       //下载文件
tftp> quit                     //退出
linux@ubuntu64:~/1000phone$ ls qianfeng.txt  //查看文件
qianfeng.txt                                //文件存在，表示下载成功
linux@ubuntu64:~/1000phone$
```

通过 TFTP 服务，以上步骤实现了客户端请求上传文件以及下载文件的操作。TFTP 客户端上传、下载文件无须设置账户，使用较为方便。尤其在跨硬件平台的开发环境下，使用 TFTP 服务实现文件传输简单高效。因此，读者需要熟练掌握 TFTP 传输文件的操作方法。

6.3.2 NFS 服务

本书在 2.3.1 节的第 3 部分中，已经简单介绍了文件系统的基本概念，而网络文件系统（Network File System，NFS）是文件系统的一种。NFS 是一种可以实现远程访问的文件系统，即 NFS 将系统中的文件通过网络共享给系统中的其他用户。这样用户就可以像访问本地文件一样访问远端系统上的文件。

在跨硬件平台的开发中，开发者经常将根文件系统放在主机的共享目录中，然后在开发板启动内核后，通过 NFS 来挂载主机上的根文件系统。每次在根文件系统中搭建服务或修改配置后，不需要将更新后的根文件系统烧写到 Flash（闪存）中，大大提高了执行效率。NFS 远程访问文件系统如图 6.7 所示，其中 Bootloader 为引导系统，用于启动系统内核，内核启动加载文件系统。

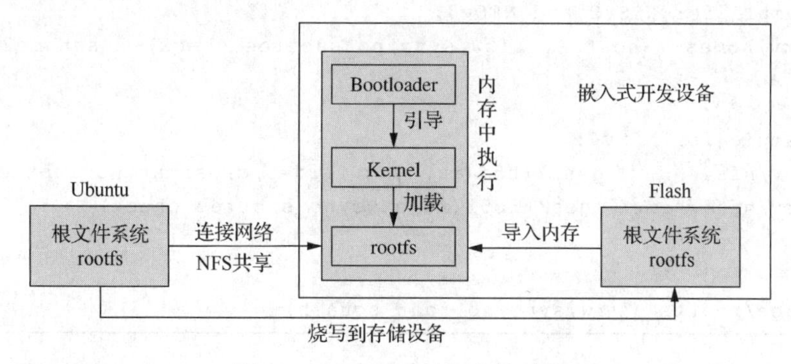

图 6.7 NFS 远程访问文件系统

1. 安装、配置 NFS 服务

（1）配置 NFS 服务之前，同样需要安装 NFS 服务器软件。Ubuntu 系统默认没有安装 NFS 服务器软件。安装指令如例 6-21 所示。

例 6-21 安装 NFS 服务器软件。

```
linux@ubuntu:~$ sudo apt-get install nfs-kernel-server
```

（2）检测是否安装成功，使用 apt-cache 命令。如例 6-22 所示，显示软件已安装。

例 6-22 检测 NFS 是否安装成功。

```
linux@ubuntu:~$ sudo apt-cache policy nfs-kernel-server //检测
[sudo] password for linux:
nfs-kernel-server:
  已安装：  1:1.2.5-3ubuntu3.1
  候选软件包：1:1.2.5-3ubuntu3.1
  版本列表：
 *** 1:1.2.5-3ubuntu3.1 0
        100 /var/lib/dpkg/status
     1:1.2.5-3ubuntu3 0
        500 http://archive.ubuntu.com/ubuntu/ precise/main amd64 Packages
```

（3）完成安装后，即可配置 NFS 服务。NFS 的核心配置文件为“/etc/exports”，被用来定义 NFS 允许共享的目录以及访问权限。

配置的主要内容为共享目录的设置以及与用户访问权限相关的选项参数设置。配置文件“/etc/exports”的内容如例 6-23 所示，其中第 12 行为新增内容，“#”表示注释。

例 6-23 配置 NFS 服务。

```
1   # /etc/exports: the access control list for filesystems which may be exported
2   #       to NFS clients.  See exports(5).
3   #
4   # Example for NFSv2 and NFSv3:
5   # /srv/homes    hostname1(rw,sync,no_subtree_check) hostname2(ro,sync,no_
subtree_check)
6   #
7   # Example for NFSv4:
8   # /srv/nfs4          gss/krb5i(rw,sync,fsid=0,crossmnt,no_subtree_check)
9   # /srv/nfs4/homes  gss/krb5i(rw,sync,no_subtree_check)
10  #
11
12  /source/rootfs  *(rw,sync,no_root_squash)
```

例 6-23 中，“/source/rootfs”为共享的目录；“*”表示允许所有的网络段访问；“rw”表示用户对共享目录的访问权限为可读写；“sync”表示将数据同步到内存与硬盘；“no_root_squash”表示如果客户端为 root 用户，则其对该共享目录的访问应该具有 root 权限。

NFS 配置文件中，其他常用参数如表 6.1 所示。

表 6.1 NFS 常用参数

参数	描述
ro	只读权限
async	向共享目录写入数据时，数据先保存在内存，直到硬盘有空间再写入硬盘
root_squash	如果客户端访问的是 root 用户，则用户将被映射为匿名用户
all_squash	无论客户端访问的用户如何，其都将被映射为匿名用户
hide	不共享 NFS 目录中的子目录
no_hide	共享 NFS 目录中的子目录
subtree_check	如果共享子目录，则强制检查父目录的权限
no_subtree_check	共享子目录，不检查父目录的权限
secure	NFS 使用 1024 以下的 TCP/IP 端口发送
insecure	NFS 使用 1024 以上的端口发送

（4）共享目录由用户自行定义并创建。需要注意的是，创建的共享目录必须与配置文件中定义的路径保持一致，另外需要修改共享目录的用户访问权限，如例 6-24 所示。

例 6-24 创建共享目录。

```
linux@ubuntu:~$ sudo mkdir -p /source/rootfs  //创建共享目录
linux@ubuntu:~$ sudo chmod 777 /source   //修改权限
linux@ubuntu:~$ ls -l /
/*省略部分显示内容*/
drwxrwxrwx   3 root  root   4096  9月 18 14:38 source
```

（5）通过使用 NFS 的初始化脚本（nfs-kernel-server），即可实现启停 NFS 服务。如果用户在使用期间修改了 NFS 的配置，则必须重新启动 NFS，才能使修改生效。

例 6-25 所示为启动 NFS 服务。如果只是重新启动，将命令中 start 更换为 restart 即可。

例 6-25 启动 NFS 服务。

```
linux@ubuntu:~$ sudo /etc/init.d/nfs-kernel-server start    //启动
 *Exporting directories for NFS kernel daemon...          [ OK ]
 *Starting NFS kernel daemon                              [ OK ]
linux@ubuntu:~$ sudo /etc/init.d/nfs-kernel-server restart  //重启
 *Stopping NFS kernel daemon                              [ OK ]
 *Unexporting directories for NFS kernel daemon...        [ OK ]
 *Exporting directories for NFS kernel daemon...          [ OK ]
 *Starting NFS kernel daemon                              [ OK ]
linux@ubuntu:~$
```

停止 NFS 服务如例 6-26 所示。

例 6-26　停止 NFS 服务。

```
linux@ubuntu:~$ sudo /etc/init.d/nfs-kernel-server stop  //停止
[sudo] password for linux:
 * Stopping NFS kernel daemon                         [ OK ]
 * Unexporting directories for NFS kernel daemon..    [ OK ]
linux@ubuntu:~$
```

查看 NFS 服务的当前工作状态，如例 6-27 所示。

例 6-27　查看 NFS 工作状态。

```
linux@ubuntu:~$ sudo /etc/init.d/nfs-kernel-server status //查看状态
nfsd not running                            //不运行
linux@ubuntu:~$
```

在客户端的主机上使用命令 **showmount** 可查看 NFS 服务器上有哪些共享的资源，命令的语法格式如下所示。

```
showmount [选项] srvname
```

其附加选项如表 6.2 所示。**srvname** 表示 NFS 服务器的主机名，或者使用的 IP 地址。

表 6.2　　　命令 showmount 附加选项

选项	功能
-e	显示 NFS 服务器上所有的共享目录
-d	显示已经被客户端执行挂载的目录
-h	显示帮助
-v	显示版本

如果单独使用 **showmount** 命令，则显示本地主机设置的共享配置项，如例 6-28 所示。

例 6-28　查看共享配置项。

```
linux@ubuntu:~$ showmount -e
Export list for ubuntu:
/source/rootfs *              //共享配置项
linux@ubuntu:~$
```

2. NFS 服务的使用

本次示例将采用两台主机进行测试。其中一台主机作为服务器，搭建 NFS 服务环境；另一台则作为客户端，将服务器共享的资源挂载到本地目录进行访问。

（1）在客户端的主机中，查看服务器端的共享资源项，如例 6-29 所示。

例 6-29 查看服务器端的共享资源项。

```
linux@ubuntu64:~$ showmount -e 10.0.36.100  //IP 地址为服务器主机网卡 IP 地址
Export list for 10.0.36.100:
/source/rootfs *                 //共享资源项
linux@ubuntu64:~$
```

（2）在客户端主机中创建挂载目录，然后将远程服务器的共享资源挂载到此目录，客户端用户只需访问该目录即可访问共享的资源，如例 6-30 所示。

例 6-30 在客户端主机中创建挂载目录。

```
linux@ubuntu64:~$ sudo mkdir /mnt/nfs   //在 mnt 目录下创建 nfs 目录
[sudo] password for linux:
linux@ubuntu64:~$ ls /mnt    //查看
hgfs nfs                     //创建成功
linux@ubuntu64:~$
```

（3）在服务器的共享目录中创建测试文件，用来验证最终的挂载结果，如例 6-31 所示。

例 6-31 创建文件验证挂载结果。

```
linux@ubuntu:/source/rootfs$ sudo touch test.txt qf.dat
//在共享目录中创建测试文件
[sudo] password for linux:
linux@ubuntu:/source/rootfs$ ls
qf.dat  test.txt             //创建成功
linux@ubuntu:/source/rootfs$
```

（4）本地客户端将远程服务器中通过 NFS 共享的资源挂载到本地目录，如例 6-32 所示。注意，本次操作在客户端进行。

例 6-32 客户端将共享资源挂载到本地目录。

```
linux@ubuntu64:~$ sudo mount -t nfs 10.0.36.100:/source/rootfs/ /mnt/nfs/
        //将服务器共享的资源，挂载到本地 nfs 目录下
[sudo] password for linux:
linux@ubuntu64:~$ cd /mnt/nfs
linux@ubuntu64:/mnt/nfs$ ls    //查看本地目录，被共享的文件存在，远程访问成功
qf.dat  test.txt
linux@ubuntu64:/mnt/nfs$
```

根据例 6-32 执行的结果可知，客户端用户只需要访问 nfs 目录，即可对远程服务器的共享目录 rootfs 中的资源进行操作。或者说，此时客户端的 nfs 目录与服务器的 rootfs 共享目录中的资源是同步的（保持一致）。

（5）如果客户端不再需要访问服务器共享的资源，取消挂载即可。如例 6-33 所示，客户端执行卸载操作，本地目录将不会同步服务器的共享资源。

例 6-33 取消挂载。

```
linux@ubuntu64:~$ sudo umount /mnt/nfs   //执行卸载
[sudo] password for linux:
linux@ubuntu64:~$ cd /mnt/nfs
linux@ubuntu64:/mnt/nfs$ ls     //查看本地目录，没有服务器共享的文件
linux@ubuntu64:/mnt/nfs$
```

综合上述步骤，本次示例主要演示了两部分内容。第一部分为配置 NFS 服务，实现资源远程共享；第二部分为客户端执行挂载，将可以远程访问的共享资源挂载至本地目录进行访问。NFS 服务实现原理如图 6.8 所示。

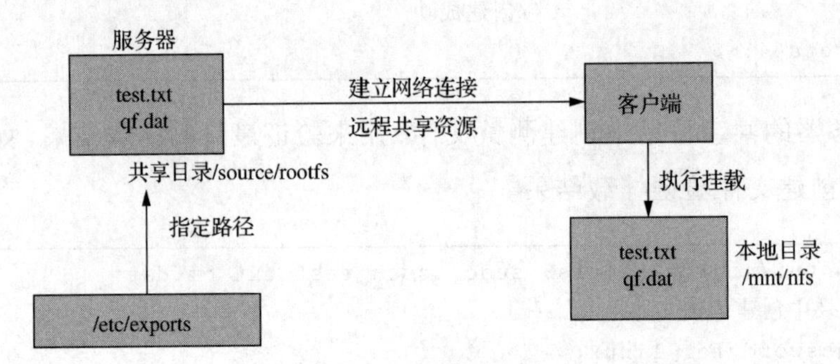

图 6.8 NFS 服务实现原理

6.3.3 SSH 服务

SSH（Secure Shell）是创建在应用层和传输层基础上的安全协议。相较于 FTP、POP 等传统的网络服务程序，SSH 更为可靠，主要用于对远程登录的会话数据进行加密，有效防止远程管理过程中的信息泄露。

在嵌入式开发中，开发者经常会使用一些支持 SSH 协议的程序软件，实现远程登录 Linux 操作系统。这样客户端无须启动 Linux 操作系统以及为其分配资源，可提高计算机的工作效率。

1. 安装、配置 SSH 服务

（1）在实现对 Ubuntu 系统的远程登录之前，需要 Ubuntu 系统支持 SSH 协议。如例 6-34 所示，检测 Ubuntu 系统中的 SSH 服务软件是否安装。（默认情况下，系统不会安装 SSH 服务软件。）

例 6-34 检测是否安装 SSH 服务软件。

```
linux@ubuntu64:~$ sudo apt-cache policy openssh-server  //检测是否安装
```

```
[sudo] password for linux:
openssh-server:
  Installed: (none)                          //未安装
  Candidate: 1:7.2p2-4ubuntu2.8
  Version table:
     1:7.2p2-4ubuntu2.8 500
        /*省略部分显示内容*/
1:7.2p2-4 500
        500 http://cn.archive.ubuntu.com/ubuntu xenial/main amd64 Packages
linux@ubuntu64:~$
```

（2）建议选择在线安装，安装包的名称为 openssh-server，如例 6-35 所示。

例 6-35 安装 SSH 服务。

```
linux@ubuntu64:~$ sudo apt-get install openssh-server
```

（3）安装完成后，可使用例 6-34 的方式检测是否安装成功。SSH 服务需要用户自行启动或停止。开启服务的命令为“service ssh start/restart”，关闭服务的命令为“service ssh stop”，查看服务状态的命令为“service ssh status”。

检测 SSH 服务的状态，如例 6-36 所示。

例 6-36 检测 SSH 服务的状态。

```
linux@ubuntu64:~$ sudo service ssh status  //检测状态
[sudo] password for linux:
● ssh.service - OpenBSD Secure Shell server   //表示服务已启动
   Loaded: loaded (/lib/systemd/system/ssh.service; enabled; vendor preset: 
enab
   Active: active (running) since 四 2019-09-19 10:22:17 CST; 24min ago
 Main PID: 8631 (sshd)
   CGroup: /system.slice/ssh.service
           └─8631 /usr/sbin/sshd -D
//默认使用端口 22
9月 19 10:22:17 ubuntu64 systemd[1]: Starting OpenBSD Secure Shell server...
9月 19 10:22:17 ubuntu64 sshd[8631]: Server listening on 0.0.0.0 port 22.
9月 19 10:22:17 ubuntu64 sshd[8631]: Server listening on :: port 22.
9月 19 10:22:17 ubuntu64 systemd[1]: Started OpenBSD Secure Shell server.
```

2. 使用 putty 远程登录

putty 是一种支持 Telnet、SSH 等协议的连接软件。具有体积小、操作简单、免费等特点。本次示例将采用两台主机进行测试，其中一台运行已经支持 SSH 服务的 Ubuntu 系统，另一台则运行 putty 工具，通过 putty 实现远程登录 Ubuntu 系统。

（1）获取 Ubuntu 系统当前的 IP 地址，如例 6-37 所示。

例 6-37 查询当前系统的 IP 信息。

```
linux@ubuntu:~$ ifconfig
eth0      Link encap:以太网硬件地址 00:0c:29:e6:9e:37
          inet 地址:10.0.36.100  广播:10.0.36.255  掩码:255.255.255.0
          inet6 地址: fe80::20c:29ff:fee6:9e37/64 Scope:Link
/*省略部分显示内容*/
linux@ubuntu:~$
```

（2）在另一个主机上，使用 putty 进行远程登录。运行 putty（不展示其下载过程），在配置界面中，单击"Session"选项（默认），选择"SSH"协议（默认）。在"Host Name（or IP address）"输入框内输入需要连接的主机 IP 地址，Port（端口号）选择为 22（默认），如图 6.9 所示。

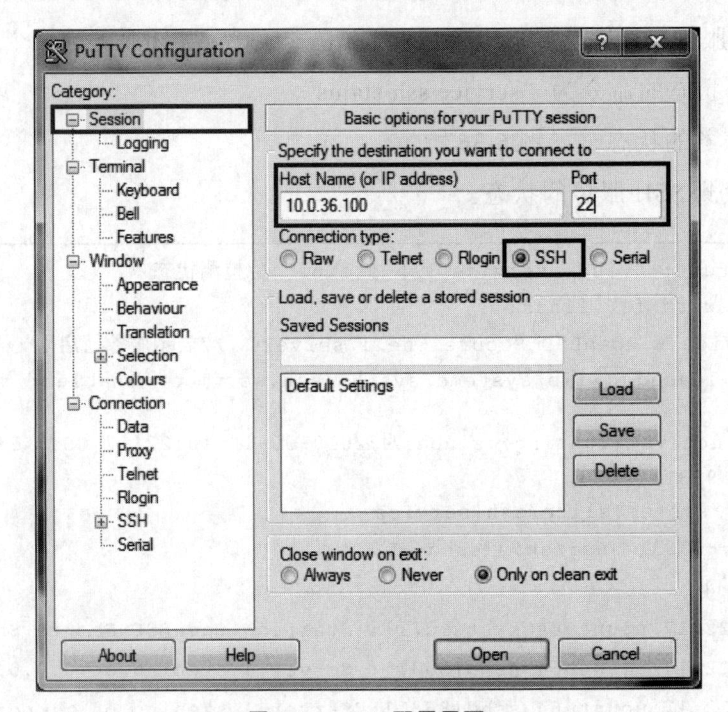

图 6.9 putty 配置界面

（3）完成图 6.9 所示的配置后，单击"Open"按钮进入终端窗口。按照提示输入所需的用户名以及密码（Ubuntu 系统登录的用户名及密码）完成远程登录，如图 6.10 所示。

上述过程展示了如何使用 putty 完成对 Linux 操作系统的远程访问。在实际开发中，这种应用方式十分普遍。读者也可以使用类似的 Xshell、SecureCRT 等终端软件进行连接实验。

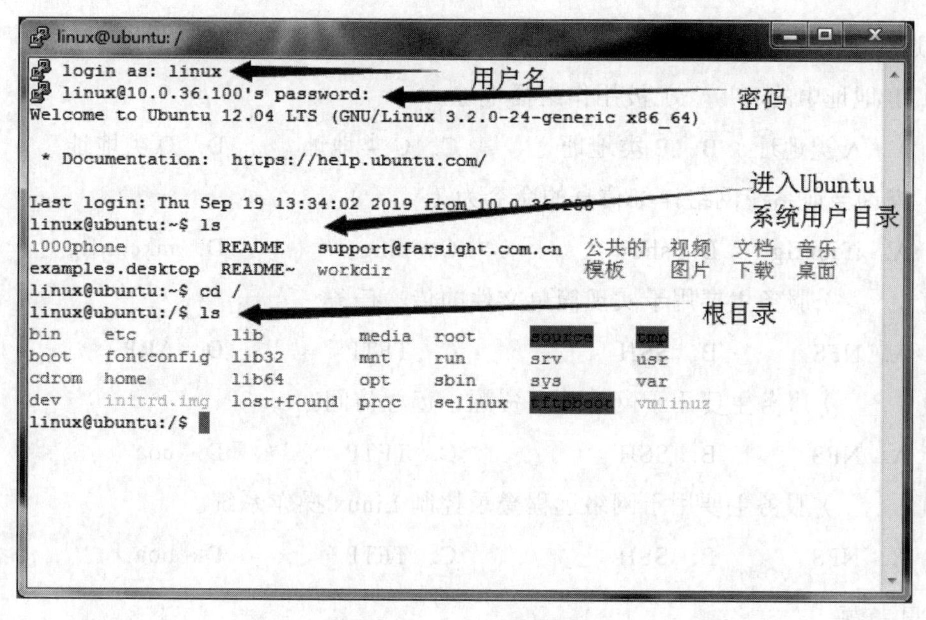

图 6.10 putty 远程登录

6.4 本章小结

本章主要介绍了 Linux 操作系统中的网络部分的配置搭建工作。具体内容分为三个部分：网络的基础知识点；Ubuntu 系统如何完成网络配置；Ubuntu 系统如何搭建常用的网络服务。读者需要了解网络的基础知识，在此基础上，熟练配置 Ubuntu 系统网络。本章核心的内容为网络服务搭建，通过详细地介绍 TFTP、NFS、SSH 服务的配置及应用，帮助读者提高系统操作的熟练度。读者需要理解搭建这些网络服务的用途，培养独立开发的能力。Linux 操作系统的网络服务搭建方法还有很多，望读者可以在不断的认知学习中，熟练掌握这些技能。

6.5 习题

1. 填空题

（1）IP 地址由________和________两部分组成。

（2）IP 地址可以分为________类。

（3）C 类 IP 地址的子网掩码为________。

（4）子网掩码的主要作用是________。

（5）网络配置分为________和________两种。

2. 选择题

（1）IP 地址中的（　　）被用作组播地址。

A. A 类地址　B. B 类地址　C. C 类地址　D. D 类地址

（2）查询当前系统网络详细信息的命令为（　　）。

A. ifconfig　B. show　C. ping　D. mkconfig

（3）（　　）服务主要用于实现简单文件的传输任务。

A. NFS　B. SSH　C. TFTP　D. ARP

（4）（　　）服务主要用于网络共享资源，远程访问。

A. NFS　B. SSH　C. TFTP　D. boa

（5）（　　）服务主要用于网络远程登录控制 Linux 操作系统。

A. NFS　B. SSH　C. TFTP　D. boa

3. 思考题

（1）简述子网掩码与网关的功能。

（2）简述 NFS 服务及功能。

（3）简述 TFTP 服务的配置搭建。

07

第 7 章 Shell 编程

本章学习目标

- 了解 Shell 脚本
- 掌握 Shell 脚本的基本语法
- 掌握 Shell 脚本的编程应用

每一种计算机语言都有各自的特点与应用环境，如面向过程的 C 语言、面向对象的 Java 语言等。本章将重点介绍一种解释性语言——Shell 脚本语言。Shell 脚本与 Windows 下的批处理相似，其工作的本质为：将各类 Shell 命令预先放入一个文件，然后批量执行，满足用户的各种需求。本章将主要介绍 Shell 脚本编程的基本语法，通过 Shell 编程完成实际的案例，从而提升读者的 Linux 操作系统开发能力。

7.1 Shell 脚本介绍

Shell 脚本介绍

本书在 2.2 节中已经介绍了 Shell 的基本概念，包括 Shell、Shell 命令、Shell 脚本三者的区别。Shell 是一种使用 C 语言编写的命令行解释器，被用来解析用户命令，实现用户与系统的交互。Shell 命令则是用户向系统内核发送的控制请求，这个控制请求是无法被内核理解的，只是一个文本流，需要解释器进行解释。而 Shell 脚本则是将命令、工具、编译过的二进制程序集合在一起的文件，同时可以内建命令，提供了数组、循环、条件以及判断等重要功能。开发者可以直接以 Shell 的语法来写程序，而不必使用类似 C 语言程序等传统程序的编写语法。

系统中的用户如果需要重复执行某一特定的任务，可以选择将任务的操作命令全部集合到 Shell 脚本文件中。每次执行该脚本文件，即可将这些命令批量交由 Shell 进行处理。Shell 脚本本身不需要编译，相对于管理系统任务和其他重复工作的例程来说，具有明显的优势。

通常情况下，开发者习惯用“Shell”代指 Shell 脚本，但读者需要明白，Shell 与 Shell 脚本是两个不同的概念。

7.2 Shell 脚本的基本语法

Shell 脚本的基本语法

Shell 脚本在 Linux 操作系统中扮演着很重要的角色。在启动 Linux 文件系统时，通过 Shell 脚本可以完成各种配置和服务的搭建，理解这些启动脚本将有助于读者分析系统的行为。学习 Shell 脚本也可以帮助读者对 Linux 内核中的 Makefile 有更加深入的了解，从而提升读者分析 Linux 内核代码结构的能力。

7.2.1 脚本的开头

新建 Shell 脚本文件，其文件扩展名为 sh（sh 代表 Shell），扩展名本身并不影响脚本执行，如例 7-1 所示。

例 7-1 创建脚本。

```
linux@ubuntu:~/1000phone$ touch test.sh      //创建一个脚本文件
linux@ubuntu:~/1000phone$ ls
test.sh                                //创建成功
linux@ubuntu:~/1000phone$
```

按照例 7-1 所示的方式创建脚本文件后，使用 Vim 编辑器编辑 Shell 脚本。Shell 脚本的第 1 行是固定的，类似于 C 语言程序将头文件声明作为开头，如例 7-2 所示。

例 7-2 脚本固定的开头。

```
1   #! /bin/bash                #开头
2
3   echo "hello world"          #输出字符串
```

例 7-2 中，符号“#!”为约定的标记，用来通知系统该脚本文件需要使用哪种类型的解释器来执行，即使用哪一种 Shell。bash（Bourne Again Shell）是 Linux 默认的 Shell 程序，是 Bourne Shell 的增强版。

读者也可以使用 Bourne Shell（即 sh），修改文件开头的标识即可，如例 7-3 所示。

例 7-3　修改文件开头标识。

```
1    #! /bin/sh
2
3    echo "hello world"
```

保存以上脚本文件，然后修改文件的用户访问权限，如例 7-4 所示。

例 7-4　修改文件的用户访问权限。

```
linux@ubuntu:~/1000phone$ ls -l          //查看脚本文件的用户访问权限
总用量 4
-rw-rw-r-- 1 linux linux 31  9 月 24 13:54 test.sh    //无可执行权限
linux@ubuntu:~/1000phone$ sudo chmod +x test.sh    //增加文件的可执行权限
[sudo] password for linux:
linux@ubuntu:~/1000phone$ ls -l    //查看修改后的脚本文件权限
总用量 4
-rwxrwxr-x 1 linux linux 31  9 月 24 13:54 test.sh
linux@ubuntu:~/1000phone$
```

修改脚本文件的权限使用命令 chmod。如例 7-4 所示，增加脚本文件 test.sh 的可执行权限。Shell 脚本文件必须被赋予可执行权限，否则无法执行。

7.2.2　脚本的执行

Shell 脚本文件无须编译，只需要由解释器解析。因此，修改权限后的脚本文件可直接执行。执行 Shell 脚本有以下 3 种方式。

1. 作为可执行程序

执行例 7-2 所示的脚本文件 test.sh，如例 7-5 所示。

例 7-5　直接执行脚本程序。

```
linux@ubuntu:~/1000phone$ ./test.sh    //执行脚本文件
hello world                            //脚本文件的输出结果
linux@ubuntu:~/1000phone$
```

例 7-5 将脚本文件视为二进制的可执行程序，执行的方式为“./xxx.sh”。执行脚本时，Linux 操作系统会根据全局环境变量 PATH 所指定的路径寻找该脚本，而 PATH 在未修改的情况下，一定不会指定当前脚本文件所在的路径。因此，使用“./”表示通知系统在当前目录下寻找。

2. 指定环境变量

如果用户希望在系统的任何工作目录下都可以执行某一特定目录中的 Shell 脚本文件，

只需将 Shell 脚本所在的目录添加到环境变量 PATH 中。

将例 7-5 展示的脚本文件所在的路径添加到整个环境变量中，如例 7-6 所示。

例 7-6 指定环境变量执行脚本。

```
linux@ubuntu:~/1000phone$ ls
test.sh                                  //脚本文件
linux@ubuntu:~/1000phone$ export PATH=/home/linux/1000phone:$PATH
//指定脚本文件所在路径
linux@ubuntu:~/1000phone$ cd     //切换到主目录，也可切换到其他任意目录
linux@ubuntu:~$ test.sh          //直接输入脚本文件名即可运行脚本，无须再指定路径
hello world                      //脚本的运行结果
linux@ubuntu:~$
```

例 7-6 中，脚本文件 test.sh 所在的路径为“/home/linux/1000phone”。因此，使用 export 命令临时在 PATH 变量中添加该路径。完成路径添加后，即可在任意目录下直接输入文件名执行脚本文件，无须再指定路径。

3. **作为解释器参数**

除了上述执行方式外，用户还可以选择直接运行解释器，其参数为脚本文件名，如例 7-7 所示。

例 7-7 作为解释器参数运行脚本。

```
linux@ubuntu:~/1000phone$ sh test.sh    //直接运行解释器，将脚本文件名作为参数
hello world
linux@ubuntu:~/1000phone$
```

按照例 7-7 所示的方式执行脚本文件，其第 1 行无须指定解释器信息。如果需要使用的 Shell 为 bash，则将例 7-7 中的 sh 替换为 bash 即可。

7.2.3 变量

在 Shell 编程中，所有的变量都由字符串组成。不同于 C 语言程序中的变量，Shell 脚本中的变量无须声明且没有数据类型。

Bourne Shell 中有 4 种变量，分别为用户自定义变量、命令行参数、预定义变量、环境变量。

1. **用户自定义变量**

Shell 脚本中的变量不支持数据类型（整型、字符型等），任何赋值给变量的值都被 Shell 解释为一串字符。

变量的命名需要遵循以下规则。

（1）只能使用字符、数字和下画线，首字符不能是数字。

（2）不能出现空格，可以使用下画线。

（3）不能使用 Shell 中已经定义的关键字。

（4）通常使用全大写，便于识别。

变量赋值的格式如下所示。

```
变量名=值
```

上述赋值格式中，需要注意的是，变量赋值时，等号两边不能出现空格。

在 Shell 脚本中使用变量时，需要在变量前面加“$”符，表示引用，如例 7-8 所示。

例 7-8　自定义变量并赋值。

```
1   #! /bin/sh
2
3   VAR="hello world"       #对变量 VAR 赋值
4   echo $VAR               #输出变量 VAR 的值，引用变量，使用$
```

Shell 脚本中变量的赋值遵循从右向左的顺序，如例 7-9 所示。

例 7-9　变量赋值的规则。

```
1   #! /bin/sh
2
3   X=a
4   Y=$X
5   echo $Y
```

例 7-9 的运行结果如下所示，变量 Y 的值为 a，验证了赋值的顺序为从右向左。

```
linux@ubuntu:~/1000phone$ ./test.sh
a
linux@ubuntu:~/1000phone$
```

Shell 编程时，需要特别注意变量与其他字符混淆的问题，如例 7-10 所示的代码。

例 7-10　注意变量与字符混淆的问题。

```
1   #! /bin/sh
2
3   NUM=1
4   echo "$NUMnd"
```

例 7-10 的运行结果如下。

```
linux@ubuntu:~/1000phone$ ./test.sh
                                          //无输出内容
```

```
linux@ubuntu:~/1000phone$
```

例 7-10 并没有按照程序编写思维输出预想的字符串“1nd”。Shell 在执行时会搜索变量 NUMnd，然而脚本文件中的 NUMnd 是没有任何赋值的。因此，需要使用大括号来通知 Shell 打印的变量是 NUM，如例 7-11 所示。

例 7-11 大括号的使用。

```
1  #! /bin/sh
2
3  NUM=1
4  echo "${NUM}nd"      #输出变量为 NUM
```

例 7-11 使用大括号选中需要输出的变量，输出结果如下。

```
linux@ubuntu:~/1000phone$ ./test.sh
1nd                                 //输出正确结果
linux@ubuntu:~/1000phone$
```

2. 命令行参数

Shell 编程中的命令行参数（位置参数）与 C 程序中的 main 函数传参类似。这些位置参数使用$*N*表示，*N* 为正整数，表示命令行传入的第 *N* 个参数。*N* 从 0 开始进行标记，与 C 语言中的数组表示方式相同。例如，$1 表示传递给脚本程序的第 1 个参数，并以此类推。$0 表示程序本身的名字。

命令行参数的使用如例 7-12 所示。

例 7-12 命令行参数的使用。

```
1   #! /bin/sh
2
3   VAR=$1                  #将变量$1 的值赋值给变量 VAR
4   echo "VAR = $VAR"
```

输出结果如下所示，执行脚本时传入命令行第 1 个参数 10，则$1 被赋值为 10，再赋值给变量 VAR，可见输出 VAR 的值为 10。

```
linux@ubuntu:~/1000phone$ ./test.sh 10    //命令行传输参数值 10
VAR = 10                                  //输出变量 VAR 的值
linux@ubuntu:~/1000phone$
```

3. 预定义变量

预定义变量即 Shell 已经定义的变量，用户可根据 Shell 的定义直接使用这些变量，无须自己定义。所有预定义的变量都由“$”和其他符号组成，常用的预定义变量如下所示。

（1）$#：表示命令行参数的个数。

（2）$@：包含所有的命令行参数，即“$1”“$2”“$3”……

（3）$?：前一个命令的退出状态，正常退出返回0，反之为非0值。

（4）$*：包含所有的命令行参数，即“$1”“$2”“$3”……

（5）$$：正在执行的进程的ID号。

预定义变量的使用如例7-13所示。

例7-13 预定义变量的使用。

```
1   #! /bin/sh
2
3   echo "$0"
4   echo "$#"
5   echo "$*"
```

输出结果如下所示，在命令行输入参数。

```
linux@ubuntu:~/1000phone$ ./test.sh 1 2 3 4 5
./test.sh
5
1 2 3 4 5
linux@ubuntu:~/1000phone$
```

由输出结果可知，$0为“./test.sh”，$#为命令行参数的个数，共有5个参数，$*表示命令行所有的参数。

4. 环境变量

环境变量是操作系统中具有特定名称的对象，Linux 操作系统中的每一个用户都可以通过修改环境变量对自己的运行环境进行配置。

Linux操作系统中常用的环境变量如表7.1所示，这些环境变量无须用户定义，并且都有各自的含义。

表7.1　　Linux操作系统中常用的环境变量

环境变量	含义
HOME	表示用户主目录
PATH	Shell的搜索路径
TERM	终端的类型
HISTSIZE	历史命令记录的条数
LOGNAME	当前用户登录名
HOSTNAME	主机名称

续表

环境变量	含义
SHELL	当前用户使用的 Shell 的类型
TMOUT	用来设置 Shell 脚本过期的时间
UID	已登录用户的 ID 号
USER	当前用户的名字

表 7.1 中的环境变量可以在命令行或 Shell 脚本中直接使用，设置或使用环境变量的方式如表 7.2 所示。

表 7.2　　环境变量的使用方式

使用方式	功能
echo	显示指定环境变量
export	导出新的环境变量
env	显示系统所有的环境变量
set	显示本地定义的环境变量
unset	清除环境变量设置

根据表 7.1 与表 7.2 所示的环境变量以及使用方式，进行简单的测试，如例 7-14 所示。

例 7-14　环境变量的使用。

```
linux@ubuntu:~$ echo $HOME        //显示 HOME 变量的值
/home/linux
linux@ubuntu:~$ echo $UID         //显示当前用户的 ID 号
1000
linux@ubuntu:~$ echo $SHELL      //显示当前使用的 Shell 类型
/bin/bash
linux@ubuntu:~$ echo $USER       //显示当前的用户
linux
linux@ubuntu:~$ env             //显示系统中所有的环境变量
SSH_AGENT_PID=2123
GPG_AGENT_INFO=/home/linux/.cache/keyring-zKhDQg/gpg:0:1
TERM=xterm
SHELL=/bin/bash
/*省略部分显示内容*/
linux@ubuntu:~$
```

环境变量按照生命周期的不同可以分为永久性环境变量和临时性环境变量，根据用户等级的不同可以分为系统级环境变量和用户级环境变量。

（1）临时性环境变量

临时性环境变量只对当前的 Shell 有效，如果用户退出登录或终端关闭，则环境变量失效。如例 7-15 所示。

例 7-15 临时性环境变量。

```
linux@ubuntu:~/1000phone$ export VAR="hello"
linux@ubuntu:~/1000phone$ echo $VAR
hello
linux@ubuntu:~/1000phone$
```

例 7-15 中，使用命令 export 导出新的自定义变量 VAR 并赋值，使用 echo 输出变量 VAR 的值。变量 VAR 只在当前 Shell 中有效，如果关闭该终端或退出用户 linux，则 VAR 将失效。

重启终端，再次输出变量 VAR 的值，如下所示。

```
linux@ubuntu:~/1000phone$ echo $VAR
                                              //输出空内容
linux@ubuntu:~/1000phone$
```

输出为空，说明变量 VAR 已经失效。

（2）永久性环境变量（系统级）

系统级的永久性环境变量对系统内所有的用户生效，其作用范围为整个系统。用户在系统配置文件“/etc/profile”中添加需要的环境变量后，使用 source 命令刷新配置，即可使该变量生效。

使用 root 用户打开配置文件，在文件的末尾添加变量，如例 7-16 所示。

例 7-16 永久性环境变量。

```
30  fi
31
32  export COMPANY="1000phone"      //添加变量
```

完成配置后，保存并退出文件。使用命令 source 刷新配置，如例 7-17 所示。

例 7-17 source 刷新配置。

```
linux@ubuntu:~/1000phone$ sudo su   //切换为 root 用户
root@ubuntu:/home/linux/1000phone# source /etc/profile   //刷新文件配置
root@ubuntu:/home/linux/1000phone#
```

例 7-17 中，执行 source 命令前，需确认当前的用户为 root 用户。切换为其他用户，测试变量是否定义成功，如例 7-18 所示。

例 7-18 输出变量的值。

```
linux@ubuntu:~/1000phone$ echo $COMPANY
```

```
1000phone
linux@ubuntu:~/1000phone$
```

例 7-18 中，用户 linux 输出变量 COMPANY 的值，输出成功，说明该变量可以被其他用户使用。

（3）永久性环境变量（用户级）

用户级的永久性环境变量只对当前用户有效。某一个用户设置此类环境变量后，该变量对于其他用户来说是不存在的。

设置此类环境变量需要配置用户主目录下的隐藏文件“.bashrc”。设置的方法与上一步部分中设置系统级变量时一致。

例 7-19　打开隐藏配置文件。

```
linux@ubuntu:~$ vim .bashrc
```

如例 7-19 所示，打开 linux 用户主目录下的配置文件，将例 7-16 中的第 32 行代码添加到该文件的末尾处，保存并退出文件。使用 source 命令使配置文件生效。切换用户测试设置是否成功，如例 7-20 所示。

例 7-20　输出变量的值。

```
linux@ubuntu:~$ echo $COMPANY               //输出变量的值，当前用户为 linux
1000phone
linux@ubuntu:~$ sudo su                     //切换用户为 root 用户
root@ubuntu:/home/linux# echo $COMPANY  //输出变量的值
                                            //无输出结果
root@ubuntu:/home/linux#
```

根据例 7-20 中的输出结果可知，变量 COMPANY 被其他用户（本例中为 root 用户）使用时没有任何效果。

7.2.4 语句

Shell 语句在一个完整的 Shell 程序中有着十分重要的作用。使用 Shell 语句不仅可以实现功能性的设计，而且可以连接控制命令。Shell 语句可以分为 3 类：说明性语句、功能性语句、结构性语句。

1. 说明性语句

说明性语句指的是注释行。注释行可以出现在 Shell 程序的任何位置，既可以单独一行，也可以出现在执行语句的后面。Shell 程序中使用符号#引出注释语句，表示该语句不被解释执行。

例 7-21 所示的第 1 行代码即为注释语句。

例 7-21 说明性语句。

```
1  # qianfeng ( http://www.mobiletrain.org ) 2019-09-26
2  #! /bin/sh
3
4  echo "hello"  #输出字符串
```

2. 功能性语句

在 Shell 程序中，变量除了可以直接被赋值以外，还可以从程序外部获取值。外部获取变量的值使用键盘输入即可。

（1）键盘读取变量值

在 Shell 中可以使用命令 read 读取键盘输入的值，其格式如下。

```
read [变量]
```

使用上述格式时，从键盘输入的值将作为字符串读入“[变量]”，如例 7-22 所示。

例 7-22 read 将输入值读取到变量中。

```
1  # qianfeng ( http://www.mobiletrain.org ) 2019-09-26
2  #! /bin/sh
3
4  echo "Please input name of company:"          #提示用户输入
5  read COMPANY                                  #读取键盘输入
6  echo "Company name is $COMPANY"
```

例 7-22 的输出结果如下所示，其中第 3 行为用户终端输入的内容，非程序输出。

```
linux@ubuntu:~/1000phone$ ./test.sh
Please input name of company:
1000phone                            //用户输入的内容
Company name is 1000phone
linux@ubuntu:~/1000phone$
```

用户在终端输入“1000phone”后，该字符串被读入变量 COMPANY。输出变量 COMPANY 的值，与输入时一致，说明 read 读取键盘输入成功。

例 7-23 是一个 Shell 程序，实现查看任意目录下的文件信息。代码实现的方式为：read 命令读取键盘输入的目录名并保存到自定义的变量中，然后通过 ls 命令引用该变量。

例 7-23 读取键盘输入目录并查看目录中的文件。

```
1  #! /bin/sh
2
```

```
3   echo "Please input name of directory:"
4   read DIRECTORY              #读取终端输入，保存该值到变量 DIRECTORY 中
5
6   ls $DIRECTORY -l           #查询变量所指的目录中文件的信息
```

例 7-23 的输出结果如下所示，其中第 3 行为用户终端输入的内容，非程序输出。

```
linux@ubuntu:~/1000phone$ ./test.sh
Please input name of directory
/home/linux                 //用户输入的内容
总用量 56
drwxrwxr-x 2 linux linux 4096  9月 26 13:28 1000phone
/*省略部分显示内容*/
linux@ubuntu:~/1000phone$
```

根据上述结果可知，键盘输入的字符串“/home/linux”被命令 read 读入变量 DIRECTORY。通过命令 ls 引用变量 DIRECTORY，即可查看目录“/home/linux”下的所有文件信息。

（2）算术运算

在 Shell 中，算术运算命令 expr 可用于实现简单的算术运算，如加（+）、减（-）、乘（*）、除（/）、取余（%）等操作。其表达式格式如下所示，注意符号“`”为反引号，物理键位于键盘中 Esc 键下方。

```
Z = `expr $X [运算符] $Y`
```

注意，在 Shell 程序中，算术运算符在使用时必须搭配命令 expr，单独使用没有任何效果。如例 7-24 所示，命令 expr 与算术运算符一起使用，实现数值的运算。

例 7-24 算术运算符的使用。

```
1   #! /bin/sh
2
3   echo "Please input numbers:"
4
5   #读取键盘输入的值，保存到变量 VAR1/VAR2 中
6   read VAR1
7   read VAR2
8
9   #使用算术运算符进行计算
10  ADD=`expr $VAR1 + $VAR2`    #加
11  SUB=`expr $VAR1 - $VAR2`    #减
12  MUL=`expr $VAR1 \* $VAR2`   #乘
13  DIV=`expr $VAR1 / $VAR2`    #除
```

```
14  MOD=`expr $VAR1 % $VAR2`    #取余
15
16  echo "$VAR1+$VAR2 = $ADD"
17  echo "$VAR1-$VAR2 = $SUB"
18  echo "$VAR1*$VAR2 = $MUL"
19  echo "$VAR1/$VAR2 = $DIV"
20  echo "$VAR1%$VAR2 = $MOD"
```

例 7-24 通过命令 read 读取键盘输入的值并保存到变量 VAR1、VAR2 中；通过 expr 命令使用算术运算符实现加、减、乘、除、取余，并输出运算后的值。需要特别注意的是，expr 命令配合算术运算符使用时，运算符两边必须有空格。

例 7-24 运行结果如下所示，其中第 3 行和第 4 行为用户输入内容，非程序输出。

```
linux@ubuntu:~/1000phone$ ./test.sh
Please input numbers:
123                    //用户输入内容
16                     //用户输入内容
123+16 = 139
123-16 = 107
123*16 = 1968
123/16 = 7
123%16 = 11
linux@ubuntu:~/1000phone$ vi test.sh
```

expr 命令除了可以实现上述功能以外，还可以实现数值或字符串比较、字符串匹配、字符串提取、字符串长度计算、判断变量或参数等功能。

（3）test 命令

Shell 中的 test 命令用来测试某个条件是否成立，其测试的对象主要为字符串、整数、文件属性。每种测试对象都有一套具体的测试操作符，Shell 程序通过这些测试操作符，来满足具体的测试需求。

字符串测试操作符如表 7.3 所示。

表 7.3　　字符串测试操作符

测试操作符	含义
s1 = s2	测试两个字符串内容是否一致
s1 !=s2	测试两个字符串内容是否有差异
-z s1	测试字符串 s1 的长度是否为 0
-n s1	测试字符串 s1 的长度是否不为 0

使用表 7.3 所示的测试操作符，即可完成字符串的简单测试。如例 7-25 所示，从键盘输入两个字符串，测试并输出结果。

例 7-25 字符串测试操作符的使用。

```
1   #! /bin/sh
2
3   read VAR1          #读取输入字符串保存至变量
4   read VAR2
5
6   [ "$VAR1" = "$VAR2" ]   #判断字符串是否相等
7
8   echo $?          #输出前一个命令的返回码
```

例 7-25 中代码功能为判断两个字符串是否相等。其中第 6 行代码用来判断变量中保存的字符串是否相等，需要注意的是，“[”后和“]”前以及“=”两端都有空格，且不可省略。第 6 行代码也可以用如下语句替换，二者的功能一致。

```
test "$VAR1" = "$VAR2"
```

预定义变量$?用来返回上一条命令的退出状态，正常退出为 0，其他情况为 1。

例 7-25 的测试结果如下所示，其中第 2 行和第 3 行为用户输入内容，非程序输出结果。

```
linux@ubuntu:~/1000phone$ ./str.sh
qianfeng                    //终端输入字符串
1000phone
1                           //程序输出状态值为 1 即判定字符串不相等
linux@ubuntu:~/1000phone$
```

如上所示，当输入两个不同字符串时，程序返回状态值 1，表示两个字符串不相等。读者也可以使用同样的方式，练习使用表 7.3 中的其他测试操作符。

整数测试操作符如表 7.4 所示。

表 7.4　　整数测试操作符

测试操作符	含义
a -eq b	测试 a 与 b 是否相等
a -ne b	测试 a 与 b 是否不相等
a -gt b	测试 a 是否大于 b
a –ge b	测试 a 是否大于等于 b
a -lt b	测试 a 是否小于 b
a -le b	测试 a 是否小于等于 b

使用表 7.4 中的测试操作符即可实现整数的测试。如例 7-26 所示，判断两个整数是否相等。

例 7-26 整数测试操作符的使用。

```
1   #! /bin/sh
2
3   read VAR1
4   read VAR2
5
6   test $VAR1 -eq $VAR2          #判断输入的整数是否相等
7
8   echo $?          #返回上一条命令的状态值，即相等为 0，不相等为非 0
```

例 7-26 的输出结果如下所示，其中第 2 行和第 3 行为用户终端输入的内容，非程序输出。

```
linux@ubuntu:~/1000phone$ ./int.sh
10                   //用户输入待检测的整数
100
1
linux@ubuntu:~/1000phone$
```

由上述输出结果可知，当输入不相等的两个整数时，程序判定条件为假，输出状态值为 1。表 7.4 中的其他测试符也可以借鉴例 7-26 所示的代码进行测试。

文件测试操作符如表 7.5 所示。

表 7.5　文件测试操作符

测试操作符	含义
-d filename	测试 filename 是否为目录
-f filename	测试 filename 是否为普通文件
-L filename	测试 filename 是否为符号链接
-r filename	测试 filename 是否存在且为可读
-w filename	测试 filename 是否存在且为可写
-x filename	测试 filename 是否存在且为可执行
-s filename	测试 filename 是否存在且长度不为 0
filename1 -nt filename2	测试 filename1 是否比 filename2 新
filename1 -ot filename2	测试 filename1 是否比 filename2 旧

使用表 7.5 中的测试操作符即可完成对文件的基本测试。如例 7-27 所示，测试文件是否为目录。

例 7-27 测试文件是否为目录。

```
1   #! /bin/sh
2
3   read VAR              #读取终端输入的字符串保存到变量 VAR 中
4   test -d $VAR          #测试文件是否为目录
5
6   echo$?
```

例 7-27 的输出结果如下所示，其中第 3 行为用户输入内容，非程序输出。

```
linux@ubuntu:~/1000phone$ mkdir test  //先创建一个目录用于测试
linux@ubuntu:~/1000phone$ ./file.sh   //执行脚本
test                                  //输入文件名
0                                     //输出结果
linux@ubuntu:~/1000phone$
```

由上述输出结果可知，程序检测到文件 test 为目录，判定条件为真，输出状态值为 0。表 7.5 中的其他测试操作符也可以借鉴例 7-27 所示的代码进行测试。

3. **结构性语句**

Shell 脚本语言中的结构性语句与其他语言类似，主要包括条件判断语句、多路分支语句、循环语句、循环控制语句等。

（1）条件判断语句

条件判断语句的语法格式如下所示。

```
if 表达式
then
    命令表
fi
```

如果表达式为真，则执行命令表中的命令，否则退出 if 语句。上述语法格式中，if 与 fi 必须成对使用，表示条件语句的语句括号；命令表中的命令可以是一条，也可以是若干条。

条件判断语句的使用如例 7-28 所示，其功能为判断文件是否为目录，如果判断为真，则查看目录中的文件信息。

例 7-28 条件判断语句判断文件是否为目录。

```
1   #! /bin/sh
2
3   read VAR                #读取终端输入
4   if [ -d $VAR ]          #判断文件是否为目录
5   then
6       ls $VAR -l          #如果判断条件为真，执行查看操作
7   fi
```

例 7-28 中第 4 行代码的功能也可以通过 test 命令实现，如下所示。

```
#if test -d $VAR
```

例 7-28 的输出结果如下所示，其中前 4 行为用户输入内容，非程序输出。

```
linux@ubuntu:~/1000phone$ mkdir test            //创建目录 test 用于测试
linux@ubuntu:~/1000phone$ touch test/test.txt
                //在 test 目录中创建 test.txt 文件，避免目录成为空目录，程序执行效果不明显
linux@ubuntu:~/1000phone$ ./cond.sh     //执行程序
test                                    //用户输入，test 为目录
总用量 0                                 //判断为目录，显示目录中的文件信息
-rw-rw-r-- 1 linux linux 0  9月 27 16:24 test.txt
linux@ubuntu:~/1000phone$
```

在 C 语言编程中，if 通常与 else 配对使用，这种使用方式在 Shell 中也同样适用。具体的语法格式如下。

```
if 表达式
then 命令表 1
else 命令表 2
fi
```

如果表达式为真，则执行命令表 1 中的命令，否则执行命令表 2 中的命令。

使用上述语法格式对例 7-28 所示的代码进行补充。如例 7-29 所示，如果判断文件是目录，则查看目录下所有的文件（隐藏文件除外）；如果判断文件为普通文件，则查看文件中的内容。

例 7-29　条件判断语句使用示例。

```
1   #! /bin/sh
2
3   read VAR
4   if [ -d $VAR ]          #判断文件是否为目录
5   then
6       ls $VAR -l          #判断条件为真，则查看目录中文件的信息
7   else
8       if [ -f $VAR ]      #判断文件是否为普通文件
9       then
10          cat $VAR        #判断条件为真，则查看文件中的内容
11      fi
12  fi
```

例 7-29 中第 7～11 行代码，可以简化为如下代码，其功能一致。

```
7   elif [ -f $VAR ]
8       then
9       cat $VAR
```

例 7-29 的输出结果如下所示，其中第 1 行、第 3 行和第 4 行为用户输入内容，非程序输出。

```
linux@ubuntu:~/1000phone$ cat test.txt  //普通文件
hello world                              //文件中的内容
linux@ubuntu:~/1000phone$ ./cond.sh     //执行程序
test.txt                                //终端输入文件名
hello world                             //程序输出结果与文件内容一致
linux@ubuntu:~/1000phone$
```

文件 test.txt 为提前创建的文件，用于测试脚本程序是否正确。上述输出结果中，可见程序检测到终端输入的文件为普通文件后，输出了文件中的内容。

（2）多路分支语句

多路分支语句即多重条件测试语句，类似于 C 语言程序中的 switch-case 语句。其语法格式如下。

```
case 字符串变量 in              //case 语句只能检测字符串变量
    模式 1）                    //以右括号表示结束
        命令表 1
        ;;                      //命令表以单独的双分号结束，表示退出 case 语句
    模式 2）
        命令表 2
        ;;
......
    模式 n）
        命令表 n
        ;;
esac
```

上述语法格式的具体使用如例 7-30 所示。

例 7-30　多路分支语句的使用。

```
1   #! /bin/sh
2
3   case "$1" in
4       "start")
5           echo "服务开启..."
6           ;;
7       "stop")
8           echo "服务关闭..."
9           ;;
10      "restart")
11          echo "服务重启..."
```

```
12          ;;
13      *)
14          echo "输入提示：$0 + [start/stop/restart]"
15          ;;
16  esac
```

例 7-30 中，代码的功能为引导用户输入，仅起提示作用。根据用户输入的请求，执行不同的提示，程序输出结果如下所示。

```
linux@ubuntu:~/1000phone$ ./case.sh
输入提示：./case.sh + [start/stop/restart]
linux@ubuntu:~/1000phone$ ./case.sh start
服务开启...
linux@ubuntu:~/1000phone$ ./case.sh stop
服务关闭...
linux@ubuntu:~/1000phone$ ./case.sh restart
服务重启...
linux@ubuntu:~/1000phone$
```

由上述输出结果可见，运行脚本程序时，输入不同的请求，则程序输出不同的提示。

（3）for 循环语句

for 循环语句一般用于循环次数确定的情况下，多次执行一条命令或一组命令。其格式如下所示。

```
for 变量 in 单词表
do
    命令表
done
```

上述语法格式的使用如例 7-31 所示，计算 1～100 的和。

例 7-31　for 循环语句的使用。

```
1   #!/bin/sh
2
3   ADD=0
4
5   for i in `seq 1 100`         #从 1 到 100 中，依次取出整数
6   do
7       ADD=`expr $ADD + $i`     #依次累加
8   done
9
10  echo $ADD           #输出最后总和
```

例 7-31 中，seq 命令用于生成一个数到另一个数之间的所有整数。输出结果如下所示。

```
linux@ubuntu:~/1000phone$ ./for.sh
5050
linux@ubuntu:~/1000phone$
```

（4）while 循环语句

while 循环语句与 C 语言中的 while 循环语句类似，其语法格式如下。

```
while 命令或表达式
do
    命令表
done
```

上述 while 循环语句格式中，如果命令或表达式条件为真，则执行一次命令表中的命令。执行命令表完毕后，再次判断命令或表达式是否为真，为真则继续执行命令表，如此循环，直到命令或表达式判断为假时退出循环。

while 循环的具体使用如例 7-32 所示，其功能与例 7-31 相同，计算 1～100 的和。

例 7-32　while 循环语句的使用。

```
1   #! /bin/sh
2
3   ADD=0
4   i=0
5   while [ $i -le 100 ]              #变量 i 小于等于 100 时条件为真
6   do
7       ADD=`expr $ADD + $i`          #累加
8       i=`expr $i + 1`               #变量 i+1
9   done
10  echo $ADD
```

例 7-32 的运行结果如下所示。

```
linux@ubuntu:~/1000phone$ ./while.sh
5050
linux@ubuntu:~/1000phone$
```

（5）循环控制语句

循环控制语句包括 break 语句与 continue 语句。break 语句表示跳出整个循环，而 continue 语句只是跳出本轮循环，进入下一轮循环。

continue 语句的使用如例 7-33 所示。

例 7-33　循环控制语句。

```
1   #! /bin/sh
```

```
2
3  for i in `seq 1 6`
4  do
5    if [ $i -eq 3 ]                #判断变量 i 是否等于 3
6     then
7        continue                   #如果判断条件为真，则跳过本次循环
8     fi
9  echo $i
10 done
```

例 7-33 所示代码的功能为：通过 for 循环依次输出 1～6 所有的整数。其中第 5～8 行代码为判断条件，即变量等于 3 时，使用 continue 语句跳过输出变量值的操作。其输出结果如下所示。

```
linux@ubuntu:~/1000phone$ ./cont.sh
1
2
4
5
6
linux@ubuntu:~/1000phone$
```

由上述运行结果可知，程序跳过了变量等于 3 的一轮循环。

将例 7-33 中的 continue 替换为 break，其输出结果如下所示，可见当变量等于 3 时，break 执行跳出整个循环。

```
linux@ubuntu:~/1000phone$ ./cont.sh
1
2
linux@ubuntu:~/1000phone$
```

7.2.5 函数

在实际的程序编程中，开发者通常将具有固定功能且多次使用的一组命令（语句）封装在一个函数中，当需要使用该功能时只需调用该函数即可。在 Shell 中同样可以使用函数，需要注意的是，函数在调用前必须先定义。

调用程序可以传递参数给函数，函数可用 return 语句将运行后的结果返回给调用程序。

1. 函数的定义

函数定义的方式如下所示，与 C 语言程序中的函数类似。

```
func_name()
{
    command1
    ......
```

```
    command2
}
```

函数也可以定义为如下格式。

```
func func_name()
{
    command1
    ......
    command2
}
```

2. 函数调用格式

函数调用的格式如下所示，函数的所有标准输出都传递给了主程序的变量。

```
value=`func_name[arg1 arg2 ...]`
```

除上述格式所示的调用方式外，函数也可以被直接调用，其格式如下。

```
func_name [arg1 arg2 ...]
echo $?
```

3. 函数使用

编写一段程序，其功能为：求两个数的和（这两个数使用位置参数传参），并输出结果。如例 7-34 所示，将求和功能封装为一个函数。

例 7-34 函数的使用。

```
1   #! /bin/sh
2
3   add()
4   {
5   a=$1
6   b=$2
7   c=`expr $1 + $2`
8   echo "The sum is $c"
9   }
10
11  add $1 $2        #调用函数
```

例 7-34 的执行结果如下。

```
linux@ubuntu:~/1000phone$ ./add.sh 1 3
The sum is 4
linux@ubuntu:~/1000phone$
```

7.2.6 脚本调用

在 Shell 脚本程序中，可以调用另一个 Shell 脚本。如例 7-35 所示，在 test1.sh 中调用 test2.sh。

例 7-35 从一个脚本中调用另一个脚本。

```
1   #! /bin/sh
2
3   echo "test1.sh"
4   ./test2.sh              #执行 test2.sh 脚本
5   echo "end of run"
```

test2.sh 脚本的代码如例 7-36 所示。

例 7-36 被调用脚本。

```
1   #! /bin/sh
2
3   echo "test2.sh"
```

运行例 7-35 所示的脚本程序 test1.sh，其结果如下。

```
linux@ubuntu:~/1000phone$ ./test1.sh
test1.sh
test2.sh
end of run
linux@ubuntu:~/1000phone$
```

根据输出结果可知，test1.sh 成功调用 test2.sh 脚本程序。

7.3 Shell 编程应用

Shell 编程应用

7.3.1 猜数字游戏

猜数字游戏是很多人在休闲聚会时会玩的娱乐项目，其规则较为简单，即出题方随机选取一个数字后，答题方猜出该数字则挑战成功。出题方根据答题方每一轮竞猜的数字，提示答题方数字猜大了或是猜小了，直到答题方猜对为止。竞猜次数最少者为游戏赢家。

下面通过 Shell 编程完成猜数字游戏，其工作的方式为：运行脚本程序后将随机产生一个数字，程序根据用户输入，提示用户猜对、猜大或者猜小，直到用户猜对，脚本结束。

通过 Shell 编程实现猜数字游戏的代码如例 7-37 所示。本例使用的 Shell 为 Bourne Again Shell（bash），因为 Bourne Shell（sh）不支持 RANDOM 系统变量。

例 7-37 猜数字游戏的实现。

```
1  #!/bin/bash
2
3  # 脚本生成一个 100 以内的随机数，提示用户猜数字，根据用户的输入，提示用户是否猜对
4  # 猜小或猜大，直至用户猜对脚本结束
5
6  # RANDOM 为系统自带的系统变量，值为 0~32767 的随机数
7  # 通过取余处理将随机数变为 1~100 的随机数，保存至变量 num 中
8  num=$[RANDOM%100+1]
9
10 # 使用 read 提示用户猜数字
11 # 使用 if
12 # 判断用户所猜数字与该随机数的大小关系:-eq(等于)、-gt(大于)、-lt(小于)
13 while  :
14 do
15 read -p "计算机生成了一个 1~100 的随机数，请输入竞猜数： " guess
16     if [ $guess -eq $num ]      #判断用户输入数字与系统自动生成随机数的大小关系
17     then
18         echo "恭喜,竞猜正确"
19         exit
20     elif [ $guess -gt $num ]
21     then
22         echo"猜大"
23     elif [ $guess -lt $num ]
24         echo"猜小"
25     fi
26 done
```

例 7-37 中，系统变量 RANDOM 随机生成一个数字后，采用取余的方式，得到 0～100 的任意数字。将用户输入的数字与该数字进行对比即可实现猜数字的需求。例 7-37 的输出结果如下。

```
linux@ubuntu:~/1000phone$ ./num.sh
计算机生成了一个 1~100 的随机数，请输入竞猜数： 50
猜小
计算机生成了一个 1~100 的随机数，请输入竞猜数： 70
猜小
计算机生成了一个 1~100 的随机数，请输入竞猜数： 85
猜大
计算机生成了一个 1~100 的随机数，请输入竞猜数： 80
猜小
计算机生成了一个 1~100 的随机数，请输入竞猜数： 81
猜小
计算机生成了一个 1~100 的随机数，请输入竞猜数： 83
```

```
恭喜,竞猜正确
linux@ubuntu:~/1000phone$
```

根据上述输出结果可知，本次猜数字通过6次竞猜得到正确答案。

7.3.2 石头、剪刀、布游戏

石头、剪刀、布游戏是一种流行多年的猜拳游戏。游戏利用循环相克的特性，实现了相互制约，即石头克剪刀，剪刀克布，布克石头。因此，这种游戏经常被用来解决争议，快速实现胜负。

下面通过 Shell 编程实现人机交互的石头、剪刀、布游戏，如例 7-38 所示。

例 7-38 石头、剪刀、布游戏的实现。

```
1   #!/bin/bash
2   # 脚本实现人机交互石头、剪刀、布游戏
3   game=(石头 剪刀 布)  #定义一个数组，数组元素为石头、剪刀、布
4   num=$[RANDOM%3]  #取余后，num 的值只能为 0/1/2
5
6   com=${game[$num]}  #读取数组中元素的值，保存至变量 com 中
7   # 目的是表明 game 数组使用 num 作为下标
8   # 通过随机数获取计算机的出拳
9   # 出拳的可能性保存在数组中，game[0]、game[1]、game[2]分别是石头、剪刀、布
10
11  echo "请根据以下提示选择出拳手势"
12  echo "1.石头 2.剪刀 3.布"
13
14  #直接判断用户输入与数组下标即可
15  read -p "请选择 1~3: " user
16  case  $user  in
17     1)                                #如果 user 变量的值为 1，表示玩家出石头
18          if [ $num -eq 0 ]
19          then
20              echo "平局"
21          elif [ $num -eq 1 ]
22          then
23              echo "玩家赢"
24          else
25              echo "计算机赢"
26          fi;;
27     2)                               #如果 user 变量的值为 2，表示玩家出剪刀
28          if [ $num -eq 0 ]
29          then
30              echo "计算机赢"
31          elif [ $num -eq 1 ]
```

```
32          then
33              echo "平局"
34          else
35              echo "玩家赢"
36          fi;;
37      3)                          #如果 user 变量的值为 3，表示玩家出布
38          if [ $num -eq 0 ]
39          then
40              echo "玩家赢"
41          elif [ $num -eq 1 ]
42          then
43              echo "计算机赢"
44          else
45              echo "平局"
46          fi;;
47      *)
48          echo
49          "请输入 1~3 的数字"
50  esac
```

例 7-38 将石头、剪刀、布这 3 个元素保存在数组中，然后通过随机获取数组的下标得到系统的出拳，最后通过逻辑判断得到玩家本轮的游戏结果。其运行结果如下所示。

```
linux@ubuntu:~/1000phone$ ./finger.sh
请根据以下提示选择出拳手势
1.石头 2.剪刀 3.布
请选择 1~3: 3
玩家赢
linux@ubuntu:~/1000phone$
```

上述运行结果中，玩家选择 3，表示出布。系统显示玩家赢，说明程序随机选择的是石头，即随机下标为 0。

7.4 本章小结

本章主要介绍的是 Shell 脚本的编写，其核心内容为 Shell 脚本的基本语法，需要读者特别关注的是 Shell 语句。相较于 C 语言程序，Shell 语句的语法格式更加统一且严格。读者在编写 Shell 程序时，需要特别注意语句中的空格、符号、缩进等问题。最后，本章以生活中的小游戏作为设计需求，通过 Shell 编程实现这些功能，其目的在于帮助读者更好地掌握 Shell 脚本的基本语法。熟练 Shell 编程，有助于读者提升对 Linux 操作系统内核源代码的理解能力，适应系统开发的需求。

7.5 习题

1. 填空题

（1）Shell 脚本开头使用的标记符号为________。

（2）Shell 脚本编写完成后，在执行之前需要________。

（3）Shell 脚本采用指定环境变量的方式执行时，需修改的环境变量为________。

（4）Shell 脚本中变量不支持数据类型，任何赋值给变量的值都被 Shell 解释为________。

（5）Shell 脚本中的函数在调用前必须先________。

2. 选择题

（1）Shell 脚本执行的方法不包括（　　）。

A. 作为可执行程序　　B. 指定环境变量

C. 作为解释器参数　　D. 修改文件权限

（2）Shell 脚本使用指定环境变量的方式执行时，修改环境变量使用的命令为（　　）。

A. export　　B. chmod　　C. PATH　　D. expr

（3）Shell 脚本中的自定义变量在使用时，错误的是（　　）。

A. 变量的命名不能使用空格，不能使用下画线

B. 命名只能使用字符、数字和下画线

C. 变量赋值时，等号两边不能出现空格

D. 使用变量时，需要在变量前加“$”

（4）Shell 语句中，while 循环语句的基本格式为（　　）。

A. while…done　　B. do…while

C. while…do…done　　D. do…while…done

（5）Shell 语句中，多路分支语句的基本格式为（　　）。

A. switch…case　　B. case…in…esac

C. case…in　　D. case…in…done

3. 思考题

简述 Shell 脚本的功能及优势。

4. 编程题

修改 7.3.1 节中猜数字游戏的代码，在原有功能不变的情况下，添加新功能。新的功能需求为：允许用户竞猜 6 次，超过 6 次则提示用户挑战失败。

08 第 8 章　正则表达式

本章学习目标

- 了解正则表达式
- 掌握正则表达式中常用符号的用法
- 掌握正则表达式的匹配规则
- 熟练应用正则表达式

本章将重点介绍正则表达式的使用方法。正则表达式是计算机科学的一个概念，并非一门专用语言。通过正则表达式可以检索、替换一些符合某种规则的文本。由于正则表达式主要的应用对象为文本，因此它在各种文本编辑器中都有应用。对于 Linux 操作系统而言，正则表达式可以应用在各种命令中。在 Shell 编程中，自然也不会缺少正则表达式的应用。本章将从基础的符号开始介绍，帮助读者理解各种符号的匹配规则，熟练使用正则表达式。

正则表达式简介

8.1　正则表达式简介

8.1.1　正则表达式的起源

正则表达式的起源可以追溯到科学家对人类神经系统工作原理的早期研究。美国科学家麦卡洛克（Warren McCulloch）和皮茨（Walter Pitts）研究出一种用数学方式描述神经网络的方法，即将神经系统中的神经元描述为小而简单的控制元。20 世纪 50 年代，数学家克莱尼（Stephen Kleene）发表论文《神经网事件的表示法》，利用正则集合的数学符号描述此模型，从而引出了正则表达式的概念。

其后一段时间，UNIX 之父 Ken Thompson 开始将这一成果应用于计算机搜索算法的早期研究，他将符号系统引入编辑器 QED、ed，并最终引入 grep。此后，正则表达式被广泛应用于 UNIX 系统和类 UNIX 系统的各种工具中。

8.1.2 正则表达式的概念

正则表达式（Regular Expression）也可以称为规则表达式，是对字符串（普通字符）和特殊字符（元字符）进行操作的一种逻辑方式。简单地说，即正则表达式由一些普通字符和元字符组成。普通字符包括大小写字母和数字，元字符则有一些特殊的含义。这些特定的字符组成一个“规则字符串”，用来表示对其他字符串的一种过滤逻辑。

对于初次接触正则表达式的读者来说，上述概念较为抽象，晦涩难懂。因此，下面将通过一个简单的话题来介绍正则表达式的概念和思想。

本书在 2.3.4 节中介绍了通配符的使用方法，其中通配符“*”表示匹配任意长度的字符串，其应用如例 8-1 所示。

例 8-1 通配符的使用。

```
linux@ubuntu:~/1000phone/test$ ls
demon.c  test.c  test.dat  test.txt
linux@ubuntu:~/1000phone/test$ ls *.c
demon.c  test.c
linux@ubuntu:~/1000phone/test$
```

例 8-1 使用通配符“*”实现查看当前目录下所有后缀名为.c 的文件。尽管使用通配符可以帮助用户实现对资源的过滤，但其功能仍然具有一定的局限性。假设一个目录中的文件如下所示，需要从这些文件中，选择出文件名开头为两个字母且字母后为两个数字的文件。

```
a123.txt  a12.txt  ab123.txt  ab12.txt  cd12.txt  ef45.txt
```

显然，符合该规则的文件有 ab12.txt、cd12.txt、ef45.txt。使用通配符的方式进行条件筛选，如例 8-2 所示。

例 8-2 通配符筛选。

```
linux@ubuntu:~/1000phone/test$ ls
a123.txt  a12.txt  ab123.txt  ab12.txt  cd12.txt  ef45.txt
linux@ubuntu:~/1000phone/test$ ls [a-z][a-z][0-9][0-9].txt  //进行筛选
ab12.txt  cd12.txt  ef45.txt
linux@ubuntu:~/1000phone/test$
```

例 8-2 中的第 3 行为筛选操作，可见此操作对于用户而言并不友好。如果筛选的规则更加复杂，则通配符的匹配难度将变得更大。对于经常使用 Linux 命令或 Shell 编程的开发者来说，需要考虑的问题是，如何用更加简单的办法来实现复杂的匹配功能。正则表达式的出现，很大程度上解决了这一问题。

正则表达式是一种用于文字模式匹配和替换的工具，可以使用简单的方式实现字符串的复杂控制。例 8-3 所示为一个简单的正则表达式。

例 8-3 简单正则表达式展示。

```
^[0-9]+abcd$
```

例 8-3 中，“^”表示输入字符串的开始位置；“[0-9]+”表示匹配多个数字，其中“[0-9]”表示匹配任意一个数字，“+”表示匹配多个数字；“abcd$”表示匹配字母 abcd 且以字母 abcd 结尾，其中“$”表示匹配字符串的结束位置。通过这一表达式就可以过滤出以数字开头且结尾为 abcd 的所有字符串。

正则表达式在生活中也有应用。例如，人们在移动端 App 或一些 PC 平台中注册账号时，用户名的设置一般都会受到限制。有些平台的用户名只允许使用字母、数字或下画线，并且规定了用户名的长度，以保证所有注册的用户名都具有一定的共性。这样的限制则可以使用正则表达式来设定。

图 8.1 所示为实现用户名限制的表达式及其解析，该表达式规定用户名由 6～20 位字符组成（允许使用字母、数字、下画线）。

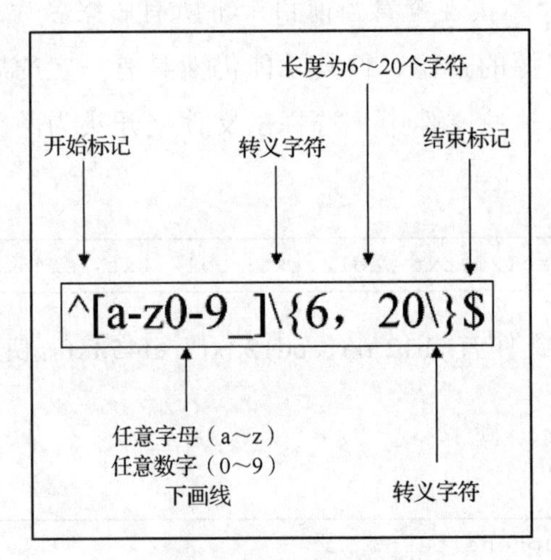

图 8.1 表达式及其解析

按照图 8.1 所示的规则设置用户名，例如：qianfeng、qianfeng123、qianfeng_123 都符合规则；qf、qian-feng 则不符合，因为其包含的字母太短或使用了规定外的字符。

至此，读者应该对正则表达式建立了初步的认识。同时，读者也需要明白，正则表达式只适合匹配文本字面，而不能匹配文本意义。

8.2 正则表达式的使用

正则表达式的使用

8.2.1 符号定义与匹配规则

正则表达式中可以使用的字符很多，且每一个字符都有其特定的含义。通过将这些字符合理组合，即可完成某种规则的设定。

本节将通过具体的示例展示如何使用这些字符来完成特定的工作。

1. 元字符

本地文件 src.txt 中保存了大量的英语单词以及注释（其排版类似于词典），如下所示（截取文件中的部分内容）。

```
......
add v.  ~ sth put sth together with sth else so as to increase the size, numb
addendum n.  thing that is to be added
addict n.  person who is unable to stop taking drugs, alcohol, etc
addicted adj. ~  unable to stop taking or using sth as a habit
......
```

假设当前的工作需求是将文件 src.txt 中所有包含单词 add 的语句全部复制到新的文件 dest.txt 中进行备份。

上述任务，可以考虑使用命令 grep 结合重定向来完成，如例 8-4 所示。

例 8-4 grep 搜索。

```
grep "add" src.txt > dest.txt
```

如例 8-4 所示，命令 grep 在 src.txt 文件中查询所有带有字符串“add”的指定内容行，然后通过重定向符“>”将查询的内容行输出到文件 dest.txt 中。完成该步骤后，查看新文件 dest.txt，其内容如下（截取文件中的部分内容）。

```
......
accrete v. to grow together; fuse; to grow or increase gradually, as by addition.
accretion n.  growth or increase by means of gradual additions
bibulous        adj. excessively fond of or addicted to alcoholic drink
......
```

由文件 dest.txt 中的内容可以看出，备份操作执行成功。除了带有单词 add 的语句被复制以外，含有 add 关键字的语句也被复制到了 dest.txt 文件中。如上所示，dest.txt 文件中的一些语句中并没有单词 add，只是语句中的单词 addition、additions、addicted 含有 add 关键字，从而导致该语句也被命令 grep 认定为匹配对象，全部进行了备份。

上述情况的出现，并非因为命令 grep 不智能，而是因为开发者对复制的条件描述不准确。为了实现只复制含有完整单词 add 的语句，需要引入正则表达式对复制条件进行更加详细的描述。

使用“\b”元字符来匹配单词的开始或结尾，即可避免含有 add 关键字的单词也被 grep 认定为匹配对象，如 additon、addicted 等。对例 8-4 中的操作指令进行修改，如例 8-5 所示。

例 8-5 正则表达式元字符\b 的应用。

```
grep "\badd\b" src.txt > dest.txt
```

例 8-5 中，“\badd\b”就是正则表达式，“\b”用来匹配完整单词的前一个字符和后一个字符，表示 add 并非关键字，而是一个独立完整的单词。

正则表达式中，类似的元字符还有很多，如表 8.1 所示。

表 8.1 **元字符**

元字符	功能说明
.	匹配任何字符（换行符除外）
\w	匹配字母或数字或下画线或汉字
\b	匹配单词的开始或结尾
\s	匹配任意空白符
\d	匹配数字
^	匹配行首
$	匹配行尾
\f	匹配一个换页符
\n	匹配一个换行符
\r	匹配一个回车符

2. 反义字符

继续以上一部分内容（元字符的介绍）中的 src.txt 作为操作对象。假设当前的工作需求是将 src.txt 中所有含有规定单词（单词的字母数为 6）的语句复制到新的文件 dest.txt 中进行备份。

使用表 8.1 中的元字符，如例 8-6 所示。

例 8-6 正则表达式元字符\w 的应用。

```
grep "\w\w\w\w\w\w" src.txt > dest.txt
```

由表 8.1 可知，"\w"可以匹配任意字母。因此，例 8-6 表示的意思是，查找文件 src.txt 中所有含有规定单词（字母数为 6）的语句并复制到文件 dest.txt 中。

运行例 8-6 所示的命令后，打开 dest.txt 文件，其内容如下所示（截取部分内容）。

```
......
abandonment      n.  abandoning
abbot           n. man who is head of a monastery or abbey
bankruptcy       n. state of being bankrupt
......
```

上面的语句中，并没有出现字母数为 6 的单词，但是这些语句都包含了连续 6 个字母以上的单词。那么，如何才能准确匹配"有且只有 6 个字母"的单词？这就需要使用正则表达式中的反义字符来完成。

常用的反义字符如表 8.2 所示。

表 8.2　　反义字符

反义字符	功能说明
\W	匹配任意不是字母、数字、下画线、汉字的字符
\B	匹配不是单词开头或结束的位置
\S	匹配任意不是空白符的字符
\D	匹配任意不是数字的字符
[^x]	匹配任意不是 x 的字符
[^xy]	匹配任意不是 x 且不是 y 的字符

使用表 8.2 所示的反义字符，对例 8-6 中的命令进行修改，如例 8-7 所示。

例 8-7　正则表达式反义字符的应用。

```
grep "\W\w\w\w\w\w\w\W" src.txt > dest.txt
```

例 8-7 中的表达式"\W\w\w\w\w\w\w\W"，表示连续 6 个字母的单词，且 6 个字母的前后既不是字母也不是数字。通过使用反义字符，grep 命令可以更加准确地匹配具有 6 个字母的单词，并将其所在行输出到新文件中。

3. 重复使用

例 8-7 所示的表达式多次使用"\w"字符来匹配连续的字母。类似这样的情况可以使用表示重复的字符进行说明，从而使表达式更加简单。对例 8-7 中的命令进行简化，如例 8-8 所示。

例 8-8　元字符的重复使用。

```
grep "\W\w\{6\}\W" src.txt > dest.txt
```

符号“\{6\}”表示将前一个字符重复 6 次。因此，例 8-8 中的“\w\{6\}”表示将“\w”的匹配重复 6 次。需要特别注意的是，在 Shell 中“{}”具有特殊意义，因此在“{”与“}”前需要使用转义字符“\”，使其失去特殊意义。

与“{*n*}”功能类似的符号还有很多，如表 8.3 所示。

表 8.3　　重复使用

符号	功能说明
*	重复 0 次或更多次
?	重复 0 次或 1 次
+	重复 1 次或更多次
{*n*}	重复 *n* 次
{*n*,}	重复 *n* 次或更多次
{*n*,*m*}	重复 *n* 到 *m* 次

例如：表达式“q*f”可以匹配 f、qf、qqf、qqqf 等；而表达式“q?f”只能匹配 f、qf。

4. 字符簇

在例 8-8 中，表达式“\w\{6\}”表示匹配连续的 6 个字母，但是没有指明字母的大小写。要指明字母的大小写，需要使用字符簇来表示具有相同特性的一类元素。

字符簇模式可以与任何元字符匹配，但只能表示一个字符，如下所示。

```
[a-z]         //匹配所有的小写字母
[A-Z]        //匹配所有的大写字母
[a-zA-Z]      //匹配所有的字母
[0-9]         //匹配所有的数字
[-]          //匹配连接符
```

上述表示方法结合例 8-8 中的表达式，可以匹配很多复杂的字符串，例如：“\W[a-z][a-z][a-z]\W”可以匹配有且只有 3 个小写字母的单词；“^[a-z][0-9]$”可以匹配单个小写字母与单个数字组成的字符串；“\D\d\{3\}[-/s]\d\{3\}\D”可以匹配 6 位数字且中间使用连接符或空白符的字符串。

5. 总结

正则表达式中的特殊字符与 Shell 命令中使用的通配符含义并不相同，使用时切勿混淆。例如，符号“*”在通配符中表示匹配任意字符串，但是在正则表达式中，符号“*”表示重复前一个字符 0 次或更多次。

举例说明，ls 命令本身并不支持正则表达式，如果在命令行输入如下命令，其功能为查看当前目录下所有以字母“q”开头的文件。

```
linux@ubuntu:~$ ls q*
```

但是在正则表达式中，如果需要查看当前目录下所有以字母“q”开头的文件，则需要写成如下格式。

```
linux@ubuntu:~$ ls | grep '^q.*'
```

上述格式中，grep 命令支持正则表达式。因此，在 ls 与 grep 命令之间使用管道符，表示将 ls 命令的输出结果输入给 grep 命令。使用单引号包含整个表达式：“^”表示字符串开始位置；“q”表示开头的字符为 q；“.”表示匹配任意字符；“*”表示将上一个字符“.”匹配的字符重复 0 次或多次。

8.2.2 文本处理工具

前面主要介绍了正则表达式中的符号定义与匹配规则，结合这些基础应用，本节将深入讨论 Linux 操作系统中常用的两大文本处理工具 sed 与 awk。

1. sed 工具

sed 本身是一个管道命令，可以被用来分析标准输入，实现数据的替换、删除、增加、选取等功能。其语法格式如下所示。

```
sed [-选项] 操作
```

sed 命令常用的附加选项如表 8.4 所示。

表 8.4　sed 命令常用的附加选项

选项	功能
-n	使用安静模式，表示在终端上只显示经过 sed 特殊处理的一行信息
-e	直接在命令行模式进行 sed 的操作编辑
-f	指定文件，执行文件中的 sed 操作
-r	sed 操作使用扩展型正则表达式语法
-i	直接修改读取的文件内容，不输出结果

当 sed 命令直接操作文本信息时，其语法格式如下所示。

```
sed n1,n2 function
```

上述语法格式中，n1、n2 表示选择第 n1 行到第 n2 行，function 则表示操作行为。操作说明如表 8.5 所示。

表 8.5　　　　　　　　　　　　　　操作说明

操作	说明
a	新增，在指定行的下一行新增字符
c	替换，替换第 n1 行到第 n2 行的内容
d	删除，删除指定行
i	插入，在指定行的上一行插入字符
p	打印，通常与 sed 选项-n 一同使用，将选择的数据输出
s	替换

接下来结合表 8.4、表 8.5 中的参数，介绍 sed 命令的基本使用。操作选取的文本对象为系统配置文件“/etc/passwd”（保存用户基本属性的文件），使用 nl 命令查看该文件的内容，如例 8-9 所示。

例 8-9　nl 查看文件中的内容。

```
linux@ubuntu:~$ nl /etc/passwd    //执行查看
     1  root:x:0:0:root:/root:/bin/bash
     2  daemon:x:1:1:daemon:/usr/sbin:/bin/sh
     3  bin:x:2:2:bin:/bin:/bin/sh
     4  sys:x:3:3:sys:/dev:/bin/sh
     5  sync:x:4:65534:sync:/bin:/bin/sync
     6  games:x:5:60:games:/usr/games:/bin/sh
     7  man:x:6:12:man:/var/cache/man:/bin/sh
    /*省略部分显示内容*/
```

根据输出结果可知，每个用户都在“/etc/passwd”文件中有一个对应的记录行，它记录了该用户的基本属性。

这里需要说明的是，nl 命令类似于 cat 命令，不仅可以将文件中的信息输出到终端显示，还可以对输出的文本信息自动计算行号并显示。

（1）删除功能

功能需求：输出文件内容并显示行号，同时删除第 2～5 行内容。

例 8-10　sed 删除指定行。

```
linux@ubuntu:~$ nl /etc/passwd |sed '2,5d'
     1  root:x:0:0:root:/root:/bin/bash
     6  games:x:5:60:games:/usr/games:/bin/sh
     7  man:x:6:12:man:/var/cache/man:/bin/sh
    /*省略部分显示内容*/
```

例 8-10 中，sed 命令将 nl 命令的输出作为输入，通过分析将输出的内容删除第 2～5 行进行显示。

（2）新增功能

功能需求：输出文件内容并显示行号，同时在第 3 行下新增内容。

例 8-11 sed 新增内容。

```
linux@ubuntu:~$ nl /etc/passwd | sed '3a qianfeng'
     1  root:x:0:0:root:/root:/bin/bash
     2  daemon:x:1:1:daemon:/usr/sbin:/bin/sh
     3  bin:x:2:2:bin:/bin:/bin/sh
qianfeng
     4  sys:x:3:3:sys:/dev:/bin/sh
     /*省略部分显示内容*/
```

例 8-11 中，sed 命令通过分析在输出内容的第 3 行下新增字符串 qianfeng。

（3）替换功能

功能需求：输出文件内容并显示行号，同时将第 2～5 行替换为新内容。

例 8-12 sed 替换功能。

```
linux@ubuntu:~$ nl /etc/passwd | sed '2,5c qianfeng'
     1  root:x:0:0:root:/root:/bin/bash
qianfeng
     6  games:x:5:60:games:/usr/games:/bin/sh
```

例 8-12 中，sed 命令将输出内容的第 2～5 行替换为新字符串 qianfeng。

（4）显示功能

功能需求：输出文件内容并显示行号（只显示文件的 3～5 行）。

例 8-13 sed 显示功能。

```
linux@ubuntu:~$ nl /etc/passwd |sed -n '3,5p'
     3   bin:x:2:2:bin:/bin:/bin/sh
     4   sys:x:3:3:sys:/dev:/bin/sh
     5   sync:x:4:65534:sync:/bin:/bin/sync
```

例 8-13 中，sed 命令选择将输出内容的第 3～5 行显示到终端。

（5）查找并替换功能

功能需求：查询系统当前网卡的 IP 地址（只显示 IP 地址，不显示其他内容）。

查询 IP 地址的命令为 ifconfig，如只需显示本地网卡，则指定网卡名称即可，如例 8-14 所示。

例 8-14 查询本地网络。

```
linux@ubuntu:~$ ifconfig eth0     //本地网卡 eth0
eth0      Link encap:EthernetH Waddr 00:0c:29:e6:9e:37
```

```
          inet addr:10.0.36.100  Bcast:10.0.36.255  Mark:255.255.255.0
          inet6 addr: fe80::20c:29ff:fee6:9e37/64 Scope:Link
          /*省略部分显示内容*/
```

为了达到只显示 IP 地址的目的，例 8-14 中的命令需要结合命令 grep，选取出只有 IP 地址的关键行显示，如例 8-15 所示。

例 8-15 筛选信息。

```
linux@ubuntu:~$ ifconfig eth0 | grep 'inet '
          inet addr:10.0.36.100  Bcast:10.0.36.255  Mark:255.255.255.0
linux@ubuntu:~$
```

例 8-15 中，选取“inet”作为关键字进行搜索，只显示 IP 地址所在行的内容。

为了对例 8-15 的输出结果进行进一步过滤，需要使用 sed 命令以及正则表达式对 IP 地址以外的内容做替换处理。sed 命令执行替换功能的语法格式如下。

```
sed 's/需被替换的字符/新的字符/g'
```

使用上述语法格式，实现只显示 IP 地址的需求，如例 8-16 所示。

例 8-16 sed 查找并替换。

```
linux@ubuntu:~$ ifconfig eth0 | grep 'inet ' | sed 's/ *Bcast.*$//g'
          inet addr:10.0.36.100
```

例 8-16 通过 grep 命令、sed 命令与正则表达式的结合使用，输出过滤后的信息，信息为本地网卡的地址；通过将匹配内容替换为空，实现删除功能。其中正则表达式为“*Bcast.*$”，其含义为匹配 Bcast 前的任意空格字符，以及 Bcast 后的任意字符，直到结束。

（6）直接替换文件内容

功能需求：直接修改文件中的内容，将所有单词 world 替换为 beijing。

选取一个新的自定义文件，文件中的内容如下所示。

```
1  hello world
2  hello world
3  hello world
```

对上述文件中的内容进行修改，如例 8-17 所示。

例 8-17 直接替换文件内容。

```
linux@ubuntu:~/1000phone$ sed -i 's/world$/beijing/' test.txt //修改内容
```

```
linux@ubuntu:~/1000phone$ cat test.txt    //查看文件中的内容
hello beijing
hello beijing
hello beijing
linux@ubuntu:~/1000phone$
```

例 8-17 中的第 3～5 行代码为输出的文件内容，可见文件中关键字已被成功替换。这种修改文件关键字的方式在开发中应用十分普遍。设想一个文件有几万行代码，而当前需要修改代码中的某类参数，如果使用编辑器进行修改，无疑工作量是十分庞大的，使用 sed 命令可以很高效地对文件进行管理。

2. awk 工具

awk 是一个非常好的数据处理工具，相较于 sed 命令的整行处理，awk 命令更倾向于对一行中的某些字段进行处理。awk 工具非常适合处理小型的文本，其通常使用的语法格式如下。

```
awk '条件类型 1{操作 1} 条件类型 2{操作 2} ...' filename
```

本次示例选择系统配置文件“/etc/passwd”作为操作对象测试 awk 命令。使用 nl 命令查看文件“/etc/passwd”的内容，如例 8-18 所示。

例 8-18 查看文件内容。

```
linux@ubuntu:~$ nl /etc/passwd   //查询文件内容，并自动计算行号
     1  root:x:0:0:root:/root:/bin/bash
     2  daemon:x:1:1:daemon:/usr/sbin:/bin/sh
     3  bin:x:2:2:bin:/bin:/bin/sh
     /*省略部分显示内容*/
```

本书在 3.1.3 节中，已经具体分析了文件中的内容。其中符号“:”用来对用户的属性信息进行分隔，可见系统中每一个用户的记录行都被分隔为 7 个字段。

（1）内置变量

如果当前的功能需求为只显示用户信息的第 1 字段、第 3 字段，即用户名与用户 ID 号。使用命令 awk 实现该功能，如例 8-19 所示。

例 8-19 awk 通过内置变量筛选查询内容。

```
linux@ubuntu:~$ awk -F: '{print $1 "\t" $3}' /etc/passwd
root 0
daemon 1
bin 2
/*省略部分显示内容*/
```

例 8-19 中，“-F”表示指定输入时的字段分隔符，默认为空格符；“\t”则为 print 命令的打印格式，表示 Tab 键缩进；“$1”与“$3”为 awk 内置的变量，表示第 1 字段、第 3 字段，如需显示第 *n* 字段，则为“$*n*”（可以理解为显示第 *n* 列数据）。

awk 内置变量与 Shell 编程中的自动变量类似，即变量无须定义且仅限于在 awk 环境中使用。其他常用的内置变量如表 8.6 所示。

表 8.6　内置变量

变量	描述
$*n*	当前记录的第 *n* 个字段
$0	完整的记录
FS	分隔符，默认是空格，可设置为其他
NF	每一条记录的字段数目
NR	已经读出的记录数（当前所处的行数）
FILENAME	当前文件名

（2）awk 逻辑运算符

如果修改例 8-19 的功能需求为只显示用户 ID 号大于 5 且小于 10 的记录，则需要使用 awk 的逻辑运算符，如例 8-20 所示。

例 8-20　awk 逻辑运算符的使用。

```
linux@ubuntu:~$ awk -F: '$3>5&&$3<10 {print $1 "\t" $3}' /etc/passwd
man     6
lp      7
mail    8
news    9
```

例 8-20 输出 ID 号为 6～9 的用户记录，可见通过逻辑运算符可以实现条件选择功能。awk 可以使用的逻辑运算符如表 8.7 所示。

表 8.7　逻辑运算符

运算符	含义
>	大于
<	小于
>=	大于或等于
<=	小于或等于
==	等于
!=	不等于

要显示 ID 号为 6～9 的完整用户记录与行号，需要结合表 8.6 中的内置变量 NR 与$0，如例 8-21 所示。

例 8-21 逻辑运算符结合内置变量。

```
linux@ubuntu:~$ awk -F: '$3>5&&$3<10 {print NR,$0}' /etc/passwd
7 man:x:6:12:man:/var/cache/man:/bin/sh
8 lp:x:7:7:lp:/var/spool/lpd:/bin/sh
9 mail:x:8:8:mail:/var/mail:/bin/sh
10 news:x:9:9:news:/var/spool/news:/bin/sh
```

例 8-21 中，$0 表示完整记录，NR 用来显示当前处理的行数。

（3）BEGIN/END 模式

特殊模式 BEGIN 用于匹配第一个输入文件的第一行之前的位置，END 则用于匹配处理过的最后一个文件的最后一行之后的位置。

使用 BEGIN、END 对例 8-20 中的操作进行补充，如例 8-22 所示。

例 8-22 BEGIN / END 模式。

```
linux@ubuntu:~$ awk -F: 'BEGIN{print "username uid"} $3>5&&$3<10 {print $1 "\t"
$3} END{print "end"}' /etc/passwd    //与上一行为整条命令
usernameuid
man     6
lp      7
mail    8
news    9
end
linux@ubuntu:~$
```

例 8-22 通过 BEGIN 在输出结果的前一行输出第 1 字段、第 3 字段表示的含义，即第 1 字段表示用户名，第 3 字段表示用户 ID 号；通过 END 在输出结果的下一行输出“end”，提示用户输出结束。

除上述功能以外，awk 还可以结合控制语句使用，如 if-else 语句、while 语句等。同时 awk 提供了数组的功能来存储一组相关的值。读者可通过查询 awk 的官方文档了解。

8.3 本章小结

本章主要介绍了正则表达式的符号定义与匹配规则，以及文本处理工具 sed 与 awk。正则表达式作为一种字符串处理工具，在 Linux 命令以及 Shell 编程中应用得十分普遍。熟练掌握正则表达式中的符号匹配规则，有助于在处理文本信息时获得事半功倍的效果。正则表达式本身具有一定难度，望读者勤于实际操作，从而掌握表达式的使用技巧。

8.4 习题

1. 填空题

（1）正则表达式是对________和________操作的一种逻辑方式。

（2）正则表达式中表示输入字符串的开始位置的元字符为________。

（3）正则表达式中表示匹配单词的开始或结尾的元字符为________。

（4）正则表达式中表示匹配数字的元字符为________。

（5）正则表达式中可以用来匹配字母或数字的元字符为________。

2. 选择题

（1）正则表达式（　　）可以正确匹配手机号码（11 位）。

A. 1[3-9]\d{9}　B. 1[3-9]\d{11}　C. 1[3-9]\d{2}　D. \d{11}

（2）正则表达式（　　）可以正确匹配 QQ 号码（5～12 位）。

A. \d{5,12}　B. [1-9]\d{4,11}　C. [1-9]\d{5,12}　D. \d{4,11}

（3）从 test.txt 文件中过滤出只含 6 个字母的单词的行，命令是（　　）。

A. grep "\w\w\w\w\w\w" test.txt　B. grep "\w{6}" test.txt

C. grep "\Ww{6}\W" test.txt　D. grep "\d{6}" test.txt

（4）awk 表示一条记录的字段数目的内置变量是（　　）。

A. NR　B. FS　C. NF　D. $0

（5）正则表达式（　　）匹配 8～10 位用户密码（以字母开头，包含数字、下画线）。

A. ^[a-zA-Z]\w{7,9}$　B. ^[a-zA-Z]\w{8,10}$

C. ^\w{8,10}$　D. ^[a-zA-Z0-9]{8,10}$

3. 思考题

简述正则表达式的概念。

4. 编程题

编写一个正则表达式，匹配固定格式的日期（日期格式为 2019-10-15）。

09 第 9 章　项目实战：俄罗斯方块游戏

本章学习目标

- 理解项目整体的框架
- 掌握项目功能模块的设计思想
- 掌握 Shell 编程基本语法的应用
- 掌握项目整体的代码设计方法

在本章之前，本书已经详细地介绍了 Linux 操作系统平台上的各种应用，如 Shell 编程、软件管理、编程工具等。本章将通过一个完整的项目，帮助读者回忆本书的重点内容以及提升代码处理能力。俄罗斯方块作为一款经典的益智类游戏，不仅可以用来休闲娱乐，而且可以提升玩家的思维敏捷性。截止到目前，该游戏已经衍生出很多版本，在世界范围内广受欢迎。因此，本章将以该游戏为参考原型，讨论通过核心的 Shell 编程实现游戏中的各种功能需求。

9.1　项目概述

项目概述

9.1.1　开发背景

在个人计算机与手机普及的今天，一些有趣的桌面游戏已经成为人们在学习或工作之余休闲娱乐的首选。俄罗斯方块作为一款风靡世界的掌上游戏与 PC 游戏深受人们喜爱，它由俄罗斯人阿列克谢·帕基特诺夫（Alexey Pazhitnov）于 1986 年 6 月发明。俄罗斯方块原名是俄语 Тетрис，这个词来源于希腊语 tetra，意思是“四”。而游戏的作者最喜欢网球，于是，他把 tetra 和 tennis 两个词合二为一，将游戏命名为 Tetris，这就是俄罗斯方块英文名字的由来。

俄罗斯方块的基本规则是移动、旋转和摆放游戏自动输出的各种方块，使之排列成完整的一行或多行并且消除得分。而没有被消除掉的方块会不断堆积，一旦堆积到屏幕顶端，则游戏结束。

俄罗斯方块上手极其简单，但是要熟练掌握其中的操作与摆放技巧，需要玩家不断地练习。由于俄罗斯方块具有数学性、动态性等特点，且知名度高，所以其经常被用来作为游戏程序开发的经典案例。

9.1.2 需求分析

本次项目实战选取 Linux 操作系统作为开发平台，其开发使用的语言为 Shell 脚本语言。游戏界面通过系统的终端进行显示，并保留早期俄罗斯方块设计的基础规则。

图 9.1 所示为本项目实现的基础游戏界面。

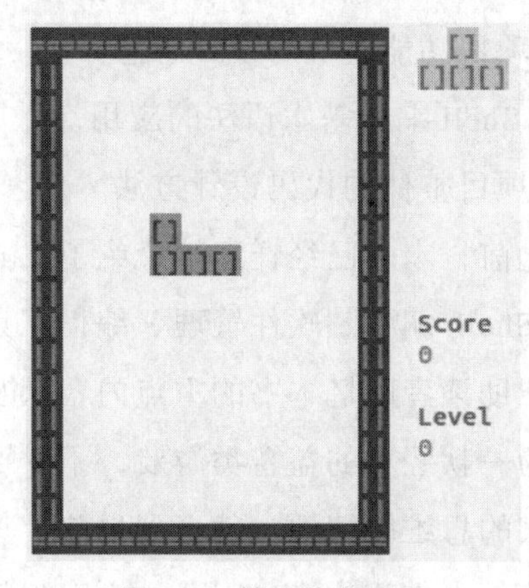

图 9.1 基础游戏界面

通过基础游戏界面玩家可随时了解自己当前的分数与等级。每当堆积的方块被消除一行时，分数加 1；当分数累加到指定数值时，等级加 1；等级越高则方块下落的速度越快。

当某一个方块从方框顶端下落时，方框外将显示下一个降落方块的形状。在方块下落过程中，玩家可以通过按键移动与旋转方块。按键说明如表 9.1 所示。

表 9.1 按键说明

物理按键		功能说明
w	↑	改变方块形状
a	←	向左移动方块
d	→	向右移动方块
s	↓	向下移动方块（快速）
空格键	Enter	加速下降到底部

游戏中的方块种类、方块形状、方块颜色均随机产生，其中方块的基础种类共有 7 种，如图 9.2 所示。

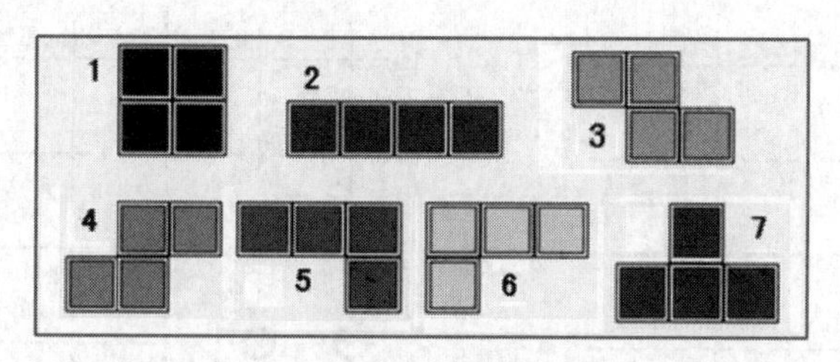

图 9.2　方块的基础种类

图 9.2 中第 1 种类型的方块只有 1 种形状。使用平面直角坐标系表示该形状，如图 9.3 所示。

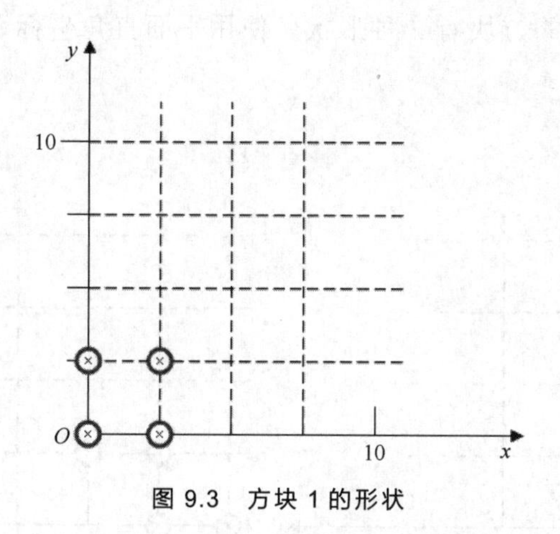

图 9.3　方块 1 的形状

图 9.2 中第 2 种类型的方块有 2 种形状。使用平面直角坐标系表示这 2 种形状，如图 9.4 所示。

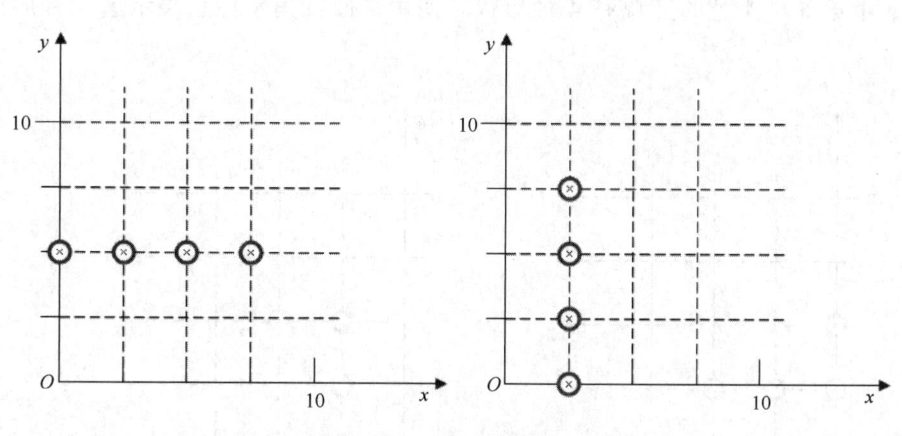

图 9.4　方块 2 的形状

图 9.2 中第 3 种类型的方块有 2 种形状。使用平面直角坐标系表示这 2 种形状，如图

9.5 所示。

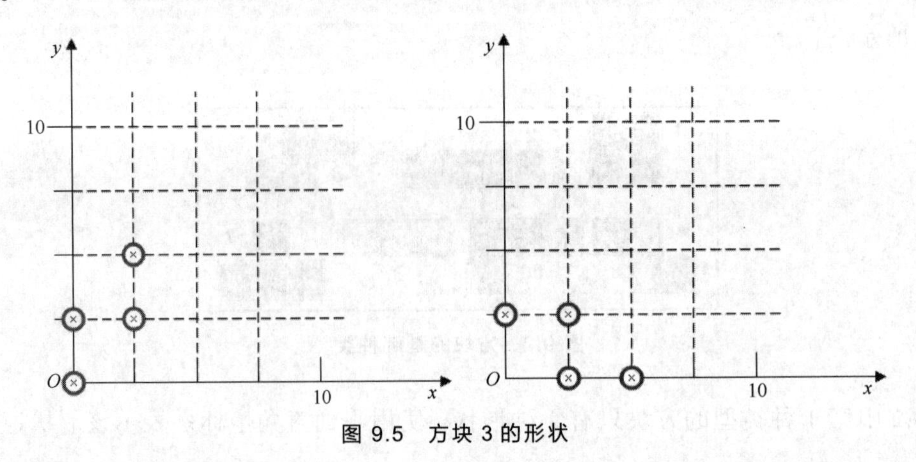

图 9.5　方块 3 的形状

图 9.2 中第 4 种类型的方块有 2 种形状。使用平面直角坐标系表示这 2 种形状，如图 9.6 所示。

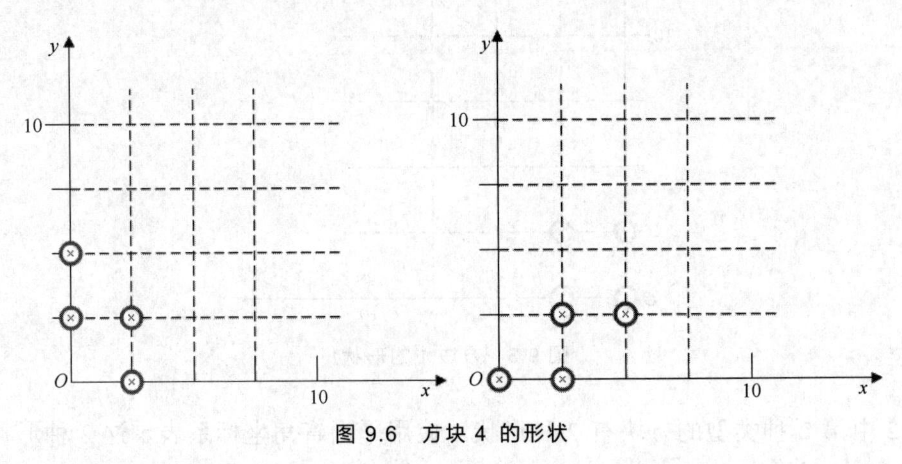

图 9.6　方块 4 的形状

图 9.2 中第 5 种类型的方块有 4 种形状。使用平面直角坐标系表示这 4 种形状，如图 9.7 所示。

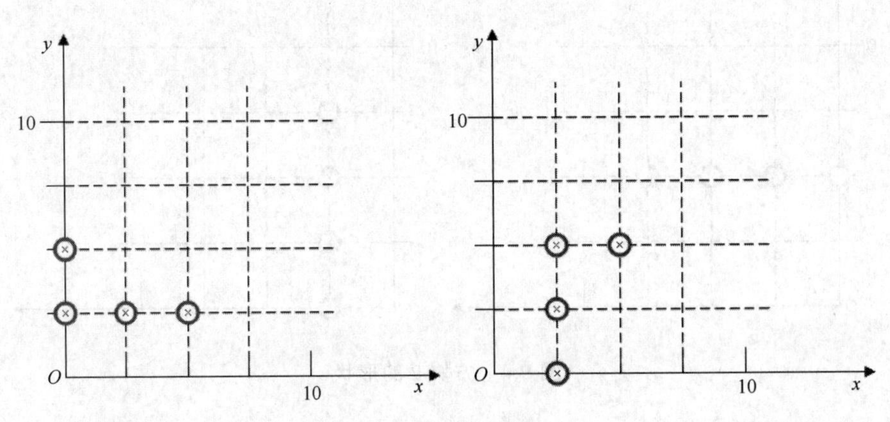

图 9.7　方块 5 的形状

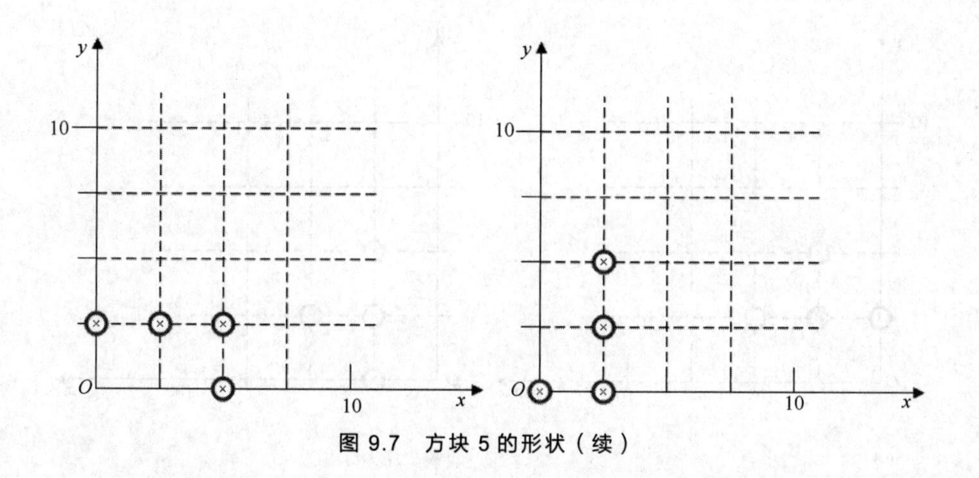

图 9.7　方块 5 的形状（续）

图 9.2 中第 6 种类型的方块有 4 种形状。使用平面直角坐标系表示这 4 种形状，如图 9.8 所示。

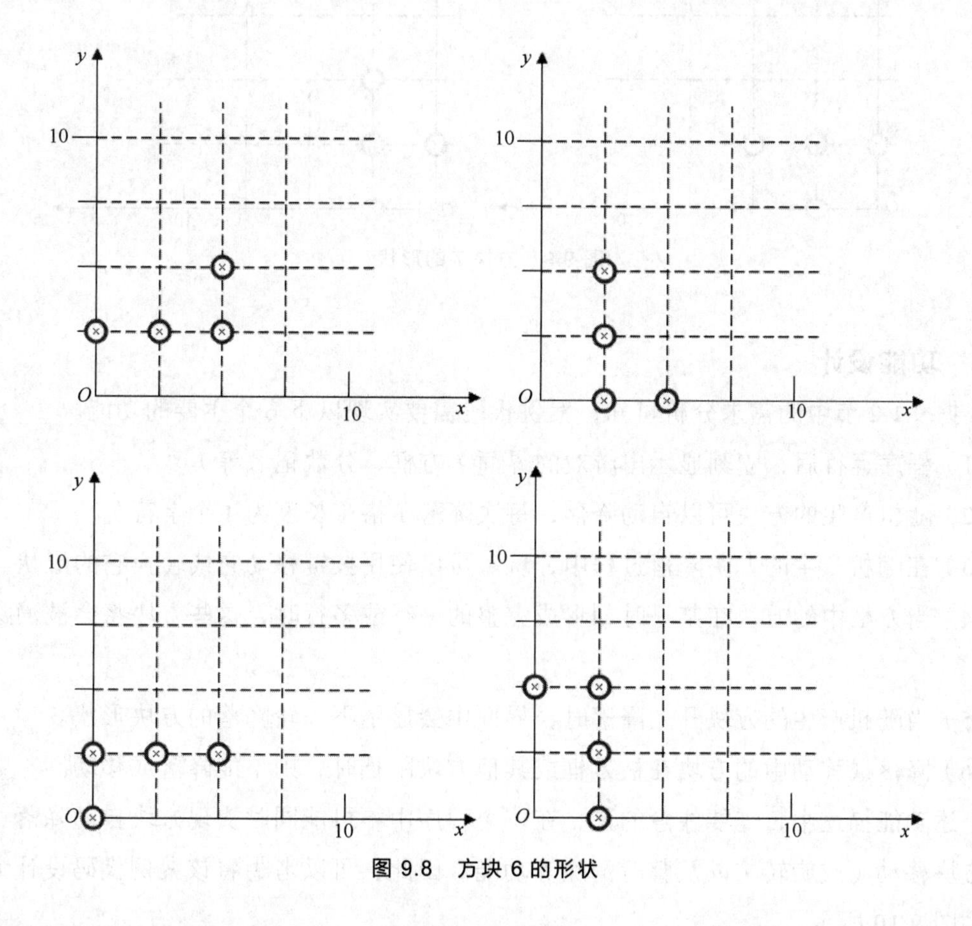

图 9.8　方块 6 的形状

图 9.2 中第 7 种类型的方块有 4 种形状。使用平面直角坐标系表示这 4 种形状，如图 9.9 所示。

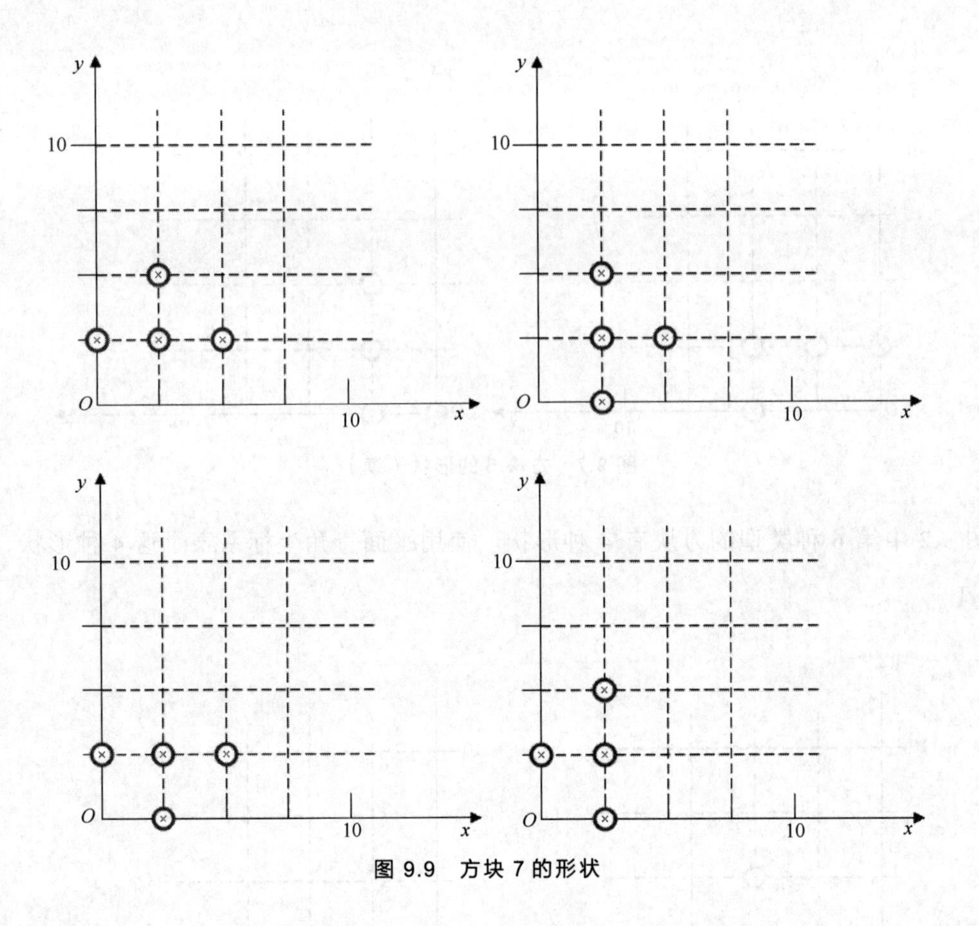

图 9.9　方块 7 的形状

9.1.3　功能设计

根据 9.1.2 节中的需求分析可知，案例代码需要实现以下 6 个主要的功能。

（1）程序运行后，立刻显示出游戏的界面（方框、分数记录等）。

（2）随机产生的方块可以自动降落，每次降落 1 格（长度为 1 个字符）。

（3）在随机产生的方块降落过程中，玩家可以使用按键移动它或转换它的形状。

（4）当方框中的方块在某一时刻形成完整的一行或多行时，这些方块将会被消除，并计分。

（5）当随机产生的方块开始降落时，界面中会显示下一轮降落的方块形状。

（6）降落或移动中的方块在被方框或其他方块阻挡时，则不能降落或移动。

上述功能描述中，需要注意的是，在一个程序中不可能同时实现方块自动降落、按键控制方块移动（或旋转）以及整行消除等功能。因此，可以考虑将该案例代码设计为两部分，如图 9.10 所示。

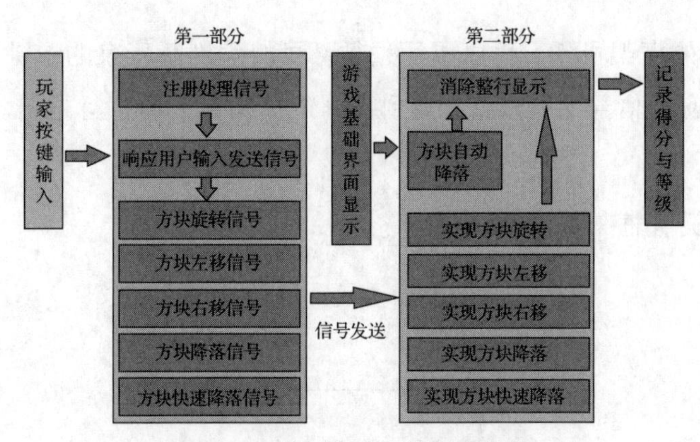

图 9.10　案例代码设计为两部分

9.1.4　软件框架

图 9.10 所示的两部分内容需要运行 2 个独立的程序来实现：程序 1 的主要工作为响应玩家按键输入，并根据玩家的按键输入发送相应的信号；而程序 2 的主要工作为实现与玩家的界面互动，如显示界面、方块的动态操作等。

1. 程序 1

程序 1 的代码设计框架如图 9.11 所示。

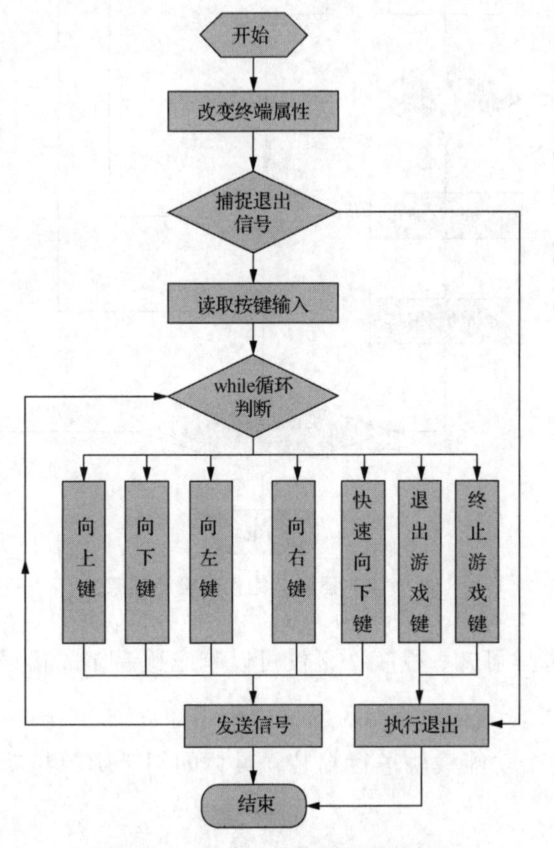

图 9.11　程序 1 的代码设计框架

由图 9.11 所示的框架可知，程序 1 通过循环可持续判断玩家的按键输入，并根据具体的输入按键发送相应的信号给程序 2，直到收到退出指示，则执行退出。

2. 程序 2

程序 2 的代码设计框架如图 9.12 所示。

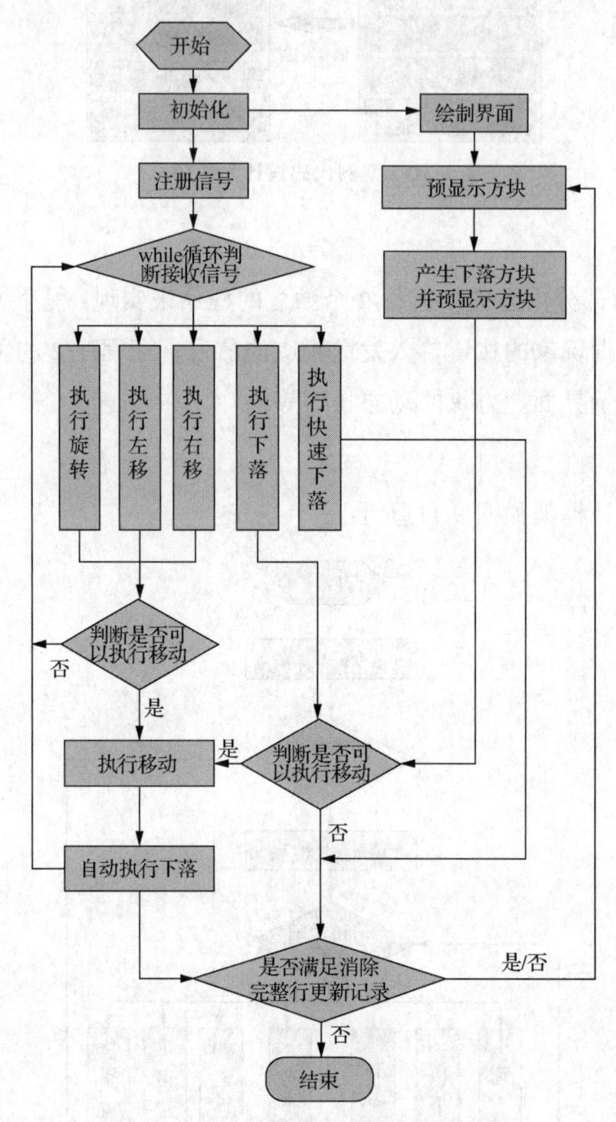

图 9.12 程序 2 的代码设计框架

由图 9.12 所示的框架可知，程序 2 不仅可以响应程序 1 的信号请求，还可以支持界面交互。

对上述程序中的各个功能模块进行封装，具体的封装函数与功能说明如表 9.2 所示。

表 9.2　　封装函数与功能说明

函数名称	功能说明
RunAsKeyReceiver	程序 1 的主函数（核心函数），主要完成读取用户按键请求，发送信号通知程序 2 进行处理
RunAsDisplayer	程序 2 的主函数（核心函数），主要完成界面显示、响应用户请求、记录等功能，实现与玩家的交互
InitDraw	程序 2 的子函数，主要完成游戏界面的绘制
RandomBox	程序 2 的子函数，主要实现随机产生新的方块，并预显示下一轮降落的方块
DrawCurBox	程序 2 的子函数，主要完成在界面中清除旧的方块，显示新的方块
BoxMove	程序 2 的子函数，主要实现方块移动时的判断处理，判断是否碰撞方框或其他方块
BoxRight	程序 2 的子函数，主要实现移动中的方块右移
BoxLeft	程序 2 的子函数，主要实现移动中的方块左移
BoxDown	程序 2 的子函数，主要实现移动中的方块下移（即降落一格）
BoxAllDown	程序 2 的子函数，主要实现将移动中的方块快速降落到底
BoxRotate	程序 2 的子函数，主要实现移动中的方块变换形状
Box2Map	程序 2 的子函数，主要实现显示已经固定的方块组合，清除组合完整的行，并更新记录信息

9.2　案例实现

案例实现

9.2.1　核心技术介绍

9.1 节主要对项目的需求与软件框架进行了分析。由此可知，案例代码设计的核心为如何实现方块的处理，包括形状设定、界面显示、信号处理等。因此，下面对这些处理进行详细介绍。

1. 数组记录坐标

9.1.2 节主要讨论了俄罗斯方块的 7 种基础形状，并且采用平面直角坐标系对方块转换后的形状进行记录。因此，案例代码需要使用数组来保存这些坐标记录，从而实现方块形状的区分。

在 Shell 编程中，数组变量的赋值有两种方法。

方法 1：

```
array_name=(value1 … value2)
```

方法 2：

```
array_name[index]=value
```

如例 9-1 所示，使用方法 1 对数组进行赋值。

例 9-1 数组的赋值方法 1。

```
1   #! /bin/bash
2
3   A=(a b c)        #数组的赋值，元素为 3 个
4
5   echo ${A[@]}   #输出数组中的所有元素
6   echo ${A[*]}   #输出数组中的所有元素
7
8   echo ${#A[@]}  #输出数组的元素个数
9   echo ${#A[*]}  #输出数组的元素个数
```

例 9-1 中，符号“@”与“*”表示所有元素，符号“#”则表示数组的元素个数。例 9-1 的运行结果如下所示。

```
linux@ubuntu:~/1000phone/project$ ./array.sh
a b c
a b c
3
3
linux@ubuntu:~/1000phone/project$
```

根据输出结果可知，数组的元素为 3 个，分别为 a、b、c。

如例 9-2 所示，使用方法 2 对数组进行赋值。

例 9-2 数组的赋值方法 2。

```
1   #! /bin/bash
2
3   chars='abcdef'                  #定义字符串
4   for (( i=0;i<6;i++ ))           #循环执行
5   do
6       array[$i]=${chars:$i:1} #取字符串中的字符赋值给数组
7       echo ${array[$i]}           #输出数组中的元素
8   done
```

例 9-2 中，第 4 行代码使用双括号表示扩展，即括号中的表达式可以使用 C 语言程序的编写方式。第 6 行代码中，“${chars:$i:1}”表示从字符串中读取子串，其语法格式如下所示。

```
${string:position:length}
```

上述语法格式表示在字符串 string 中，从位置 position 开始提取长度为 length 的子串。例 9-2 中的 length 为 1，表示提取一个字符。

例 9-2 的运行结果如下所示。

```
linux@ubuntu:~/1000phone/project$ ./array.sh
a
b
c
d
e
f
linux@ubuntu:~/1000phone/project$
```

根据输出结果可知，例 9-2 的功能为执行循环，每次从字符串中读取一个字符，并保存到数组中，然后输出数组中的元素。

例 9-1 和例 9-2 使用数组对不同种类的方块在直角坐标系中的坐标进行记录。按照从左到右、从下到上的方式依次记录坐标，其数组的赋值如下所示（坐标参考图 9.3～图 9.9）。

```
#box0~6 分别对应图 9.2 中的 7 种方块
#通过旋转，每种方块显示的样式种类不同
box0=(0 0 0 1 1 0 1 1)
box1=(0 2 1 2 2 2 3 2 1 0 1 1 1 2 1 3)
box2=(0 0 0 1 1 1 1 2 0 1 1 0 1 1 2 0)
box3=(0 1 0 2 1 0 1 1 0 0 1 0 1 1 2 1)
box4=(0 1 0 2 1 1 2 1 1 0 1 1 1 2 2 2 0 1 1 1 2 0 2 1 0 0 1 0 1 1 1 2)
box5=(0 1 1 1 2 1 2 2 1 0 1 1 1 2 2 0 0 0 0 1 1 1 2 1 0 2 1 0 1 1 1 2)
box6=(0 1 1 1 1 2 2 1 1 0 1 1 1 2 2 1 0 1 1 0 1 1 2 1 0 1 1 0 1 1 1 2)
#将所有方块的定义都放到 box 数组中
box=(${box0[@]} ${box1[@]} ${box2[@]} ${box3[@]} ${box4[@]} ${box5[@]}\
${box6[@]})
```

2. 界面显示

方块的坐标点确定之后，需要考虑如何在终端上实现整个界面的显示。Shell 编程中，可以使用命令 echo 实现终端显示。

echo 可以输出带有颜色的字体，其语法格式如下所示。

```
echo -e "\033[背景颜色;字体颜色 m 字符串\033[0m"
```

上述语法格式中，“033”表示转义序列的控制字符 Esc。这里需要说明的是，终端的字符颜色由转义序列进行控制（文本模式下的系统显示功能，与具体的语言无关）。转义序列以控制字符 Esc 开头，该字符的 ASCII 码使用十进制数表示为 27，使用十六进制数表示为 0x1B，使用八进制数表示为 033。由于多数转义序列的控制字符都超过两个字符，因此上述语法格式中，将“033”与“[”进行组合，表示引导转义序列。“m”则表示结束转义序列。

上述语法格式中，字体颜色与背景颜色可选择的范围如下所示。

```
字体背景颜色范围：40～47
40：黑  41：红  42：绿  43：黄  44：蓝  45：紫  46：绿  47：白
字体颜色：30～37
30：黑  31：红  32：绿  33：黄  34：蓝  35：紫  36：绿  37：白
```

上述语法格式中，“\033[0m”用来实现输出特效格式控制，表示关闭所有属性。其他的 ASCII 控制码如表 9.3 所示。

表 9.3　　ASCII 控制码

控制码	功能
\033[0m	关闭所有属性
\033[1m	设置高亮度
\033[4m	下画线
\033[5m	闪烁
\033[7m	反显
\033[8m	消隐
\033[y ; xH	设置光标位置

综合上述介绍编写测试程序，实现在终端上显示图 9.2 中的方块 1，如例 9-3 所示。

例 9-3　测试代码输出一个方块。

```
1   #! /bin/bash
2
3   box0=(0 0 0 1 1 0 1 1)  #数组保存方块 1 的坐标
4   left=5                  #距离终端左边 5 个字符
5   top=5                   #距离终端顶端 5 个字符
6
7   echo -e "\033[31m\033[1m"   #输出方块为红色，并设置高亮
8
9   for ((i = 0; i < ${#box0[@]}; i = i + 2)) #取出坐标中的 X 坐标
10  do
11      (( x = left + 2*${box0[i]} ))     #设置终端显示方块的 X 坐标位置
12      (( y = top + ${box0[i+1]} ))      #设置终端显示方块的 Y 坐标位置
13  echo -e "\033[${y};${x}H[]"           #显示方块
14  done
15
16  echo -e "\033[0m"
```

例 9-3 的第 13 行代码中，方块的 *Y* 轴坐标以顶端为起始位置，加 1 则表示向下移动 1 个字符的距离。终端显示的方块由符号“[”与“]”组成，共 2 个字符，因此第 11 行代

码中的 X 坐标值需要乘以 2。

例 9-3 的运行结果如图 9.13 所示。

图 9.13　运行结果

3. **信号处理**

由第 2 部分的介绍可知，通过改变 X、Y 坐标可以实现在屏幕的不同地方绘制方块。如果想通过按键实现对方块的操作，则需要使用信号处理机制。由 9.1.4 节的框架介绍可知，程序 1 用来接收按键输入并发送信号给程序 2，程序 2 则用来响应信号并进行处理。

在 Shell 中，trap 命令用来实现对信号的响应，其响应信号的方式有以下 3 种。

（1）执行自定义的处理响应信号。

（2）执行信号的默认处理。

（3）忽略该信号。

上述 3 种信号响应方式分别对应 trap 命令的 3 种语法格式。

（1）trap 命令接收到 signal-list 清单中数值相同的信号时，执行 commands 命令串。

```
trap"commands" signal-list
trap'commands' signal-list
```

上述语法格式中需要注意的是，单引号与双引号表示的意义不同。Shell 程序执行 trap 命令时，会对 commands 中的命令串进行扫描。如果使用单引号标识 commands，则 Shell 不会对 commands 中的变量或命令进行替换，否则 commands 中的变量或命令将会被当时具体的值替换。

（2）trap 命令接收到 signal-list 清单中数值相同的信号时，执行默认操作，即忽略 commands 命令串。

```
trap signal-list
```

（3）trap 命令接收到 signal-list 清单中数值相同的信号时，执行忽略操作，即不指定 commands 命令串。

```
trap"" signal-list
```

9.2.2 案例代码分析

下面对案例代码中封装的函数接口依次进行介绍，代码如下。

```
1   #!/bin/bash
2
3   # Tetris Game
4   # 10.30.2019
5
6   #APP declaration
7   APP_NAME="${0##*[\\/]}"
8   APP_VERSION="1.0"
9
10
11  #颜色定义，用以实现对界面或方块的颜色设定
12  cRed=1
13  cGreen=2
14  cYellow=3
15  cBlue=4
16  cFuchsia=5
17  cCyan=6
18  cWhite=7
19  colorTable=($cRed $cGreen $cYellow $cBlue $cFuchsia $cCyan $cWhite)
20
21  #位置和大小，用来设定界面位置与方块的位置
22  iLeft=3     #距离屏幕左边 3 个字符
23  iTop=2      #距离屏幕顶端 2 个字符
24  ((iTrayLeft = iLeft + 2))    #定义方框内侧到屏幕左边的距离
25  ((iTrayTop = iTop + 1))      #定义方框内侧到屏幕顶端的距离
26  ((iTrayWidth = 10))          #定义方框的宽度（内侧）
27  ((iTrayHeight = 15))         #定义方框的高度（内侧）
28
29  #颜色设置
30  cBorder=$cGreen            #设置游戏方框的颜色
31  cScore=$cFuchsia           #设置分数显示的颜色
32  cScoreValue=$cCyan       #设置分数显示值的颜色
33
34  #控制信号
35  #该游戏使用两个进程，一个用于接收输入，一个用于游戏流程和显示界面
36  #前者接收到方向键等按键时，通过向后者发送 signal 的方式通知后者
37  sigRotate=25    #翻转信号
38  sigLeft=26        #左移信号
39  sigRight=27       #右移信号
40  sigDown=28        #向下移动信号
41  sigAllDown=29   #下落至低端信号
```

```
42 sigExit=30        #退出信号
43
44 #7种不同种类方块的定义
45 #通过旋转，每种方块显示的形状可能有几种
46 box0=(0 0 0 1 1 0 1 1)
47 box1=(0 2 1 2 2 2 3 2 1 0 1 1 1 2 1 3)
48 box2=(0 0 0 1 1 1 1 2 0 1 1 0 1 1 2 0)
49 box3=(0 1 0 2 1 0 1 1 0 0 1 0 1 1 2 1)
50 box4=(0 1 0 2 1 1 2 1 1 0 1 1 1 2 2 2 0 1 1 1 2 0 2 1 0 0 1 0 1 1 1 2)
51 box5=(0 1 1 1 2 1 2 2 1 0 1 1 1 2 2 0 0 0 0 1 1 1 2 1 0 2 1 0 1 1 1 2)
52 box6=(0 1 1 1 1 2 2 1 1 0 1 1 1 2 2 1 0 1 1 0 1 1 2 1 0 1 1 0 1 1 1 2)
53 #所有7种方块的定义都放到box变量中
54 box=(${box0[@]} ${box1[@]} ${box2[@]} ${box3[@]} ${box4[@]} ${box5[@]}
${box6[@]})
55 #各种方块旋转后可能的样式数目
56 countBox=(1 2 2 2 4 4 4)
57 #各种方块在box数组中的偏移
58 offsetBox=(0 1 3 5 7 11 15)
59
60 #每提高一个速度级需要积累的分数
61 iScoreEachLevel=50          #be greater than 7
62
63 #运行时数据
64 sig=0                       #接收到的signal
65 iScore=0                    #记录总分
66 iLevel=0                    #记录速度级
67 boxNew=()                   #新下落的方块的位置定义
68 cBoxNew=0                   #新下落的方块的颜色
69 iBoxNewType=0               #新下落的方块的种类
70 iBoxNewRotate=0             #新下落的方块的旋转角度
71 boxCur=()                   #当前方块的位置定义
72 cBoxCur=0                   #当前方块的颜色
73 iBoxCurType=0               #当前方块的种类
74 iBoxCurRotate=0             #当前方块的旋转角度
75 boxCurX=-1                  #当前方块的x坐标位置
76 boxCurY=-1                  #当前方块的y坐标位置
77 iMap=()                     #背景方块图表
78
79 #初始化所有背景方块为-1，表示没有方块
80 #背景方块用来实现方块的保存，确认是否构成完整行，消除完整行并记录得分
81 for ((i = 0; i <iTrayHeight * iTrayWidth; i++)); do iMap[$i]=-1; done
```

以上代码主要定义了程序所需的全局变量。其中的核心内容为数组的使用，通过数组分别记录不同方块的坐标位置，从而保证在游戏界面中显示不同形状的方块。

```
82 #程序 1 的主函数，接收用户按键输入
83 function RunAsKeyReceiver()
84 {
85     local pidDisplayer key aKeysigcESCsTTY  #定义局部变量
86
87     pidDisplayer=$1     #获取程序 2 运行时的 ID 号，即进程编号
88     aKey=(0 0 0)
89
90     cESC=`echo -ne "\033"`
91     cSpace=`echo -ne "\040"`
92
93     #保存终端属性，在 read -s 读取终端键时，终端的属性会被暂时改变
94     #如果在 read -s 时程序被终止，可能会导致终端混乱，在程序退出时需要恢复终端属性
95     sTTY=`stty -g`
96
97     #捕捉退出信号
98     trap "MyExit;" INT TERM
99     trap "MyExitNoSub;" $sigExit
100
101    echo -ne "\033[?25l"   #隐藏光标显示
102
103    while :
104    do
105        #读取按键输入，-s 不回显，-n 1 读到一个字符立即返回
106        read -s -n 1 key
107
108         aKey[0]=${aKey[1]}
109         aKey[1]=${aKey[2]}
110        aKey[2]=$key
111        sig=0
112
113        #判断输入哪种按键
114        if [[ $key == $cESC&& ${aKey[1]} == $cESC ]]
115        then
116            MyExit#Esc 键
117         elif [[ ${aKey[0]} == $cESC&& ${aKey[1]} == "[" ]]
118        then
119            if [[ $key == "A" ]]; then sig=$sigRotate     #读取为<向上键>
120            elif [[ $key == "B" ]]; then sig=$sigDown     #读取为<向下键>
121            elif [[ $key == "D" ]]; then sig=$sigLeft     #读取为<向左键>
122            elif [[ $key == "C" ]]; then sig=$sigRight    #读取为<向右键>
123            fi
124        #读取为 W/w 键，并赋值给信号值 sigRotate
125        elif [[ $key == "W" || $key == "w" ]]; then sig=$sigRotate
126        #读取为 S/s 键，并赋值给信号值 sigDown
127        elif [[ $key == "S" || $key == "s" ]]; then sig=$sigDown
```

```
128         #读取为 A/a 键，并赋值给信号值 sigLeft
129         elif [[ $key == "A" || $key == "a" ]]; then sig=$sigLeft
130         #读取为 D/d 键，并赋值给信号值 sigRight
131         elif [[ $key == "D" || $key == "d" ]]; then sig=$sigRight
132         #读取为空格键，并赋值给信号值 sigAllDown
133         elif [[ "[$key]" == "[]" ]]; then sig=$sigAllDown
134         #读取为 Q/q 键，执行退出函数
135         elif [[ $key == "Q" || $key == "q" ]]
136         then
137             MyExit          #执行退出函数
138         fi
139 
140         if [[ $sig != 0 ]]
141         then
142             kill -$sig $pidDisplayer   #向另一进程发送信号
143         fi
144     done
145 }
```

以上代码为程序 1 的入口函数（主函数）。函数的主要功能为通过 read 命令读取按键输入并执行判断，根据按键信息，发送不同的信号给程序 2。

```
146 #退出前恢复终端属性
147 function MyExitNoSub()
148 {
149     local y
150 
151     #恢复终端属性
152     stty $sTTY
153     ((y = iTop + iTrayHeight + 4))
154 
155     #显示光标，即用户输入提示符
156     echo -e "\033[?25h\033[${y};0H"
157     exit
158 }
159 
160 function MyExit()
161 {
162     #通知程序 2 需要退出
163     kill -$sigExit $pidDisplayer
164 
165     MyExitNoSub
166 }
```

以上代码为程序 1 退出时的处理。程序 1 在退出时，首先发送信号给程序 2，通知程序 2 退出；然后恢复终端的原有属性，即恢复终端原有的命令行输入格式，退出游戏界面。

```
167 #程序 2 的主函数
168 function RunAsDisplayer()
169 {
170    local sigThis
171    InitDraw       #初始化，完成界面显示
172
173    #挂载各种信号的处理函数
174    trap "sig=$sigRotate;" $sigRotate
175    trap "sig=$sigLeft;" $sigLeft
176    trap "sig=$sigRight;" $sigRight
177    trap "sig=$sigDown;" $sigDown
178    trap "sig=$sigAllDown;" $sigAllDown
179    trap "ShowExit;" $sigExit
180
181    while :
182    do
183        #根据当前的速度级 iLevel 不同，设定相应的循环次数
184        for ((i = 0; i < 21 - iLevel; i++))
185        do
186            sleep 0.02
187            sigThis=$sig
188            sig=0
189
190            #根据 sig 变量判断是否接收到相应的信号
191            #调用执行旋转的函数
192            if ((sigThis == sigRotate)); then BoxRotate;
193            #调用执行左移一列的函数
194            elif ((sigThis == sigLeft)); then BoxLeft;
195            #调用执行右移一列的函数
196            elif ((sigThis == sigRight)); then BoxRight;
197            #调用执行下落一行的函数
198            elif ((sigThis ==sigDown)); then BoxDown;
199            #调用执行下落到底的函数
200            elif ((sigThis == sigAllDown)); then BoxAllDown;
201            fi
202        done
203        BoxDown         #下落一行
204    done
205 }
```

以上代码为程序 2 的入口函数（主函数）。函数的主要功能分为两部分：一部分为调用初始化函数 InitDraw，实现游戏界面的显示（后面详细介绍）；另一部分为信号的挂载（注册信号），并根据信号的类型，调用不同的函数进行处理。

```
206 #测试是否可以把移动中的方块移到(x,y)的位置，返回 0 则可以，1 则不可以
```

```
207 function BoxMove()
208 {
209    local j i x y xTestyTest
210    yTest=$1      #接收命令行传入的参数，即移动方块的 Y 轴最小坐标值
211    xTest=$2      #接收命令行传入的参数，即移动方块的 X 轴最小坐标值
212    for ((j = 0; j < 8; j += 2))
213    do
214        ((i = j + 1))
215        ((y = ${boxCur[$j]} + yTest))   #得到方块的所有 Y 轴坐标值
216        ((x = ${boxCur[$i]} + xTest))   #得到方块的所有 X 轴坐标值
217        if (( y < 0 || y >= iTrayHeight || x < 0 || x >= iTrayWidth))
218        then
219            #碰撞到方框
220            return 1
221        fi
222        if ((${iMap[y * iTrayWidth + x]} != -1 ))
223        then
224            #碰撞到其他已经存在的方块
225            return 1
226        fi
227    done
228    return 0
229 }
```

以上代码为程序 2 的检测函数，执行移动方块任务的函数会主动调用该函数。函数的主要功能为判断方块移动后是否会碰撞到其他已经下落的方块或游戏界面边框，即判断该方块是否具备移动的条件。

```
230 #将当前移动中的方块放到背景方块中
231 #计算新的分数和速度级
232 function Box2Map()
233 {
234    local j i x y xp yp line
235
236    #将当前移动中的方块放到背景方块中
237    for ((j = 0; j < 8; j += 2))
238    do
239        ((i = j + 1))
240        ((y = ${boxCur[$j]} + boxCurY))
241        ((x = ${boxCur[$i]} + boxCurX))
242        ((i = y * iTrayWidth + x))
243        iMap[$i]=$cBoxCur
244    done
245
246    #消除可被消除的行，即消除完整的行
247    line=0
```

```
248    for ((j = 0; j <iTrayWidth * iTrayHeight; j += iTrayWidth))
249    do
250        for ((i = j + iTrayWidth - 1; i >= j; i--))
251        do
252            if ((${iMap[$i]} == -1)); then break; fi
253        done
254        if ((i >= j)); then continue; fi
255
256        ((line++))
257        for ((i = j - 1; i >= 0; i--))
258        do
259            ((x = i + iTrayWidth))
260            iMap[$x]=${iMap[$i]}
261        done
262        for ((i = 0; i <iTrayWidth; i++))
263        do
264            iMap[$i]=-1
265        done
266    done
267
268    if ((line == 0)); then return; fi
269
270    #根据消除的行数，计算分数和速度级
271    ((x = iLeft + iTrayWidth * 2 + 7))
272    ((y = iTop + 11))
273    ((iScore += line * 2 - 1))
274    #显示新的分数
275    echo -ne "\033[1m\033[3${cScoreValue}m\033[${y};${x}H${iScore}"
276    if ((iScore % iScoreEachLevel< line * 2 - 1))
277    then
278        if ((iLevel< 20))
279        then
280            ((iLevel++))
281            ((y = iTop + 14))
282            #显示新的等级
283            echo -ne "\033[3${cScoreValue}m\033[${y};${x}H${iLevel}"
284        fi
285    fi
286    echo -ne "\033[0m"
287
288
289    #重新显示背景方块，除去消除的整行
290    for ((y = 0; y <iTrayHeight; y++))
291    do
292        ((yp = y + iTrayTop + 1))
293        ((xp = iTrayLeft + 1))
294        ((i = y * iTrayWidth))
295        echo -ne "\033[${yp};${xp}H"
296        for ((x = 0; x <iTrayWidth; x++))
```

```
297         do
298             ((j = i + x))
299             if ((${iMap[$j]} == -1))
300             then
301                 echo -ne "  "
302             else
303                 echo -ne "\033[1m\033[7m\033[3${iMap[$j]}m\033[4${iMap [$j]}m
[]\033[0m"
304             fi
305         done
306     done
307 }
```

以上代码为程序 2 的功能函数，函数的主要功能为方块下落停止后，检测当前方框中的固定方块组合是否形成完整行。如果形成完整行，则消除该行，并重新记录得分以及等级。

```
308 #执行下落一行的操作
309 function BoxDown()
310 {
311     local y s
312     ((y = boxCurY + 1))            #当前方块的 Y 轴坐标加 1，表示下移（由上到下）
313     if BoxMove $y $boxCurX     #调用 BoxMove 函数，测试是否可以下落一行
314     then
315         s="`DrawCurBox 0`"     #调用 DrawCurBox 函数，消除上一个动作的方块
316         ((boxCurY = y))        #赋值新的 Y 轴坐标
317         s="$s`DrawCurBox 1`"   #调用 DrawCurBox 函数，显示新的方块
318         echo -ne $s
319     else
320         #如果不能执行下落
321         Box2Map              #将当前移动中的方块贴到背景方块中，判断是否满足整行消除
322         RandomBox            #由于上一个移动的方块已经固定，因此继续产生新的方块
323     fi
324 }
```

以上代码实现的功能为方块下落一行。其移动的原理为清除当前游戏界面中显示的方块，然后改变方块显示时的 Y 坐标，最后重新向终端输出该方块。因此，移动方块并非直接使方块发生移动，而是将原有的方块擦除，然后显示新的方块。

```
325 #执行左移一列的操作
326 function BoxLeft()
327 {
328     local x s
329     ((x = boxCurX - 1))            #当前方块的 X 轴坐标减 1，表示左移
330     if BoxMove $boxCurY $x     #判断是否碰到方框或其他方块
331     then
```

```
332         s=`DrawCurBox 0`          #调用 DrawCurBox 函数，消除上一个动作的方块
333         ((boxCurX = x))           #赋值新的 X 轴坐标
334         s=$s`DrawCurBox 1`        #调用 DrawCurBox 函数，显示新的方块
335         echo -ne $s
336     fi
337 }
```

以上代码实现的功能为方块左移一列，其原理与方块下落时相同。

```
338 #执行右移一列的操作
339 function BoxRight()
340 {
341     local x s
342     ((x = boxCurX + 1))           #当前方块的 X 轴坐标加 1，表示右移
343     if BoxMove $boxCurY $x        #判断是否碰到方框或其他方块
344     then
345         s=`DrawCurBox 0`          #调用 DrawCurBox 函数，消除上一个动作的方块
346         ((boxCurX = x))           #赋值新的 X 轴坐标
347         s=$s`DrawCurBox 1`        #调用 DrawCurBox 函数，显示新的方块
348         echo -ne $s
349     fi
350 }
```

以上代码实现的功能为方块右移一列，其原理与方块左移时相同。

```
351 #执行快速下落（下落到底）
352 function BoxAllDown()
353 {
354     local k j i x y iDown s
355     iDown=$iTrayHeight
356
357     #计算方块一共需要下落多少行
358     for ((j = 0; j < 8; j += 2))
359     do
360         ((i = j + 1))
361         ((y = ${boxCur[$j]} + boxCurY))
362         ((x = ${boxCur[$i]} + boxCurX))
363         for ((k = y + 1; k <iTrayHeight; k++))
364         do
365             ((i = k * iTrayWidth + x))
366             if (( ${iMap[$i]} != -1)); then break; fi
367         done
368         ((k -= y + 1))
369         if (( $iDown> $k )); then iDown=$k; fi
370     done
371
372     s=`DrawCurBox 0`              #调用 DrawCurBox 函数，消除上一个动作的方块
```

```
373    ((boxCurY += iDown))       #赋值新的 Y 轴坐标
374    s=$s`DrawCurBox 1`         #调用 DrawCurBox 函数，显示新的下落后的方块
375    echo -ne $s
376    Box2Map                  #将当前移动中的方块贴到背景方块中，判断是否满足整行消除
377    RandomBox                #由于上一个移动的方块已经固定，因此产生新的方块
378 }
```

以上代码部分的功能为方块快速下落，即立刻下落到不能下落为止。其原理与下落一行时类似，二者的区别是：下落一行时，方块 *Y* 轴坐标的偏移量为 1；快速下落时，方块 *Y* 轴坐标的偏移量不固定，需要提前计算。

```
379 #执行旋转方块操作（改变形状）
380 function BoxRotate()
381 {
382    local iCountiTestRotateboxTest j i s
383    iCount=${countBox[$iBoxCurType]}      #当前的方块经旋转可以产生的样式的数目
384
385    #计算旋转后的新的样式
386    ((iTestRotate = iBoxCurRotate + 1))
387    if ((iTestRotate>= iCount))
388    then
389       ((iTestRotate = 0))
390    fi
391
392    #更新到新的样式，保存老的样式(但不显示)
393    for ((j = 0, i = (${offsetBox[$iBoxCurType]} + $iTestRotate) * 8; j < 8;
j++, i++))
394    do
395       boxTest[$j]=${boxCur[$j]}
396       boxCur[$j]=${box[$i]}
397    done
398
399    if BoxMove $boxCurY $boxCurX        #测试旋转后的方块是否有空间存放
400    then
401        #清除原有方块
402        for ((j = 0; j < 8; j++))
403        do
404           boxCur[$j]=${boxTest[$j]}
405        done
406        s=`DrawCurBox 0`
407
408        #生成新的方块
409        for ((j = 0, i = (${offsetBox[$iBoxCurType]} + $iTestRotate) * 8; j
< 8; j++, i++))
410        do
411           boxCur[$j]=${box[$i]}
```

```
412         done
413         s=$s`DrawCurBox 1`
414         echo -ne $s
415         iBoxCurRotate=$iTestRotate
416     else
417         #不能旋转，继续使用原有形状
418         for ((j = 0; j < 8; j++))
419         do
420             boxCur[$j]=${boxTest[$j]}
421         done
422     fi
423 }
```

以上代码实现的功能为方块旋转，即改变方块在下落过程中的形状。实现方块旋转需要得到旋转后的方块在数组中的坐标值，除此之外，其原理与方块移动时相同。

```
424 #显示当前移动中的方块，bDraw 为 1，显示方块，bDraw 为 0，清除方块
425 function DrawCurBox()
426 {
427     local i j t bDrawsBox s
428     bDraw=$1
429 
430     s=""
431     if ((bDraw == 0 ))
432     then
433         sBox="\040\040"     #将方块的组成元素设置为两个空格，即不显示
434     else
435         sBox="[]"          #方块都由中括号作为基础的组成元素
436         #当前移动方块的颜色
437         s=$s"\033[1m\033[7m\033[3${cBoxCur}m\033[4${cBoxCur}m"
438     fi
439 
440     for ((j = 0; j < 8; j += 2))
441     do
442         #显示的移动方块的 y 坐标
443         ((i = iTrayTop + 1 + ${boxCur[$j]} + boxCurY))
444         #显示的移动方块的 x 坐标
445         ((t = iTrayLeft + 1 + 2 * (boxCurX + ${boxCur[$j + 1]})))
446         s=$s"\033[${i};${t}H${sBox}"    #显示方块
447     done
448     s=$s"\033[0m"
449     echo -n $s
450 }
```

以上代码实现的功能为方块显示或消除。函数根据不同种类方块的坐标以及方块在界面中的偏移量，将方块显示在界面中的某一位置。同时函数可以清除界面中的方块，其原理为向方块所在的界面位置上打印空字符，从而使空字符覆盖掉原有的字符。

调用该函数，使用先消除后显示的方式即可实现方块的旋转或移动。

```
451 #产生新的方块
452 function RandomBox()
453 {
454    local i j t
455
456    #更新当前移动的方块
457    iBoxCurType=${iBoxNewType}      #新下落的方块种类
458    iBoxCurRotate=${iBoxNewRotate}  #新下落方块的旋转角度
459    cBoxCur=${cBoxNew}              #新下落的方块的颜色
460    for ((j = 0; j < ${#boxNew[@]}; j++))
461    do
462        boxCur[$j]=${boxNew[$j]}    #获取新下落方块在数组中的坐标
463    done
464
465    #显示当前移动的方块
466    if (( ${#boxCur[@]} == 8 ))     #如果保存新下落方块的数组不为空，则条件为真
467    then
468        #计算当前方块该从顶端开始显示的位置
469        for ((j = 0, t = 4; j < 8; j += 2))
470        do
471            #找到方块最小的 y 坐标
472           if ((${boxCur[$j]} <t)); then t=${boxCur[$j]}; fi
473        done
474        #最小的 y 坐标赋值给 boxCurY，从而确认方块开始下落时的 y 坐标
475        ((boxCurY = -t))
476        for ((j = 1, i = -4, t = 20; j < 8; j += 2))
477        do
478            if ((${boxCur[$j]} > i)); then i=${boxCur[$j]}; fi
479            #计算出方块的宽度
480            if ((${boxCur[$j]} < t)); then t=${boxCur[$j]}; fi
481         done
482        ((boxCurX = (iTrayWidth - 1 - i - t) / 2))#确认方块开始下落时的 x 坐标
483
484        echo -ne `DrawCurBox 1`      #调用 DrawCurBox 函数，显示当前移动的方块
485
486        #如果没有方块的存放位置，则游戏结束
487        if !BoxMove $boxCurY $boxCurX
488        then
489            kill -$sigExit ${PPID}
490            ShowExit
491        fi
492    fi
493
494    #清除界面右边上一次预显示的方块
495    for ((j = 0; j < 4; j++))
496    do
```

```
497         ((i = iTop + 1 + j))#找到预显示方块的 y 坐标
498         ((t = iLeft + 2 * iTrayWidth + 7))  #找到预显示方块的 x 坐标
499         #使用 8 个空字符，将预显示的方块覆盖，表示清除
500         #因为宽度最大的方块不超过 8 个字符
501         echo -ne "\033[${i};${t}H        "
502     done
503
504     #随机产生新的方块
505     ((iBoxNewType = RANDOM % ${#offsetBox[@]}))  #通过随机数对偏移量数组取余
506     #通过随机数对方块种类数组取余
507     ((iBoxNewRotate = RANDOM % ${countBox[$iBoxNewType]}))
508     #通过以上两个取余操作，得到两个随机数，这两个随机数用来确认具体的方块形状
509     #准确地说，是通过以下循环操作得到该方块在 box 数组中保存的 x、y 轴坐标
510     for ((j = 0, i = (${offsetBox[$iBoxNewType]} + $iBoxNewRotate) * 8; j <
8; j++, i++))
511     do
512         boxNew[$j]=${box[$i]};  #找到随机的方块在 box 数组中的具体坐标信息
513     done
514     #随机得到方块的颜色
515     ((cBoxNew = ${colorTable[RANDOM % ${#colorTable[@]}]}))
516
517     #将随机产生的新方块作为界面右边预显示的方块，该预显示方块在下一轮下落
518     #预显示方块的颜色
519     echo -ne "\033[1m\033[7m\033[3${cBoxNew}m\033[4${cBoxNew}m"
520     for ((j = 0; j < 8; j += 2))    #取数组中的坐标值
521     do
522         ((i = iTop + 1 + ${boxNew[$j]}))#预显示方块在界面中显示的 y 轴坐标
523         #预显示方块在界面中显示的 x 轴坐标
524         ((t = iLeft + 2 * iTrayWidth + 7 + 2 * ${boxNew[$j + 1]}))
525         echo -ne "\033[${i};${t}H[]"    #显示方块
526     done
527     echo -ne "\033[0m"
528 }
```

以上代码实现的功能较多：第 456～463 行代码实现了将上一轮预显示的方块作为本轮即将下落的方块；第 465～485 行代码用来确定方块开始下落的位置并使其开始下落；第 494～502 行代码实现对上一轮预显示方块的清除；第 504～515 行代码实现随机产生新的方块；第 517～527 行代码实现将新产生的方块作为本轮的预显示方块。

上述函数通常在方块下落结束时被调用，从而保证将每一轮预显示的方块作为下一轮下落的方块。

```
529 #初始化
530 function InitDraw()
531 {
532     clear
```

```
533    RandomBox    #随机产生方块，这时右边预显示窗口中显示方块
534    RandomBox    #再随机产生方块，右边预显示窗口中的方块被更新，原先的方块将开始下落
535    local i t1 t2 t3
536
537    #显示边框
538    echo -ne "\033[1m"
539    echo -ne "\033[3${cBorder}m\033[4${cBorder}m"  #颜色设置
540
541    ((t2 = iLeft + 1))                          #左边框的 x 坐标
542    ((t3 = iLeft + iTrayWidth * 2 + 3))         #右边框的 x 坐标
543    for ((i = 0; i <iTrayHeight; i++))          #画出方框的两条竖边
544    do
545       ((t1 = i + iTop + 2))                    #每次画出 1 个||，因此 y 坐标每次加 1
546       echo -ne "\033[${t1};${t2}H||"           #画出方框的左边框
547       echo -ne "\033[${t1};${t3}H||"           #画出方框的右边框
548    done
549
550    ((t2 = iTop + iTrayHeight + 2))             #下横边的 y 坐标
551    for ((i = 0; i <iTrayWidth + 2; i++))       #画出方框的两条横边
552    do
553       ((t1 = i * 2 + iLeft + 1))               #每次画出 2 个=，因此 x 坐标每次加 2
554       echo -ne "\033[${iTrayTop};${t1}H==" #画出方框的上横边
555       echo -ne "\033[${t2};${t1}H=="           #画出方框的下横边
556    done
557    echo -ne "\033[0m"
558
559
560    #显示"Score"和"Level"字样    echo -ne "\033[1m"
561    ((t1 = iLeft + iTrayWidth * 2 + 7))       #显示分数提示的 x 坐标位置
562    ((t2 = iTop + 10))                        #显示分数提示的 y 坐标位置
563    echo -ne "\033[3${cScore}m\033[${t2};${t1}HScore"  #显示分数提示
564    ((t2 = iTop + 11))                                #下一行
565    echo -ne "\033[3${cScoreValue}m\033[${t2};${t1}H${iScore}" #显示实时分数
566    ((t2 = iTop + 13))                                #下两行
567    echo -ne "\033[3${cScore}m\033[${t2};${t1}HLevel"  #显示等级提示
568    ((t2 = iTop + 14))                                #下一行
569    echo -ne "\033[3${cScoreValue}m\033[${t2};${t1}H${iLevel}" #显示实时等级
570    echo -ne "\033[0m"
571 }
```

以上代码实现的功能为游戏界面显示，包括游戏边框绘制与分数、等级提示。同时调用 RandomBox 函数，产生下落方块以及预显示方块。

```
572 #退出时显示“GameOVer!”
573 function ShowExit()
574 {
```

```
575    local y
576    ((y = iTrayHeight + iTrayTop + 3))
577    echo -e "\033[${y};0HGameOver!\033[0m"
578 exit
579 }
580
581 #显示用法脚本的执行方法
582 function Usage
583 {
584    cat << EOF
585    Usage: $APP_NAME
586    Start tetris game.
587
588    -h, --help
589    --version
590 EOF
591 }
```

以上代码为退出函数与提示函数。程序退出时调用退出函数，玩家执行“帮助”操作时调用提示函数（显示脚本执行的方法）。

```
592 #案例的主程序在此处开始
593 if [[ "$1" == "-h" || "$1" == "--help" ]]; then
594    Usage
595 elif [[ "$1" == "--version" ]]; then
596    echo "$APP_NAME $APP_VERSION"
597 elif [[ "$1" == "--show" ]]; then
598    #当发现具有参数--show时，运行显示函数
599    RunAsDisplayer
600 else
601    bash $0 --show&             #以参数--show将本程序再运行一次
602    RunAsKeyReceiver $!         #$!表示上一个进程的进程编号
603 fi
```

以上代码为整个案例代码的入口，其中第 601 行代码用来启动程序 2，第 602 行代码为程序 1 的入口。

案例代码的运行方式如下所示。（Tetris.sh 为脚本名称）

```
./Tetris.sh
```

根据上述运行方式可知，脚本程序运行时，并没有命令行传参。因此，涉及命令行参数$1 的代码（第 593～599 行）在开始时不会被执行。再根据 if-else 分支语句可以确定，第 601 行为整个案例运行的第一行代码，其中符号“&”表示在后台运行，$0 则表示程序本身的名称，替换该名称后的代码如下所示。

```
bash ./Tetris.sh--show &
```

由此可知，该行代码运用了递归调用的思想，将脚本程序再次运行。通俗地说，在一个脚本程序中运行另一个脚本，而另一个脚本仍然是该脚本本身，其原理如图 9.14 所示。

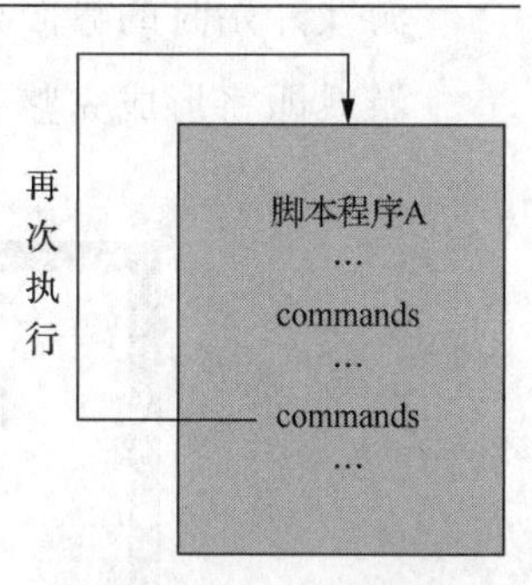

图 9.14　递归调用原理

需要注意的是，再次执行脚本并不会重复执行脚本中的内容。如第 601 行代码所示，对运行的脚本程序执行命令行传参，参数为“--show”。因此，再次运行脚本程序首先会执行第 593～599 行的判断语句，其中执行到第 597 行时条件判断成立。

由于第 597 行的判断成立，第 599 行中的函数 RunAsDisplayer 被成功执行。将再次运行的脚本程序视为程序 2，首次运行的脚本程序视为程序 1。由上述代码可知，程序 1 启动程序 2 后，继续执行第 602 行代码，函数 RunAsKeyReceiver 被成功执行。

综上所述，整个脚本程序的特殊之处为执行一次即可运行两个程序，其中程序 1 的入口函数为 RunAsKeyReceiver，程序 2 的入口函数为 RunAsDisplayer。两个程序的代码虽然相同，但执行的内容却不同。

9.2.3　代码设计逻辑

虽然本项目实现的功能需求较少，但是代码实现需要注意的细节却非常多。其中最重要的是函数的封装以及函数的相互调用。

读者在学习本章案例代码时，首先需要找到程序代码的入口，然后结合 9.2.2 节中的函数分析，理解函数的设计思想以及功能，切勿按照代码的编写顺序进行理解。

案例代码的设计逻辑（函数封装及调用关系）如图 9.15 所示（函数功能参考表 9.2）。

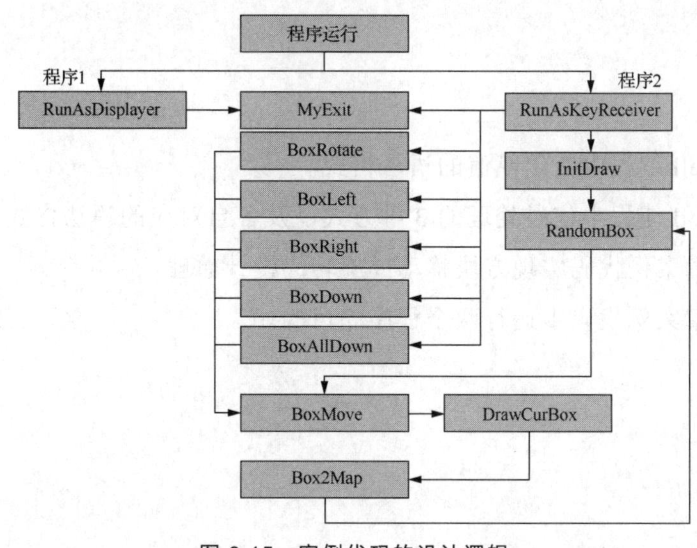

图 9.15　案例代码的设计逻辑

9.2.4 项目效果展示

游戏开始时的界面如图 9.16 所示。

游戏即将形成完整行时的界面如图 9.17 所示。

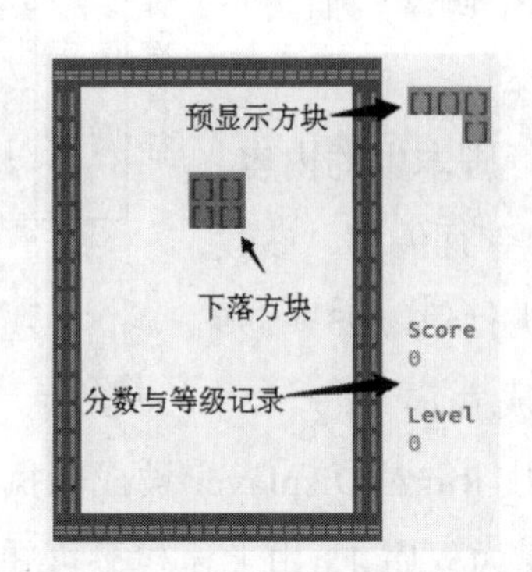

图 9.16 游戏开始时的界面

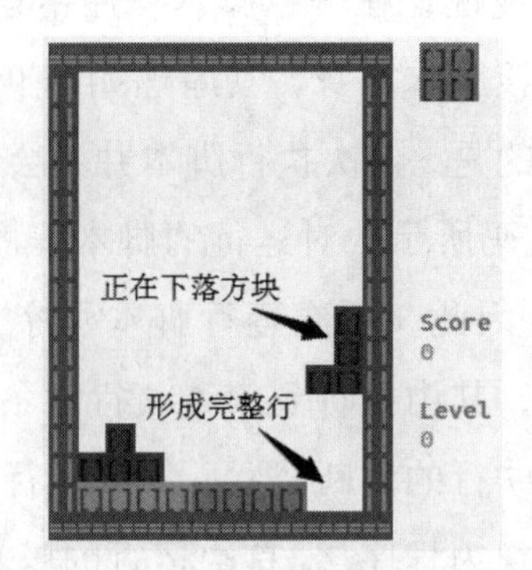

图 9.17 即将形成完整行时的界面

9.3 本章小结

本章从需求分析开始到案例代码设计结束，通过一个完整的项目展示了 Linux 平台下的 Shell 编程开发。其核心内容为 Shell 语法的应用，如信号处理、终端显示、数组存储、控制语句等。完成该项目不仅需要读者能熟练进行 Shell 编程，更需要读者了解程序设计的流程，具备框架设计的能力。望读者理解项目中的功能模块并勤练代码编写，为实际工作中的项目开发奠定良好的基础。

9.4 习题

思考题

（1）简述 Shell 编程中数组赋值的语法格式。

（2）简述 Shell 编程中信号处理的 3 种方式以及各自对应的语法格式。

（3）简述本章案例代码实现方块移动或旋转的设计原理。

（4）简述本章案例代码中运行两个程序的目的。